象牙塔

走出

独角兽

学术创业纪事

李卫锋　郭绍增　张湧　编著

U0725046

人民邮电出版社

北京

图书在版编目（CIP）数据

象牙塔走出独角兽 ：学术创业纪事 / 李卫锋，郭绍增，张湧编著. -- 北京 ：人民邮电出版社，2023.10
ISBN 978-7-115-61554-1

Ⅰ．①象… Ⅱ．①李… ②郭… ③张… Ⅲ．①学术研究 Ⅳ．①G30

中国国家版本馆CIP数据核字(2023)第119522号

内 容 提 要

本书以平实的视角展现来自全球不同大学的教授们的创业经历，从教授们的成长经历、科研历程、创业经历，及其所从事行业的发展前景等入手，深入挖掘大学教授创业的生态体系构建的核心要素、创业成功的关键点、创业面临的困境及解决路径，生动展现了科技创新在创业浪潮中起到的巨大推动作用。

本书所介绍的案例涉及相关领域的前沿科技创新，对于相关专业的本科生或研究生了解其研究领域的前沿发展动态具有一定的指导意义，适合有创业计划或正在创业的读者阅读。

◆ 编　著　李卫锋　郭绍增　张　湧
　　责任编辑　邓昱洲
　　责任印制　李　东　焦志炜
◆ 人民邮电出版社出版发行　　北京市丰台区成寿寺路 11 号
　　邮编　100164　电子邮件　315@ptpress.com.cn
　　网址　https://www.ptpress.com.cn
　　涿州市京南印刷厂印刷
◆ 开本：720×960　1/16
　　印张：24.75　　　　　　2023 年 10 月第 1 版
　　字数：291 千字　　　　　2023 年 10 月河北第 1 次印刷

定价：89.90 元

读者服务热线：(010)81055552　印装质量热线：(010)81055316
反盗版热线：(010)81055315
广告经营许可证：京东市监广登字 20170147 号

本书编辑委员会

总指导

廖　理

主　任

李卫锋　　郭绍增　　张　湧

委　员

许　玲　　贾姝婷　　王海慧　　高婷婷　　周文锋

　　自古以来，科学技术就以一种不可逆转、不可抗拒的力量推动着人类社会向前发展。每一次科技革命都极大地推动了产业的升级，创造了经济的繁荣，以新的动能塑造新的时代。18世纪以来，人类的科学技术研究取得重大进展，以蒸汽机、电力和内燃机、互联网信息技术为代表的发明推动了前三次科技革命，极大地推动了生产力的发展，短时间内便将产业结构升级到新的高度，推动全球合作和共同发展。进入21世纪，人工智能、大数据、区块链、量子信息技术、生物技术等新一轮科技革命和产业变革催生出"互联网＋"、共享经济、智能制造等新理念、新产业、新业态、新模式，深刻地影响着世界发展格局，改变着人类的生产生活方式。

　　在科技驱动产业发展的过程中，大学起到了重要的推动作用。大学始终站在科学研究的前沿，并源源不断地创造新技术。世界著名高科技产业区硅谷的发展就离不开大学的滋养，其附近的美国斯坦福大学、美国加利福尼亚大学伯克利分校等大学雄厚的人力资源和技术创新能力，成为支撑硅谷前行的强大驱动力量。20世纪八九十年代，硅谷由斯坦福大学师生创办的公司或有大学背景的公司，占比高达70％以上，开创了教学、科研与生产一体化的模式。在此模式下，诞生了像惠普、思科、谷歌、英特尔、微软等一批顶尖企业。由此可见，作为人才和技术高地的大学，可以也应当在国家科技战略发展中，发挥更大的作用。

科技成果转化是创新驱动发展的重要引擎。一般来说，学术创业和技术市场是促进科技成果转化和产业化的两个重要渠道。国内外大学创新创业环境的不断优化与政策支持鼓励了一批师生从实验室走向商业领域。例如，被称为"硅谷教父"的斯坦福大学第十任校长约翰·L. 轩尼诗（John L. Hennessy）教授创办了MIPS科技公司①。清华大学语音和语言技术中心主任郑方教授创办了北京得意音通技术有限责任公司②。1996—2017年，美国的大学和非营利机构的专利许可对美国国内生产总值的贡献超过3700亿美元③。2019年，中国3450家大学和科研院所以转让、许可、作价投资方式转化科技成果的合同金额达152.4亿元人民币④。

新中国成立以来，我国的科技事业经历了快速发展、停滞、复兴三个阶段。20世纪60年代，我国取得了两弹一星、人工合成胰岛素等一系列重大科技成就。在1978年召开的全国科学大会上，邓小平同志强调"四个现代化，关键是科学技术的现代化"，提出"科学技术作为生产力，越来越显示出巨大的作用"的著名论断。1988年，邓小平同志重申并进一步提出"科学技术是第一生产力"，指明科学技术在生产力中处于第一重要、具有决定

① 全球第二大半导体设计 IP（知识产权）公司和全球第一大模拟 IP 公司。
② 行业领先的声纹识别技术公司。
③ PRESSMAN L, PLANTING M, BOND J, et al. The economic contribution of university/nonprofit inventions in the United States: 1996–2017[EB/OL]. (2019–06–05)[2023–03–06].
④ 中国科技评估与成果管理研究会, 国家科技评估中心, 中国科学技术信息研究所. 中国科技成果转化年度报告 2020（高等院校与科研院所篇）[M]. 北京：科学技术文献出版社, 2021.

性意义的地位。1996 年，《中华人民共和国促进科技成果转化法》颁布，提出促进科技成果转化为现实生产力，规范科技成果转化活动，鼓励研究开发机构、高等院校与企业相结合，联合实施科技成果转化。2006 年我国发布《国家中长期科学和技术发展规划纲要（2006—2020 年）》，指出科技工作的指导方针是：自主创新，重点跨越，支撑发展，引领未来。2012 年，中国共产党第十八次全国代表大会提出"实施创新驱动发展战略"。2016 年，习近平总书记在全国科技创新大会、两院院士大会、中国科协第九次全国代表大会上提出，实现"两个一百年"奋斗目标，实现中华民族伟大复兴的中国梦，必须坚持走中国特色自主创新道路，面向世界科技前沿、面向经济主战场、面向国家重大需求，加快各领域科技创新，掌握全球科技竞争先机。2018 年，我国发布《关于全面加强基础科学研究的若干意见》，提出"进一步加强基础科学研究，大幅提升原始创新能力，夯实建设创新型国家和世界科技强国的基础。"《中华人民共和国国民经济和社会发展第十四个五年规划和 2035 年远景目标纲要》提出，坚持创新在我国现代化建设全局中的核心地位，把科技自立自强作为国家发展的战略支撑。

2022 年，中央全面深化改革委员会第二十五次会议中，习近平总书记提出要营造有利于原创成果不断涌现、科技成果有效转化的创新生态，激励广大科技人员各展其能、各尽其才。处在两个一百年历史交汇点的中国，比以往任何时候都需要科技创新的支撑和力量。然而，一直以来，大量科研成果并未转化为新的生产力，科技成果转化率较低的问题长期存在。为了进一步促进科技成果转化，鼓励更多教授投身创新创业事业，清华大学五道口金融学院产业金融研究中心对国内外创业成功的教授进行了研究，向读者讲述教授们的创业故事，带领读者探寻创业者的初心和他们在企业不同发展阶段所面临的问题及他们做出的选择，从中总结经验教训，集结成一本总结国内外科研人员从象牙塔迈入商业领域的案例集。"星星之火，可以燎原"，大学科技成果转化任重道远，希望这些故事能点亮更多人的创业梦想，更希望这些故事能给正在创业路上艰难求索的同行者以启发。

Ⅰ．中国篇

Ⅱ. 美国篇

Ⅲ. 其他国家和地区篇

I.

中国篇

自动驾驶领域的天才少年

——记飞步科技创始人何晓飞

何晓飞，浙江大学教授、博士生导师，滴滴出行研究院前院长，人工智能及机器学习领域国际领军人物。本科毕业于浙江大学，博士研究生毕业于美国芝加哥大学，主要研究领域为人工智能、机器学习、信息检索和计算机视觉。2011 年获得国家杰出青年科学基金，2012 年入选国际模式识别学会会士（IAPR FELLOW），入选首届青年拔尖人才支持计划。何晓飞于 2017 年创办飞步科技并担任董事长兼 CEO，飞步科技在短时间内实现了迅速的发展，成为自动驾驶领域的佼佼者。

天赋异禀，刷新校史

1978 年，何晓飞出生于四川省，他从小就对数字和公式十分敏感，在数学方面表现出了异于常人的天赋。1990 年，成都七中举办了一场全省范围内的特长生招生考试，录取名额仅有 45 个，但报名人数达到了一千余人，竞争十分激烈。何晓飞在此次考试中取得了不错的成绩，最终被成都七中"综合数学实验班"录取。

在中学阶段，何晓飞痴迷于竞赛，在日常学习过程中喜欢钻研数学难题，对竞赛知识也有着十分浓厚的兴趣，总是和同学们在课后讨论数学问题，一遍遍推算证明过程。由于非常专注于竞赛学科的分析和计算，何晓飞的数学能力突飞猛进，凭借自己出色的数学竞赛成绩，他被保送到浙江大学。

在浙江大学读书期间，何晓飞的数学成绩依旧出类拔萃，所获荣誉甚至载入了浙江大学的校史中。1999 年，新浙江大学成立后的第二年，何晓飞和两位同学一起拿下了美国大学生数学建模竞赛特等奖 INFORMS 奖，成为首批获得该奖项的中国大学学生。这一荣誉是新浙江大学成立后的国际最高奖项之一，在浙江大学的校史中具有里程碑式的意义。

2000 年，何晓飞从浙江大学本科毕业。由于出色的数学建模能力，他收到了芝加哥大学的博士录取通知书，不久后他便赴美进入芝加哥大学，攻读计算机博士学位。

学术生涯的高光时刻

从 2000 年开始的五年间，何晓飞发表了 20 余篇论文。他行事低调，始终坚持用论文成果说话，将自己的观点在论文中有理有据地展现出来，他的研究成果是"AI 时代"的焦点之一。

2001 年，还在读博的何晓飞进入微软亚洲研究院实习。由于出色的能力和优异的表现，他的薪酬待遇都是正式员工的标准，并且还经常被允许参加重要的会议和汇报等。负责带教的两位老师都对他赞赏有加，这在微软亚洲研究院的历史上十分罕见。

在微软亚洲研究院实习期间，何晓飞提出了 Laplacian Faces（拉普拉斯脸）人脸识别算法。该成果有可能成为未来互联网搜索引擎的核心算法，一经发布就在当时的计算机视觉领域产生了巨大轰动，这也让何晓飞在业界崭露头角。

20 世纪末至 21 世纪初，"流形学习"是机器学习主流方法，但这一方法有一个明显的缺陷——样本外的偏差问题，学者们长期苦恼于找不到该问题的解决办法。读博期间何晓飞决定向这一问题发起挑战，经过不断努力，他与巴斯·尼奥基（Partha Niyogi）教授共同提出了流形学习的第一个线性算法——保局投影算法，从根源上解决了样本外异常值的问题。2003 年，该成果发表在了 NIPS（神经信息处理系统进展大会），成为当时机器学习领域的一个重大突破点，何晓飞也因此成为第一个带有 NIPS 标签的中国籍学者。

两项"最年轻"纪录创造者

2005 年，何晓飞在芝加哥大学获得博士学位。毕业后他的第一个想法是回到母校——浙江大学任教，但由于国内计算机系职称评定的要求，需要他在工业产出方面有所贡献。因此，何晓飞进入雅虎公司工作，作为一名研究科学家，他负责了多个项目的研发工作，如海量网页分类、语句查询分类、广告关键字建议等。

2007 年，何晓飞在雅虎的任职期满，作为人才被引进回国，受聘为浙江大学计算机系教授、博士生导师。当时何晓飞才 29 岁，成为浙江大学历史上最年轻的教授之一，也是当时国内最年轻的教授之一。

在浙江大学任教期间，何晓飞主要从事人工智能、互联网及多媒体计算等方面的研究，在多个领域都取得了杰出的研究成果，例如图像检索、流形学习、数据挖掘等，他的论文获得了该领域的多项大奖，他的论文和出版的专著被引用超过 1 万次。

2011 年，何晓飞获得国家杰出青年科学基金。彼时，作为才三十岁出头的年轻学者，对于拥有巨大潜力的他而言，想完成的事还有很多，他不会因为已有的成果就停下前进的脚步。

跨界加盟，浅尝商业

2015 年，滴滴出行董事长程维和总裁柳青向何晓飞抛来橄榄枝，希望他能够加入滴滴出行研发部门。当时的滴滴出行正处于与 Uber 中国的竞争之中，滴滴出行希望通过引入学术界"大牛"来加大对产业应用的研发。何晓飞答应了这一邀请，选择跳出学术圈，跨界加盟困境中的滴滴，扛起滴滴产业应用研发工作的大旗。

进入滴滴出行后，何晓飞兼任数职，不过他主要还是负责平台核心交易引擎的研发，参与了路径规划、拼车、运力调度等十多个项目的设计和研发，为滴滴出行提供了强有力的技术保证。由于他向来行事低调，加入滴滴出行的消息都没有对外宣布。2016 年 4 月，何晓飞被滴滴公开任命为滴滴研究院首任院长，对于滴滴出行来说，何晓飞的加盟不仅带来了强大的技术援助，而且也在艰苦环境中为其提供精神支撑，给予胜利的希望和信心。

不甘止步，再次出发

2016 年 9 月，滴滴出行蒸蒸日上之时，何晓飞选择了离职。究其原因，何晓飞认为无人车行业还存在很多理论困境，因此希望独立解决这些问题，成就自己的一番事业。经过慎重的考虑，何晓飞将目光投向了场景相对简单、技术门槛相对较低的无人驾驶卡车领域，希望借此提高团队的研发速度，尽快解决行业难题。

作为 AI 领域的创业"大牛"，何晓飞对于无人驾驶有着自己的理解。他认为这一波 AI 热潮的走向，不是表面的商业模式的创新，而是最根本的技术创新。换句话说，何晓飞认为，场景未必是"王道"，决定终局的绝对还是技术。何晓飞希望基于流形学习的多媒体数据表达与理解，通过自主研发芯片，实现自动驾驶商业化落地，来建设"车—路—云"一体化协同作业平台。对此何晓飞开创了"算法 + 芯片"的技术思路，希望能用核心技术的闭环生态驱动产研结合。

2017 年，何晓飞创办了飞步科技。飞步科技依托人工智能算法，针对商用车自动驾驶系统和软硬件平台进行研发，旨在打造全球最大规模的自动驾驶港口集卡作业车队，实现在码头混线工况下的规模化运输。飞步科技的自动驾驶系统全部为自主研发，采用的是感知、定位、决策规划、控制和仿真等全栈式技术。从成立以来，他们的自动驾驶系统在港口运输、物流、公交接驳等场景都经过不断的尝试与验证，目前在业内能够匹配的商用车型最多。飞步无人驾驶的关键核心技术是"基于流形学习的多媒体数据表达与理解"，这一技术有效提升了数据利用率，因此获得了 2020 年度浙江省自然科学奖一等奖。

　　飞步科技的核心成员背景十分强大，主要来自清华大学、浙江大学、中国科学技术大学、香港中文大学及国外的知名大学，这些成员在人工智能、机器学习等学科都有扎实的知识。在人才和技术的加持下，飞步科技已经先后获得知名 VC 投资，并于 2021 年上半年完成了 B 轮融资。

　　俯瞰整个行业，车载智能芯片与传统的 CPU、GPU 差别很大，在考虑算力和功耗的同时还需要考虑安全性，这也导致了传统芯片厂商在具体场景的应用上乏善可陈的困境。飞步科技成立初期，何晓飞就为公司制定了"算法 + 芯片"的技术思路，团队的精力也全部投入到了相关技术的研发。

　　在芯片设计上，飞步科技制定了清晰的三步走战略：第一代芯片针对 L3 级自动驾驶打造，第二代芯片针对 L3 ~ L4 级自动驾驶打造，第三代芯片针对 L4 ~ L5 级自动驾驶打造。仅仅 7 个月的时间，飞步科技团队就完成了芯片的流片，向外界证明了公司强大的研发实力。

　　完成芯片设计后，飞步科技开始将重心放在商业化落地上，针对"复杂道路环境、多样天气状况"进行无人驾驶货车测试，全天候 24 小时不间断调试，最终克服了全部技术难点，在国际上率先实现了一定线路的货运自动驾驶项目落地。

一鸣惊人，硕果累累

　　与何晓飞的行事风格相似的是，飞步科技的企业形象十分低调，在公众视野中出现的次数寥寥，但每次公开呈现的成果都让人大为震撼。

　　2018 年年底，飞步科技与中国邮政、德邦快递开始战略合作，为其货运物流提供基于 L4 级别的自动驾驶的服务。飞步与中国邮政和德邦快递合作生产的自动驾驶物流车，在货运高峰期成功完成配送任务，为接下来的合作奠定了良好基础。

2019 年 2 月，飞步科技与中国邮政、德邦快递正式开展长期合作，开辟了 100 条运输线路。至此，飞步科技成为货运自动驾驶领域的领先者。

飞步科技为了实现更大规模的闭环，开始瞄准港口场景进行业务的拓展。之所以选择港口，是因为其场景较为封闭，路况更加简单，自动驾驶技术更容易快速发挥作用。飞步科技利用地处浙江的优势，在经过与宁波舟山港集团接洽之后，双方正式达成合作，由飞步科技为舟山港设计 L4 级自动驾驶集卡，这种集卡可以满足各类船舶的装卸及集装箱的移送。

2020 年 4 月，飞步科技在舟山港完成了全球最大集装箱船的装卸任务，证明了自己的技术实力。半年之后，飞步科技进一步扩大业务范围，同时为梅山港提供自动驾驶集卡的生产和运营服务。2020 年 12 月，飞步科技与宁波舟山港集团共同落地了行业内首个混线工况下的自动驾驶集卡编队独立整船作业，实现了自动驾驶集卡与传统人工集卡的规模化混线运营。2022 年 1 月 25 日，飞步科技在宁波舟山港集团落地的全球最大规模的港口无人驾驶集卡作业车队撤下了安全员，成功实现了全无人化作业。这在中国无人驾驶领域又是一次重要的突破。

2021 年，飞步科技的业务遍地开花。一方面，飞步科技成功助力梅山港区作业能力的提升和智慧港口的建设。另一方面，飞步科技成功参与了南通港吕四起步港区的首次集装箱实船演练，飞步科技的无人车队编组参与 3000 吨级集装箱船舶作业，成功完成装卸船及水平运输既定任务，实现了 100% 成功率。

除此以外，飞步科技已经从最初单一的货运场景向微公交和私家车等多元化场景扩展。最近两年的乌镇世界互联网大会，自动驾驶微公交接驳服务都是由飞步科技提供的；飞步科技还与一汽集团、万向集团等车企在私家车场景领域达成了战略合作。

飞步科技不仅取得了货运自动驾驶方面的丰硕成果，更引领了中国自动驾驶行业的落地，为全方面、多层次的场景提供了"聪明的车、简单的路、强大的云"，为我国加速推进智慧交通的建设和数字化升级注入了榜样力量。

自动驾驶行业发展

随着计算机视觉和深度学习技术的发展，自动驾驶将大大提高人类的出行效率和交通安全性。自动驾驶的关键在于芯片，核心技术主要包括各种处理器、传感器、算法等，涉及人工智能、半导体、汽车、通信等多个领域，从上到下涵盖了多个产业链条，还可以衍生出多种市场，拥有巨大的价值空间。因此，世界各大汽车巨头或科技巨头竞相入局，争夺自动驾驶这一蓝海市场。自动驾驶技术经过十多年的发展，现在也已处在商业化落地的关键时期。

自动驾驶的应用目前还是主要集中于货运物流这一细分领域，该领域主要有六大应用场景，分别是港口场景、矿区场景、物流园区、机场场景、末端物流、干线物流等。在这些特定的场景中，目前最有可能实现大规模应用落地的是港口场景，一方面是因为港口半封闭化，标准化程度高，另一方面港口依托海运，物流运输的需求巨大，自动驾驶也相应就具有了巨大的价值空间。

总结

成功的背后靠的是 1% 的天赋和 99% 的努力，何晓飞从天赋异禀的竞赛生成为企业家的榜样，一路上其实布满风雨荆棘。他最终能够走向成功的原因主要有以下几点。

1. 善用天赋，潜心钻研。中学时期，何晓飞能够将自己的天赋运用到极致，在课余时间对竞赛知识进行深度地钻研和探索，最终在数学竞赛方面取得了傲人的成绩，并凭此进入浙江大学学习，之后又进入芝加哥大学深造。

2. 低调行事，实力说话。何晓飞总是保持着低调的风格，在日常研究工作中默默无闻，即便取得了优异的成果也一直潜心钻研，为今后的成就持续积累知识和经验，并给其创办的飞步科技带来了深远影响。

3. 敢想敢做，遵从内心。在理论研究上顺风顺水的时候，何晓飞毅然选择进入商业领域，并又在滴滴出行蒸蒸日上的时候选择创业，从零开始。这些选择不同寻常，但正是一次次不同寻常的转向，才使得何晓飞带领飞步科技在自动驾驶领域实现了多个"第一次"，成为自动驾驶行业的领航者。

4. 独辟蹊径，终获成功。无论他的角色是教授、滴滴研究院院长，或是企业家，何晓飞的诉求一直都是将技术应用到现实，改善大众福祉。离开滴滴后，何晓飞选择了无人驾驶这一领域，并且独辟蹊径选择货运物流这一能够快速上手的场景，依靠自身"算法 + 芯片"的核心技术，不断提高自动驾驶汽车的安全性和反应灵敏度，最终在该领域取得丰硕的成果，引领了中国自动驾驶在货运物流这一领域的落地。

强调"产学研"一体化的创业导师

——记大疆创新和固高科技创始人李泽湘

李泽湘，香港科技大学电子与计算机工程学系教授兼自动化技术中心主任，主要研究领域为机器人、运动控制、机构学和制造科学，发表论文200余篇，出版英文专著2本。李泽湘是灵巧机械手操作与控制领域的国际权威之一，开辟和发展了重要的学术领域——机器人在非完整约束下运动规划。此外，李泽湘教授还培育出数十家"独角兽"企业，曾任大疆创新董事长，现任固高科技董事长和松山湖机器人产业基地董事长。

赴美留学，钻研学术

李泽湘出身于湖南永州蓝山县的一个教师家庭，母亲是小学教师，父亲是中学物理教师。1978年，本该在校办工厂当车工的他参加了恢复高考第二年的考试，被中南矿冶学院（中南大学）录取。在本科二年级，李泽湘因成绩优异被选中前往美国卡内基·梅隆大学留学，并于四年后获得了卡内基·梅隆大学优秀毕业生奖。本科毕业后，李泽湘又去美国加利福尼亚大学伯克利分校攻读了硕士（数学硕士、电子工程和计算机硕士）和博士学位，于 1989 年毕业。由于李泽湘在校时学术研究能力突出，毕业后成功进入美国麻省理工学院的人工智能实验室做研究员，之后又进入美国纽约大学计算机系做助理教授，从事机器人的研究工作。

在美国的这段时间里，李泽湘接触到了很多前沿的科技。20 世纪 90 年代，美国互联网技术的高速发展推动了人工智能的转型发展，进一步加快了人工智能技术的应用落地。与此同时，神经网络、遗传算法等新技术也得到了更多的关注，这些新技术解决了原先专家系统存在的诸多限制问题，极大地提高了人工智能的运行效率。看见美国科技的飞速发展后，李泽湘意识到国内的科技水平与国际前沿技术的差距之大，立志要亲自做出一番成就，向全世界证明中国人的力量。

教育改革，开拓"新工科"教育理念

李泽湘在美国完成了自己的学术任务后，1992 年他毅然选择回到中国，支持祖国的教育事业，用自己所学的知识助力国家科技发展。李泽湘受聘进入刚成立的香港科技大学，担任电子及计算机工程系教授，在此期间他还建立了香港科技大学的自动化技术研究中心，从此开启了自己的教育生涯。

在香港科技大学的最初几年里，李泽湘教授感受到学生上课的热情明显不足，这与他回国培育年轻人的初衷相背离，不过这也坚定了他要让学生将学到的理论真正应用到实践中的信念。

在实践与教育脱节的背景下，李泽湘教授开始探索一种全新的适应产业创新的工科教育方式——"新工科"教育。他认为，"新工科"教育应该培育"能用科技创造新东西"的人，也就是创造全新概念的创业者和颠覆传统产业的改革者——这对于中国的发展至关重要，中国未来必将会从"模仿借鉴"的追赶者变为"自主创新"的领跑者，而在这一转变的过程中创新能力是必不可少的。

学以致用，投身创业

李泽湘教授的研究方向是自动化和机器人，这些领域都需要从现实生活中寻找研究课题，不过 20 世纪 90 年代的中国在自动化和机器人这两方面的产业都十分薄弱，无法找到有效的样本案例，因此李泽湘教授决定自己亲自创办公司。当时，李泽湘教授加入了刚刚成立的深港产学研基地，感受到深圳制造业升级的革新之风。后来接受采访时他提到，深港产学研基地为创业提供了很好的平台，使他能够真正地将所学应用于实践，因此，科研成果在创业的过程中得到了很好的商业转化。

1999 年，李泽湘教授联合高秉强、吴宏创办固高科技，这是中国首家从事运动控制核心技术研究与开发的公司，而高秉强和吴宏也是机器人、微电子和运动控制领域的国际知名学者。固高科技作为提供装备制造核心技术平台的企业，以解决高档数控系统等核心部件的"卡脖子"问题为目的，长期立足国产替代，推动我国运动控制技术和产品的发展。平台整合是固高科技的核心特色，在李泽湘的管理和指导下，固高科技在整个珠三角地区建立了完整的产业链平台，该平台从终端产品制造延伸到设备制造、系统集成和与之配套的运动控制产业，从而能够积极促进产业的转型升级。不仅如此，李泽湘的固高科技还积极推动产学研结合，与国内外大学和研究中心都有合作，在运动控制领域培养了一大批复合型人才，李泽湘教授将他对中国工业独特的理解传递给学生，激发了学生的研究潜力。固高科技本身也因此成为拥有众多自主知识产权和核心技术的高科技企业。目前，固高科技累计为将近 60 个行业的 2000 多家客户、200 多家系统集成商部署了超过 100 万套运动控制系统，为运动控制系统的国产化作出了巨大的贡献。除此以外，固高科技的业务也不断向海外扩展，对全球工业控制的发展起着积极的推动作用。

坚持不懈，探索教育新模式

在创立固高科技之后，李泽湘教授敏锐地发现学生毕业后大部分都选择前往美国硅谷和华尔街，却没有在国内进行产业创新的志向和能力。这也再一次印证了"新工科"教育的重要性，因此李泽湘教授开始在国内多所院校进行尝试，开展不同形式的教育创新，希望能够尽早发掘出适合中国国情的教育新模式。

2004 年，李泽湘教授成为哈尔滨工业大学深圳研究生院的特聘教授，他在那里建立了自动控制和机电工程学科部，在后来的七年间培养了 300 多名优秀人才。2010 年，他又受华中科技大学邀请，在华中科技大学东莞制造工程研究院担任学术带头人，带领运动控制与先进装备国际创新团队开展技术研究。

"新工科"教育的推行不是一帆风顺的，尽管如此，花甲之年的李泽湘教授仍选择坚持其在 1986 年向国家教育委员会递交的"改革建议书"中的建议。2021 年，李泽湘教授发起创办了深圳科创学院，该学院由深圳市政府出资支持设立，并不依赖于其他大学，是一个纯粹的科研平台。学院设置了五大研究中心，分别是柔性制造、智能驾驶、智慧健康、智能建造和智慧生活，平台依托深圳市坪山区自身的政策、资金、场地、产业链、创新创业市场等优势，在提供前沿技术支持的同时，吸引世界各地的顶级专家，并且让学生能够在真实的市场环境中深度学习。

大疆教父，尝试"学生创业"

在进行"新工科"教育模式摸索的同时，李泽湘教授也开始鼓励自己的学生大胆创业，将内心的创业想法与课程的实践项目落地转化成创新创业。在一次访谈中，李泽湘教授曾谈到，学校对于产业的影响，不应只局限于文章的发表和理论的研究，更重要的是要对周边的产业经济产生直接的作用，将科研和教育结合起来，形成创业团队，不断充实中国的制造业。

在开设运动控制相关课程的过程中，李泽湘教授遇到了汪滔。经过长期的观察，他发现汪滔在运动控制方面具有远超同龄人的兴趣和研发能力，于是将汪滔带进他的研究生团队，后来还建议他在深圳进行创业。在创业的过程中，李泽湘教授不仅向汪滔提供了技术和资金方面的支持，更关键的是，他向汪滔创业提出了两条关键性建议：一条是市场发展路线，建议先拿下国外市场而后再转回国内；另一条是扩展应用场景，不要局限于消费级市场，也可以向其他领域尤其是农业植保领域发展。

在李泽湘教授的建议和帮助下，汪滔于 2006 年创立大疆。大疆迅速发展，一跃成为估值超百亿美元的科技型企业。截至 2022 年年底，大疆无人机在消费级市场的全球市场占有率达 80% 以上。大疆的成功不仅让李泽湘教授收获了"大疆教父"的称号，更让他坚定了将理论转型为商业实践的信念。

模式复制，打造"学生创业军团"

2011 年 3 月，汪滔的同门师妹石金博联合师弟俞春华等 6 人在李泽湘教授的支持下，创立了李群自动化，该公司主要从事工业机器人业务。2012 年，逸动科技在李泽湘教授的支持下也成功诞生，主营水上与水下设备动力系统的研发与生产。

2014 年，李泽湘教授与高秉强教授等人，共同发起成立了东莞松山湖国际机器人产业基地建设项目，截至 2022 年年初已经孵化出了 60 多家创业科技公司，存活率为 80% 左右，超过 15% 的公司成为行业里的"独角兽"或准"独角兽"企业，包括专注于扫拖一体扫地机器人的云鲸智能、开发物流仓储机器人系统的海柔创新及深挖商业自动驾驶领域的希迪智驾等。

2020 年，李泽湘教授入选深圳经济特区建立 40 周年创新创业人物和先进模范人物，这些荣誉是国家对他在创新创业方面贡献的褒奖，也是对他开展"新工科"教育模式的肯定。

现在，以松山湖国际机器人产业基地为中心，李泽湘教授将其搜索人才的眼光聚焦于 3 个圈层：第一圈是李泽湘教授本人在香港科技大学带过的学生；第二圈是参加全国大学生机器人大赛、暑假机器人夏令营等活动的优秀学生；第三圈则是从全球寻找，以"千里挑一"的标准搜寻有技术潜力并且适合创业的人才和团队。李泽湘教授带领学生打造新型高科技企业的脚步从未停止，或许下一个"独角兽"企业，已经悄然出现。

总结

创新创业引领时代潮流，李泽湘教授和他的学生们能够取得现在这样令人瞩目的成就，主要依靠的是以下几点重要因素。

1. 赤子之心，心怀祖国。 李泽湘教授在美国的待遇十分丰厚，并且可以接触到世界最前沿的技术，但他心中忧虑的依旧是国内科技的发展情况及其与美国领先技术的巨大差距。因此，他在完成自己的学术任务后决定回国发展，为祖国的教育事业贡献力量，立志要让中国在全球制造行业扮演的角色从跟随者转变为领跑者。

2. 关注人才，重视教育。 "在智能时代最需要解决的问题就是人才"，20 多年来，李泽湘教授不断推广自己的"新工科"教育模式，用自己的经验和思考带动更多的学生去创新创业，将理论与实践相结合。在固高科技，李泽湘教授采取"产学研"一体化的方式，激发学生潜力，推动人才培养。2021 年，李泽湘教授又创办了深圳科创学院，相信在这种创新创业模式的带动下，未来将会出现一批又一批优秀的高素质人才推动国内产业的发展。

3. 精神领袖，支持创业。 李泽湘教授协助孵化出的公司已有数十家，其中不乏固高科技、大疆创新、李群自动化和逸动科技等各自行业内的佼佼者。李泽湘教授通过"导师 + 学生"的模式带领自己的学生打造出一家家"独角兽"企业，在这个过程中，相比于指导教师，他更像是一位精神领袖，在关键的节点，用商业战略指导和资源导入助力学生们创业成功。

人脸识别技术的开拓者和探路者

——记商汤科技创始人汤晓鸥

汤晓鸥，现任香港中文大学信息工程系教授、IEEE Fellow，兼任中国科学院深圳先进技术研究院副院长，IJCV 首位华人主编。1990 年本科毕业于中国科学技术大学，后赴美留学，1991 年获美国罗切斯特大学硕士学位，1996 年获美国麻省理工学院博士学位。2001 年创建香港中文大学多媒体实验室，2005—2008 年兼任微软亚洲研究院视觉计算组的负责人。汤晓鸥教授的主要研究领域为计算机视觉、模式识别和视频处理，共发表论文 200 余篇，是全球人脸识别技术的开拓者和探路者，2014 年创办商汤科技并担任董事长。

寻学路漫，厚积薄发

1968 年，汤晓鸥出生于辽宁省鞍山市，小时候的他非常喜欢看图画类的书籍，对图像具有非常浓厚的兴趣，这也许对他以后从事计算机视觉

（CV）方面的研究产生了潜移默化的影响。1985 年，汤晓鸥从鞍山一中毕业，考入中国科学技术大学精密机械与精密仪器系，从此踏上漫长的求学之路。1990 年，汤晓鸥顺利毕业，之后他选择去美国继续留学深造。汤晓鸥先是在罗切斯特大学进行了一年的硕士学习，随后于 1992 年进入麻省理工学院（MIT）攻读博士学位，彼时，MIT 的 CV 专业在世界排名遥遥领先。

在 MIT 的海底机器人实验室里，汤晓鸥第一次接触到人工智能技术，这个实验室的主要项目是在水下利用声呐和视觉相机进行探索。在他加入之前，该实验室刚刚利用人工智能技术发现了沉没海底的泰坦尼克号。当时美国的人脸识别技术研究正处于高速发展阶段，汤晓鸥对此也产生了浓厚的兴趣，他认为将人工智能应用在日常的生活场景会是一个重要的发展趋势，而人脸识别正是连接人工智能与日常生活的一个关键领域。因此，他开始接触和研究人脸识别的算法，人工智能的种子从此便在汤晓鸥心中生了根、发了芽。

1996 年，汤晓鸥博士毕业，选择到香港中文大学工作，之后被聘为信息工程系的教授，在香港中文大学，他继续从事计算机视觉方面的科研工作，培养出一大批 CV 领域的人才。在此基础上，他创办了香港中文大学多媒体实验室，这间实验室被誉为 CV 界的"黄埔军校"，为后来商汤科技的创立奠定了重要基础。

创新源于生活，科研立足前沿

2005 年，汤晓鸥教授开始兼任微软亚洲研究院（MSRA）视觉计算组负责人。为此他需要经常在北京工作，不免会缺少对刚满两岁的爱子汤之铭的照顾。由于跟儿子在一起的时间太少，他想把每一分钟都记录下来，于是他给儿子拍摄了大量照片。当图片积累到成千上万张时，他发现如何在海量照片里准确找到某个令他念念不忘的瞬间成了"老大难"的问题。作为技术大佬的他想到了从他投身多年的研究领域中寻求解决方案——采用 CV 技术手段来分类管理相册。于是他跟视觉计算组的同事开始研究名为 Photo Tagging 的课题，采用 CV 技术手段来给相册进行分类整理。在 CV 技术还远未成熟的当时，汤晓鸥教授由这一个简单的愿望出发，开启了中国人脸识别技术走向实际应用、走向商业化落地的新时代。

2009 年是汤晓鸥学术生涯进入巅峰的一年，这年他从 MSRA 离职，来到深圳组建自己的研究团队。不久之后，汤晓鸥教授和他的团队就成功发表论文《基于暗原色的单一图像去雾技术》，并获得 IEEE 计算机视觉与模式识别大会（CVPR）的年度"最佳论文奖"。汤晓鸥及他的同事成为获得这项大奖的第一批亚洲学者。凭借这些出色的研究成果，汤晓鸥教授成功入选 IEEE Fellow。

与此同时，香港中文大学多媒体实验室也是硕果累累，从 2011 年开始，该实验室团队就开始研究深度学习。2012 年，CVPR 会议有关深度学习的 2 篇论文都是汤晓鸥团队发表的；在 2013 年的国际计算机视觉大会（ICCV）中，汤晓鸥团队的深度学习论文占该领域论文的四分之三；2011 年之后的三年间，汤晓鸥团队在 CV 领域的顶级会议 ICCV 和 CVPR 上一直发表跟深度学习相关的研究论文，占据了该领域论文的半壁江山。

随着学术领域的成果不断被认可，汤晓鸥教授开始担任包括 ICCV 和

CVPR 在内的多个重要国际会议的主席。他现在还担任 IEEE 的 PAMI、IJCV 等期刊的编委，同时他还是 IJCV 的第一位来自中国的主编。

高压下的关键决胜

2014 年，人工智能被学界公认为即将带来一场新技术革命的前沿科学。在汤晓鸥教授和他的团队关于 CV 应用的研究即将进入快速发展阶段时，许多科技巨头，如微软、英特尔、谷歌、Facebook，也进行着高强度的研究工作，并且投入了大量的研究资源，想要抢占 CV 应用这一蓝海领域。2014 年年初，Facebook 在全球首先推出了 DeepFace 算法，识别精确度达到了 97.35%，已经十分接近人眼识别能力（97.53%），这引起了全世界的关注。面对如此压力和挑战，汤晓鸥教授曾向外界表示："Facebook 的算法是基于其拥有的 750 万人数据的数据库，而我们当时仅有 20 万人数据的数据库，双方力量差距很大，我们的条件处于劣势。"

即使在硬件和数据库条件处在如此大劣势的情况下，汤晓鸥教授依旧扛住了压力，不断精进算法。通过不停地实验，在不到两个月之后，汤晓鸥团队在 2014 年 3 月份发布 GaussianFace 人脸识别算法，该算法经过 LFW（Labled Faces in the Wild）数据库测试，识别准确率高达98.52%，该算法的识别精确度在世界上第一次超过人眼的识别能力。

2014 年 6 月，汤晓鸥教授的多媒体实验室再一次发布全新的 DeepID系列算法，在对算法全面优化之后，他们将该算法的识别准确率提升到了99.55%，成为人脸识别技术向实际应用的推手，具有里程碑式的意义，也促使我国在该领域跻身世界领先地位。

在当时，LFW 数据库识别率的前三名全部为汤晓鸥实验室的人脸识别算法，Facebook 的 DeepFace 算法只能排在第四。正是因为如此，2016 年，汤晓鸥教授的多媒体实验室被评为"世界十大人工智能先锋实验室"，也是唯一一个建立在亚洲的获奖实验室，从此与 MIT 顶尖实验室等比肩而立，为此福布斯称汤晓鸥为"中国人脸识别技术背后的面孔"。

从实验室到商汤科技

拥有识别准确率首次超过人眼的人脸识别算法让汤晓鸥教授的多媒体实验室名声大振，很多投资机构也开始关注这个实验室。2014 年 10 月，商汤科技正式成立。过去曾与汤晓鸥教授共事过的教授和对其慕名已久的学生知道后，都参与到商汤科技的初创之中。汤晓鸥在 MSRA 的好友杨帆教授，也决定去商汤科技为汤晓鸥助一臂之力，同时还介绍了很多来自清华的学生，商汤科技很快就建立起了一个以汤晓鸥教授为核心的联合创始人团队。商汤科技提交给香港交易所的招股说明书显示，商汤科技的研发人员占公司员工比例超 2/3，其中就包括 40 位教授、250 多名博士和博士后，还有 3000 多名科学家和工程师。对汤晓鸥教授来说，成立商汤科技不仅意味着自己走出了象牙塔，更意味着从前停留在纸上谈兵阶段的技术走出了实验室，从此他能够做更加有意义、有价值的事情。

AI+ 传统产业，人工智能无处不在

汤晓鸥在创建商汤科技之初，目标就不局限于创立一家人脸识别公司，

而是致力于打造深度学习平台，在人工智能领域全面发展。他认为，由于谷歌、Facebook 等巨头的开源平台使人工智能、深度学习的门槛变得很低，但以开源平台为基础也会受到很多限制。因此商汤科技决定朝着搭建"硬件计算平台"的方向努力，在公司成立一年后，也就是 2015 年，他们开发出了 DeepLink，该学习超算平台 GPU 的连接数量为 200 块，为我国之首。同年年底，商汤科技又突破性地研发出 SenseParrots——一种新的深度学习框架，其中很多功能都超越了谷歌旗下的产品。凭借该学习框架，商汤科技把他们的平台规模做到了亚洲之首，能够解决众多复杂的计算任务。

汤晓鸥认为，AI 从来不能被称为一个单独的产业，能被产业化的只有"AI+"——这就是说，AI 是一种工具或者一种方法，它需要做的是让传统产业重新焕发新的生机，传统产业可以借助 AI 的功能实现效率的巨大提升。在此理念的引领下，商汤科技创造性地提出了"1+1+X"的理念模式，这里第一个"1"就是指 AI 的原创底层基础技术，第二个"1"的意思是与一个具体产品结合，"X"的意思是将其产品扩大应用到多个行业中去，与众多商业伙伴进行合作。

在产学研协同创新方面，商汤科技采取与国内外知名大学及公司联合建立实验室的模式，让科研成果能服务于实际应用，得到快速转化，同时也能进一步培养出一大批理论与实践相结合的 AI 人才。2018 年，这些联合实验室及商汤科技发表的众多论文，都入选了 CV 领域的顶尖会议，为推动 AI 技术的发展做出了重大贡献。

在行业应用方面，汤晓鸥教授将他的技术专注于应用在五大垂直领域——安防监控、金融、手机、移动互联网和深度学习芯片，并为产业链的连通制定了一个全行业通用的办法：通过与各领域头部公司的深度合作，衔接产业链上下游的人脸识别技术应用，从而成长为为各行业赋能的最大技术平台。2022 年 3 月 8 日，商汤科技斥资 35 亿元人民币成立数字科技公司（上海商汤数字科技有限公司），专门研发和提供数字科技、智能科技、工业自动化科技及新能源科技领域内相关的 AI 服务。

今天，对于绝大多数普通消费者来说，专注于 2B 业务的商汤科技可能是个陌生的名字，甚至汤晓鸥教授的名字也隐于公司背后，鲜为人知。但依托他和他的团队研发出来的算法衍生的新生活场景应用却早已融入了千万人的日常生活中。我们今天所熟知的，甚至已经离不开的人脸解锁、智能美颜相机等影像技术，背后都有汤晓鸥教授的一份功劳。

AI 和 CV 行业的发展

AI 是利用数字计算机或数字计算机控制的机器模拟、延伸和扩展人的智能，感知环境、获取知识并使用知识获得最佳结果的理论、方法、技术及应用系统。进入 21 世纪，特别是 2010 年以后，随着计算机、5G 等相关基础技术的成熟，AI 也开始迅速发展。我国不断出台政策，并将其上升为国家战略，对其支持力度不断加大。AI 应用已渗透到我国的各个领域，如金融领域、安防领域、交通领域、消费及娱乐领域等，极大地促进了我国经济的发展和稳定，也便利了人民生活的方方面面。

AI 一个重要的应用领域就是 CV 领域，这主要涉及金融领域和安防领域的人脸识别技术。人脸识别技术在平安城市、智慧城市的建设，以及银行的身份验证等方面，应用比较广泛。随着人民生活水平的提高，以及工业科技的发展，CV 在智能驾驶、机器人等领域的需求也将越来越大，未来在全球市场中占据主要规模。

我国的 CV 行业依托各顶尖大学的人才，以及相关 AI 算法的不断迭代优化，目前已经涌现出了一批具有典型特色的 AI 公司，行业集中度也逐渐增高，领域内比较有代表性的公司有商汤科技、旷视科技、云从科技、依图科技，他们被业界称为"AI 四小龙"，其市场份额已经占据了我国 CV 市场的半壁江山，也将成为未来我国 AI 行业发展的中流砥柱。

总结

从 MIT 到香港中文大学，从多媒体实验室到商汤科技，汤晓鸥一直致力于计算机视觉识别技术的研究，并取得了巨大成就，成功的主要原因可总结为以下 3 点。

1. 注重研发。不管是在多媒体实验室，还是在商汤科技，汤晓鸥教授始终注重对研发团队的培养和打造，商汤科技的科研团队人员，超过公司总人数的三分之二，教授及博士等就达到近 300 名，创办 7 年以来，商汤科技累计获得 8000 多项 AI 发明专利，研发投入主要在于建立人才库和搭建世界级的出色硬件计算平台。

2. 底层基础创新。AI 自 20 世纪 50 年代诞生以来，其技术应用在很长一段时间内并没有取得突破性进展。在 AI 和计算机视觉应用领域整体前景不明朗的情况下，汤晓鸥教授带领团队坚持计算机视觉研究方向，花费十几年时间进行基础创新，掌握了技术上的绝对领导优势。商汤科技自主研发了一套 AI 模型和 AI 芯片，并且搭建起了一整套端到端、底层到应用的基础设施，这些都成为这个独角兽科技公司可持续经营的关键要素。

3. 资本助力。AI 行业是新兴行业，发展环境和基础设施都不是特别成熟，需要社会各方资本加持才能持续不断地进行研发投入。从成立之初至今，汤晓鸥教授的商汤科技一直备受资本青睐，7 年来融资达数百亿元人民币，这为其研发团队提供了源源不断的资金，也是其不断取得技术突破、打造未来核心竞争力的重要支撑。

心怀母校、年轻有为的电子学界璀璨新星

——记深鉴科技创始人汪玉

汪玉，清华大学电子工程系长聘教授、系主任，清华大学信息科学技术学院副院长，清华大学天津电子信息研究院院长。汪玉教授长期从事智能芯片、高能效电路与系统研究，是 ACM SIGDA 执行委员会成员，ACM FPGA 技术委员会亚太地区唯一成员。先后获得中国计算机学会青竹奖、德国洪堡奖学金、国际设计自动化会议 40 岁以下杰出创新奖、中关村高聚工程高端领军人才奖、CCF 科学技术奖技术发明一等奖等荣誉。2016 年，汪玉创立了深鉴科技，专注于神经深度压缩技术、专用体系结构研发及系统级优化。2021 年，汪玉教授当选 IEEE Fellow。

选择"最难"专业，与清华结下不解之缘

1982 年，汪玉出生于安徽省枞阳县，读初中的时候，他数理学科成绩优异，在参加省里组织的数学和物理竞赛时，都获得了奖项。因此在 1995

年初中毕业的时候，汪玉取得了全国理科实验班^①选拔的资格，以优异成绩顺利通过考试并最终选择进入清华大学附属中学，从此便与清华结下了不解之缘。

进入清华大学附属中学以后，汪玉在历次的考试中都名列前茅，因此获得了直接保送进入清华的机会。在选择专业的时候，他认为电子信息这个方向将是未来发展的重点，同时这个专业是广为人知的分高、难考，他希望通过学习这个专业来实现挑战自己的目标，最终在 1998 年，汪玉成功进入清华大学电子工程系。

本科期间，汪玉发现电子工程专业比较大的特点是软硬件结合，能够把物理世界和数字世界结合起来，与计算机相比，它的范畴更加广泛、涉及面更广，因此他对电子工程专业充满兴趣。由于各项成绩均名列前茅，他选择在 2002 年继续攻读博士学位，师从杨华中教授和谢源教授。

2007 年，汪玉博士毕业之际，他的很多同学都忙着准备去美国留学的事情，汪玉也面临着留下还是离开的抉择，周围的朋友也劝他出国深造，多见识一下外面的世界。经过思考之后，汪玉认为如果去不了国外最好的学校，还不如在清华先做到更好，因此他内心想要继续留在清华的愿望愈发强烈，他舍不得离开这个培养了自己这么多年的"家"。博士毕业之后汪玉依旧选择了留在清华，并担任助理研究员一职。

在这 20 多年与清华的不解之缘中，令汪玉印象最深刻、影响最大的是清华追求卓越的精神。在清华，从基础的德智体美劳到科研、社会影响

---

① 全国理科实验班是自 1993 年开始，由清华大学附属中学、北京大学附属中学、北京师范大学附属实验中学、华东师范大学第二附属中学 4 所学校受教育部委托承办的三年制高中理科实验班，2004 年停办。

力与国际交流，每个层面都要做到领先。这不仅在国内，从科技角度来说，更要在全世界范围内力争做到最好，这也是汪玉教授在清华从事教学科研及管理工作越来越深刻的体会。

潜心学术研究，电子学领域众多荣誉加身

虽然没有出国留学，但是汪玉一直进行国际学术交流。读博期间他就成为小组内第一个出国交流的博士生，博士刚毕业时，汪玉在微软亚洲研究院（MSRA）有过一年左右的研究经历，2008 年曾在香港科技大学做访问学者，2011—2013 年在英国帝国理工学院也做过一段时间的研究工作，2019 年在斯坦福大学做访问学者。通过持续的国际交流，大大开拓了他的思维方式，因此在后来的教学和管理工作中，他也经常鼓励自己的学生走出去，这样才能从全球视角思考问题，科学研究才能做到世界顶尖水平。

汪玉教授的研究方向主要为低功耗系统设计方法、特定应用的硬件计算架构、智能芯片与系统设计方法，在中西方摩擦加剧的情况下，我国自主研发芯片的呼声越发高涨，汪玉教授的研究方向也备受关注。

在这些热点研究领域里，汪玉教授取得了一系列突出的学术成就。他发表论文的谷歌学术引用已达 16000 余次，还担任 ACM SIGDA E-News 主编，IEEE TCAD、TCSVT 编委，DAC 等领域顶级会议的技术委员会委员等。此外，他还当选过 ACM 杰出演讲者。因在电子学领域专用加速器设计方面做出的贡献，2021 年，汪玉教授当选 IEEE Fellow。2020 年初，汪玉教授就任清华大学电子工程系第十任系主任，当时，年仅38 岁的他，是清华电子工程系创办以来第二年轻的系主任。

联合创立深鉴科技，走产学研结合之路

汪玉教授博士毕业留校任教时，导师杨华中教授跟他说："要想在清华成为教授，就要去做与其他人不同的研究方向，在一个方向要能够独当一面。"这对汪玉的影响很大，博士毕业后，汪玉选择将定制应用域加速作为研究方向，"从 0 到 1"开始进行创新研究。到 2012 年的时候，深度学习开始兴起，汪玉意识到算力对于未来人工智能的发展应该非常重要，因此就从这个角度切入，继续进行更加深入的研究。

2015 年，汪玉及其团队完成了深度学习的加速器研究工作，经过多年的学术研究后他发现，如果仅在专业领域内发学术文章，并不能直接解决产业在实际应用中的难题，要想让自己的技术产生影响力，就需要应用到生产一线进行检验，从而起到更好的应用和示范作用，尤其是工程学科，要想办法让理论研究转化为能够为市场所用的成果，转化为更够推进产业发展的成果。

当时清华大学正在推行关于知识成果转化的一整套政策体系，对教师在研究成果在转化过程中涉及的知识产权、收益分配、法律合规等方面都提供了机制体制保障，这为汪玉教授创业创造了良好条件。行胜于言，2015 年 11 月 28 日，汪玉教授和他的学生姚颂、单羿，以及另一位清华校友、斯坦福大学电子工程在读博士韩松经过讨论商量之后，准备创业。2016 年，深鉴科技诞生，姚颂担任 CEO，单羿担任 CTO，汪玉与韩松担任公司首席科学家，汪玉主要负责硬件方面的支持，韩松负责软件和算法方面的支持。公司专注于神经网络深度压缩技术、专用体系结构研发及系统级优化等业务。

专注应用驱动，算法与硬件协同优化

作为一家深度学习解决方案的提供商，深鉴科技聚焦神经网络深度压缩技术、专用体系结构研发及系统级优化等方面，经过深鉴科技优化的神经网络，配合专门优化的体系架构，可以实现神经网络算法在非常低功耗情况下的高性能运行。利用上述软硬件协同优化与设计技术，深鉴科技在赛灵思[①]的可编程硬件平台上提供机器学习的系统级解决方案，在当时的行业领域内实现最佳的能效。

当时，深度学习的主要计算平台是通用 GPU。汪玉教授和他的团队意识到，通用 GPU 在深度学习的应用方面无法达到高性能低功耗的要求。通过设计专用加速器和芯片，配合算法优化和自动部署工具，可以减少计算量、降低计算单元功耗、提升计算硬件利用率。

因此，深鉴科技除了提供基于赛灵思可编程硬件平台的系统方案，也进一步设计了专用芯片数据处理器（DPU），将神经网络算法的计算能耗降低 1 ~ 2 个数量级，促进了神经网络的落地应用。

对于一家企业来说，只有用技术去适配不同领域的需求，在某个领域积累行业经验，与垂直行业深度沟通，才是取得商业成功的方法。创业公司恰恰可以弥补巨头缺乏在"AI+"或"+AI"的垂直行业进行适配的决心的弊端，加快水平技术和垂直行业的耦合。

基于此，深鉴科技选择进入安防领域做专用芯片及解决方案。因为安防领域的市场存量大、AI 依赖度高，可以很快地实现产品落地。深鉴科技

---

① 赛灵思（Xilinx），全球领先的可编程逻辑完整解决方案供应商。

在安防领域总共打造了多种 AI 产品，包括人脸分析解决方案、人脸检测识别模组、视频结构化解决方案、双目深度视觉套件，也提供 ARISTOTLE 架构平台、深度学习 SDK DNNDK 专用技术能力支持。除了"观海""听涛"两款 DPU 本身性能出众以外，深鉴科技的优势更在于针对不同行业提出不同的方案。用户最终看到的是一个板卡，它支持的功能一样，只是性能和功耗不同，包含推理、设计和算法，用户还可以自行开发。依靠技术和产品优势，深鉴科技已经在安防监控和数据中心这两大应用领域建立起了渠道优势，也跟其中多数排名靠前的大品牌厂商建立了合作关系。

汪玉认为，深鉴科技具有两方面的核心竞争力。一个是技术的先进性，以国内外顶尖高校为依托，深鉴科技的技术一直保持在世界的前沿，并且深鉴科技成立以后，在将研究成果产业化的过程中，也解决了很多应用层面的技术问题，始终保持不断创新。第二个核心竞争力是深鉴科技坚持做全栈，其技术涉及从应用开发、算法设计、编译器、架构到芯片的全部流程，深鉴科技从这个系统的维度去思考和解决问题，而不是只做算法或只做芯片，因此具有很高的技术壁垒。这两个核心竞争力再加上创业时间的选择比较合适，使得深鉴科技取得了巨大的成功。

立足长远发展，融入行业巨头

芯片开发是当前国内人工智能科技竞争最为激烈的领域之一，近年来国内的 AI 芯片公司发展势头强劲，既有像深鉴科技、寒武纪这种从头创业的公司，也有像华为、海康威视这种中途布局投资的行业巨头。随着资本的追捧，这些公司的估值水涨船高，深鉴科技也被市场看好，在成立的前两年就完成了三轮融资。

虽然国产芯片在政策、人才等支持下已经取得了巨大发展，但是对于国产芯片而言，工程化打磨、细节性优化仍然与国外有差距，与应用场景的契合度有待提高。并且在芯片行业，进入市场越早的公司，拥有的客户资源和商业资源就会越多。

深鉴科技也遇到了类似的困难，一方面，从团队角度看，深鉴科技的创始团队更擅长"从 0 到 1"，但是"从 1 到 100"就存在较大困难。并且深鉴科技缺乏营销的相关人才，也在一定程度上限制了公司发展。另一方面，从技术发展角度来看，深鉴科技的自身规模也限制了其竞争力，面对国际上早就布局芯片产业的巨头公司如英特尔、英伟达，以及国内较早成立的地平线、寒武纪等独角兽公司，深鉴科技要想独立发展生存，不管是做平台型企业，还是将某一行业做透作深，都需要至少 5 ~ 10 年甚至更长的时间，难度可想而知。为了公司未来更好的发展，汪玉教授及其团队经过商议后，决定让深鉴科技融入行业巨头赛灵思，以实现更好的发展。

2018 年，深鉴科技被全球最大的 FPGA 厂商赛灵思收购，在赛灵思的平台资源支持下，深鉴科技不仅能得到体系内强大的生态、场景支撑，还可以免除来自其他巨头公司的威胁，专心研发核心技术，从而推动加速整个产品体系的升级，实现对其他公司的超越。

深鉴科技是清华大学新的成果转化制度实施以来第一个完成闭环流程的项目，对于科技成果转化起到了很好的示范作用，也给其他教授和科研人员带来了很大信心，具有非常重要的意义。这对于加深大家对于创新创业的理解，以及推动产业界和投资界对清华大学技术成果的认可，都提供了巨大的帮助。

心怀感恩之心，专注人才培养

深鉴科技被收购后，汪玉教授做出了一个令人意想不到的举动。他和他的学生姚颂、单羿宣布向母校清华大学捐赠 500 万美元，帮助学校设立了"孟昭英讲席教授基金"和"刘润生励教励学基金"，用于支持高端人才引进和师生培养。

汪玉教授身上有诸多标签，例如能力强、颜值高、性格温柔、学术大牛、羽毛球高手……他在学生之间颇有盛名，在很多论坛上也时常会看到学生们对汪玉教授的夸赞和推荐。师恩传承，桃李满园。汪玉教授之于学生，正像杨华中教授之于他，能够从学生的角度出发，真正地帮助学生发掘自身的潜力。汪玉教授在培养学生的时候，对不同的学生有不同的理想和期望，主要以学生的兴趣为主，鼓励学生找到自己喜欢的事情。因此，他的学生里，有成为老师的，也有进入产业界的。汪玉教授认为，培养人才是需要周期的，学术界和产业界都有各自的人才需求，并没有统一标准。

对于人才培养，汪玉教授有自己独特的见解。在他看来，要解决我国芯片行业的问题，人才是最重要的，只有进行有组织的科研，培养不同方向的人才，才能推动某一个行业的真正发展。汪玉教授认为，在本科层面最好能做到宽口径和厚基础，本科打好理论基础之后，研究生阶段就要更加注重专业的培养了。这又可以分为两个方向，一个是往偏理论的学术型方向去培养发展，这能够做到在基础理论上取得重大突破；另一个是向偏应用的工程型或理论型方向去培养发展，这能够做到在关键技术解决之后，推动某一个行业的发展，为行业做出贡献。

对于高校中的教授和科研人员，汪玉教授认为，从研究角度来说，要做到"顶天立地";从育人角度来说,要做到能创新、爱学生和具备领导力。"顶天"就是说在年轻的时候能够把技术做到世界前沿水平,证明自己的实力,让自己的研究成果能上"书架",获得"范式"性科研成果,这跟创新的要求是一致的。"立地"就是说自己的科研成果要能够上"货架",能够面向需求转化成实际的应用成果,从而服务社会经济发展。在将理论成果向实际转化的过程中,也就是创业的过程中,还要做到一心一意,因为人的精力是有限的,如果兼顾的话,可能科研和企业都不会做的很好。

总结

刚过不惑之年的汪玉教授拥有多重身份,不仅是研究成果众多的优秀学者,还是桃李满园的青年教师,更是经验丰富的创业实干家,他在每一个领域都做出了不俗的成绩,这些成就的实现离不开以下几点关键要素。

1. 拥有家国情怀,关注社会问题。汪玉教授在清华的 20 余年里深受家国情怀的感染,使得他在思考问题的时候能够从国家和民族的角度出发,寻找社会最关心的问题和痛点,对症下药,实现关键技术的突破,将研究成果的价值最大化。

2. 敢于挑战自己,不断追求卓越。大学选择专业的时候,汪玉选择进入难度最大的电子工程系,希望可以挑战自己。在选择研究方向时,汪玉也选择了"硬件加速"作为自己的新方向,开启人生的新篇章。除此以外,汪玉在教学和创业的过程中也不断思索,秉承清华追求卓越的精神,发掘自身的潜力,在取得学术上的突出成就之后,继续将其付诸创业实践,实现更大成功。

3. 眼光视角独到，逻辑思维严谨。 在创业的过程中，汪玉能够冷静地观察 AI 行业的局势，分析出创业公司的核心优势，将公司业务聚焦在市场存量大、AI 依赖度高的安防监控领域，快速实现产品落地，并最终取得了成功。

4. 心怀感恩之情，注重人才培养。 面对去留的选择时，汪玉毅然决然地选择了留在曾经培养自己的清华读博，并留校任教。当深鉴科技被收购后，汪玉和他的学生选择向母校清华大学捐赠 500 万美元，成立教育基金，用于支持高端人才引进和师生培养。这既是为了感恩母校的培养，更是在身体力行地践行支持学校高层次创新人才队伍建设的初心！

生物医学领域的杰出代表

——记丹序生物创始人谢晓亮

谢晓亮，生物物理化学家，中国科学院院士，北京大学李兆基讲席教授，北京未来基因诊断高精尖创新中心主任，曾当选美国国家科学院院士、美国国家医学院院士、美国艺术与科学院院士。谢晓亮的研究领域为单分子酶学、单分子生物物理化学，并且成为该领域的创始人和奠基人，他还推动了相干拉曼散射显微成像技术和单细胞基因组学的发展。谢晓亮1984年本科毕业于北京大学化学系，之后赴美留学，1990年在加利福尼亚大学圣地亚哥分校获得博士学位。1998年被哈佛大学聘为化学和化学生物系终身教授。谢晓亮于2020年创办北京丹序生物制药有限公司，并担任首席科学顾问。

兴趣是最好的老师

1962年，谢晓亮出生于北京大学朗润园，他的父母都是北京大学化学系的教授，他从小就生活在良好的学习氛围之中。1969年，被下放到江西进行劳动锻炼的父亲回到北京，利用在江西学到的泥瓦木匠手艺给他制作了一个做工精致的陀螺，这点燃了幼年谢晓亮对手工制作的巨大好奇心，后来，谢晓亮也开始用父亲的工具箱来制作一些好玩的东西。他完成的第一个手工作品是杆秤，也是他人生中设计出来的第一个精准测量的工具；不久之后他又制作出了轮船模型、飞机模型等，甚至还自己研究并制作出一个简单的音箱，他的动手能力也在这个过程中不断提高。同时，随着他制作的东西越来越复杂，他对于科研也越来越痴迷。到了中学时代，谢晓亮的动手能力越来越强，他造出了一个个小型电子仪器，甚至还制作了遥控轮船模型和收音机等。在他手工制作这些仪器的过程中，心中逐渐萌发出了对于科研的向往，他立志未来要做一名科学家。

谢晓亮的小学和中学时光都是在北京大学的附属学校度过的。父母的指导加上谢晓亮平时在学习中善于思考和总结，使得他的成绩在班上一直数一数二。由于家中藏书很多，他一直在家努力自学，为之后的高考做好了充分的准备。1980 年，18 岁的谢晓亮顺利考入北京大学，被北京大学化学系录取。

北大学霸的创新萌芽

进入北京大学以后，谢晓亮勤学好问，成绩优秀，但也并不一味追求最高分——作为全国顶尖学府，北京大学的课程安排算是很丰富的，但是对于谢晓亮来说，只学习化学显然无法满足他的求知欲，因此在学习化学之余，只要一有机会，他还会学习其他相关专业的知识，比如数学、物理还有计算机方面的课程，这些课程他几乎都旁听了个遍，虽然旁听没有分数，但是这大大拓展了谢晓亮的知识面，让他在以后的科研之路上受益匪浅。

谢晓亮在旁听课程的同时，还会结合各学科之间的关系，思考一些课本之外的问题，基于此他还会自己给自己制定一些研究课题，这也使他比同专业的人更早地深入思考一些科研问题。有一次，谢晓亮发现离子晶体的能量是一个无穷级数，他想要计算出来但计算量很大，不过不久，在大一暑期他自学计算机编程的时候，正好尝试编写了一个程序来代替复杂的计算，竟然算出了该晶体结构的能量。对于当时就读于化学系的谢晓亮来说，这是他第一次用跨学科的方法解决问题，这个过程让他非常满足。

谢晓亮的本科毕业论文题目为"用计算机来控制光电化学反应"，导师是化学系的电化学专家蔡生民，蔡老师的为人和学术指导对他以后的工作有着深远的影响。蔡老师善于将复杂抽象的概念通过简练的语言解释，让谢晓亮在以后的学术研究中受益匪浅。从那时起谢晓亮也了解到，通过对专业实验设备的改造和创新，提高其精度，很多时候会对科研带来意想不到的惊喜和突破——这也在他之后的科研经历中得到了反复的验证。

学术梦想的起航

1985 年，谢晓亮离开北京大学，选择赴美读博，继续深造。他选择了加利福尼亚大学圣地亚哥分校，导师是约翰·西蒙（John Simon）教授。他的专业是化学动力学，主要的研究方向是用超短的皮秒激光脉冲来研究超快化学反应。

1990 年，谢晓亮在加利福尼亚大学完成了博士阶段的学习，顺利毕业。他又前往芝加哥大学的实验室开展博士后研究，指导老师是著名物理化学家格雷厄姆·弗莱明（Graham Fleming）教授。在实验室的工作，让他对未来的研究方向有了清晰的目标，他决定从事室温下单分子的荧光检测和成像方面的研究。

在确定了自己的研究方向后，1992 年，谢晓亮进入美国太平洋西北国家实验室的环境分子科学实验室工作，该实验室成立 20 多年以来，他成为首个入职的中国科学家。谢晓亮组建了自己的独立实验小组，从事单分子光谱和动力学、超高分辨光学成像研究。在这个实验室中，经过不断实验，他终于完成了在芝加哥大学时定下的目标——室温下单分子的荧光成像技术。基于该项技术，他在《科学》杂志上首次报道了用荧光显微镜实时观测单个酶分子（生物催化剂）不断循环生化反应的动态过程。这项研究被学术界认为是单分子酶学的里程碑，这项技术不但被认为是单分子 DNA 测序技术的基础，也被看作引领一系列生物物理及分子生物学的重大变革的关键技术。

很快，谢晓亮又发明了相干拉曼显微成像技术，该技术主要用于在无标记的情况下利用分子振动频率观察高清晰度的细胞图像，可以成功应用于快速非线性拉曼生物成像。这是一项里程碑式的成果，极大地促进了生物医学的进一步发展。至今为止，谢晓亮关于单分子成像和相干拉曼成像论文的被引频次在他所有论文中一直都是最高的。

哈佛终身教授的济世理想

功夫不负有心人，在取得了学术上的一系列重要成就之后，1999 年，哈佛大学向谢晓亮抛出了橄榄枝，邀请他担任化学生物系终身教授。他成为自改革开放以来我国第一个在哈佛大学担任终身教授的学者。

2006 年，谢晓亮又取得了新的突破性成果，他通过实时观察活体细菌细胞中的蛋白质分子的随机产生过程，定量描述了生物学的中心法则，这对于研究基因表达具有重要意义，该研究成果在《科学》和《自然》杂志上发表。这两篇文章吸引了盖茨基金会的注意并得到了高度认可，他的实验室开始与盖茨基金会合作。由此开始，谢晓亮思考如何用自己的研究成果来造福社会。2011 年 5 月，谢晓亮当选为美国科学院院士，后来，他又当选美国艺术与科学院院士。

2012 年，谢晓亮及其团队首创多重退火循环扩增法（MALBAC）单细胞 DNA 扩增技术，该技术可以实现对单个人体细胞的 DNA 测序，可以均匀地放大单个人体细胞的全基因组。从理论上看，人类基因组序列的 30 亿对碱基中，哪怕存在一个异常碱基，也能被 MALBAC 技术检测到。这样一来，此前技术不够灵敏和精准的问题就得到了解决。MALBAC 技术现已进行产业化开发，应用于遗传病的孕前精准防控等领域。基于此项技术，谢晓亮在北大的团队和北大汤富酬团队、北医三院乔杰团队一起完成了一项新的课题，就是借助 MALBAC 技术对具有遗传性疾病的夫妻的试管婴儿进行基因测序，以排除携带遗传病基因的受精卵，在源头上筛选出具有健康基因的小生命。2014 年，第一个"MALBAC 婴儿"在中国诞生，标志着我国胚胎植入前遗传诊断技术已达到世界领先水平。

2015 年，凭借 MALBAC 技术和之前的科研成就，谢晓亮荣获阿尔伯尼生物医学奖，这是美国生命医学领域的顶级大奖。紧接着，2016 年谢晓亮又当选为美国国家医学院院士。2017 年 11 月，谢晓亮当选中国科学院外籍院士，至此，谢晓亮成为名副其实的"四院院士"。2018年7月，谢晓亮结束了在美国30多年的工作和生活，重返北京大学，担任李兆基讲席教授和北京大学理学部主任，致力于改革和推动北京大学的科研教育。2023年，心怀爱国之情的谢晓亮教授放弃美国国籍，恢复中国国籍，由中国科学院外籍院士转为中国科学院院士。

抗击新冠疫情的创业者

2020年春节，新冠疫情席卷中国，谢晓亮教授和他的同事从农历正月初三就开始寻找新冠病毒中和抗体，为我国的新冠疫情防控贡献自己的力量。他想到利用自己的单细胞基因组学的相关技术，应该会提取出中和抗体。很快，他的团队联系到首都医科大学附属北京佑安医院，双方一起开始了科研攻关。3个月之后，他们在康复期患者的血液里面成功找到了应对新冠病毒的中和抗体，在全世界范围内，第一次成功利用单细胞技术完成了对中和抗体的筛选。

为了更好地进行新冠药物的研究，2020年6月，谢晓亮教授创办北京丹序生物制药有限公司，担任丹序生物董事长。丹序生物主要利用谢晓亮团队领先的单细胞测序技术平台，针对人类的自免性疾病和传染病，研究和开发相关抗体药物。目前丹序生物已经成功从痊愈的新冠患者体内提取出了两种单克隆抗体，并且都具有中和能力，这两个产品已经被应用到临床开发之中。

说到新冠中和抗体，它主要有3个方面的优势。首先，该类中和抗体安全性更高，并且针对性也更强；其次，灵活性高，实用性强，短期内可以先使用中和抗体进行事先预防，大约有三周的预防效果，之后经过进一步优化改进，预防效果有望超过 3 个月；最后，提取这种抗体的方法，可以为后续相关治疗技术提供帮助。

由于技术难度高，所以生产单克隆抗体药物的成本也较高。因此需要探索一种可以规模化生产的方法，降低和控制成本，谢晓亮的丹序生物目前有计划地在进行尝试和生产。

单细胞测序行业的发展

单细胞测序是指在单个细胞水平上，对基因组、转录组、表观组等遗传信息进行高通量测序分析的一项技术。通过单细胞测序技术，得出的 DNA 信息更加准确，进而实现精准治疗、个性化治疗。

全球单细胞测序技术的开发从 2009 年开始起步，现在单细胞测序已成为生命医学领域中不可或缺的技术，广泛应用在胚胎发育、肿瘤检测、免疫细胞治疗、干细胞分化等领域。在全球范围内，美国单细胞测序技术相对成熟，且产业化进程较快，相比之下，我国单细胞测序行业起步较晚，行业发展相对缓慢。我国目前还在进行核心技术的进一步研发，以及单细胞测序平台的建立，针对单细胞生物信息进行分析的公司还不多，同时也很少有公司像丹序生物这样从事单细胞蛋白质的研究，所以该市场未来还有很大发展空间。

2013 年和 2019 年，*Nature Methods* 杂志两次将单细胞测序技术评为年度技术，该技术对多个领域的发展都起到了重要的促进作用，比如神经生物学、癌症生物学等。单细胞测序技术未来在基础科研乃至医学、农学等应用领域具有无限的潜力，将是未来科学发展的重要方向。行业报告分析显示，到 2025 年全球单细胞测序市场规模将达 53.2 亿美元，年复合增长率为 16.5%，这一重要领域未来将成为众多资本和生物科技公司角逐的竞技场。

总结

谢晓亮作为当代杰出的科学家，在学术领域和创立企业方面都不断耕耘，最终收获了非常可观的成果。回望谢晓亮教授的科研和创业道路，有以下几点品质给人以启示。

1. 学科交叉，开拓前沿。谢晓亮教授在本科阶段就旁听了很多课程，学习了很多跨学科的理论和知识。他在学科交叉的领域——物理、化学、生物、医学——做出了突出的成就，不断开拓新的领域和新的技术，对世界生物物理和生物医学的发展都有着不可磨灭的贡献。

2. 坚持不懈，潜心研究。谢晓亮教授会选择通过 4 年甚至更长的时间去潜心研究一个课题，从不追求那种短期就能获得成果的"速成品"。这种对待学术研究持之以恒的态度，是他获得成功不可或缺的一个重要品质。

3. 科研无界，造福社会。谢晓亮教授曾呼吁：全球的科学家必须同心协力，才能寻求到当今全球问题的解决之道。谢晓亮教授在自己的学术生涯中始终保持着开放合作的心态，当他在哈佛大学任职及兼任 BIOPIC（北京大学生物医学前沿创新中心）主任时，与北京大学的乔杰教授和汤富酬教授合作，最终成功将 MALBAC 技术运用到了体外受精的胚胎检测中，造福了全球单基因遗传疾病的患者。

4. 持续创新，服务社会。 新冠疫情暴发后，谢晓亮团队跟多个医院的团队共同合作，终于成功提取出了多种高活性新冠病毒中和抗体。随后，丹序生物致力于将抗体推向全球范围内的临床开发，为疾病的防治提供有效方法。

坚持"产学研"融合的机器人学科带头人

——记迦智科技创始人熊蓉

熊蓉，浙江大学控制科学与工程学院教授、博士生导师，浙江大学智能系统与控制研究所机器人实验室主任，浙江省机器人专家组专家，中国移动机器人产业联盟标准管理委员会副主任、特别专家，国家重点研发计划"智能机器人"重点专项专家组专家、理事，IJARS 编委会成员，全国五一巾帼奖章获得者。主要研究领域为机器人智能感知规划与控制。熊蓉教授于 2016 年创立杭州迦智科技有限公司，带领公司开发出的激光同步定位与地图构建（SLAM）技术达到国际领先水平。

兴趣开启计算机生涯

1972 年 6 月，熊蓉出生于江苏省太仓县（当时太仓尚未撤县改市）。在她上初中的时候，县里开设了一个计算机班，专门教学生们如何使用 BASIC 语言编程设计计算机与人对弈的象棋程序。当时，计算机在国内还是十分稀有的物件，熊蓉在暑假期间得知开设计算机班的消息之后，十分感兴趣，便报名学习计算机。在接触了计算机一段时间后，熊蓉逐渐为之着迷。在计算机班学习的经历对熊蓉未来的职业生涯规划产生了重大影响。

1990 年，熊蓉将自己的高考志愿锁定在浙江大学计算机系，并被顺利录取，由于自身动手能力强的优点，熊蓉选择了仅有 4 名女生的硬件专业。在本科阶段，熊蓉接触了很多与计算机相关的新鲜事物，其中不乏软件系统、硬件设施、操作环境等理论知识。熊蓉在大学四年努力克服了原有基础薄弱的问题，为自己后来的学术生涯构建了完备的理论架构和知识体系。大四的时候，由于毕业设计实验的开展，熊蓉的实践能力得到了充分的提升，先前习得的理论知识也通过实验操作得到了快速、透彻的消化和理解。

1994 年本科毕业后，熊蓉选择继续在浙江大学计算机系进行深造。1997 年，熊蓉取得了浙江大学计算机系的硕士学位。同年 9 月份，熊蓉留校任教，在浙江大学控制系做班主任，教授学生计算机课程，除此之外，她还负责学校控制技术国家重点实验室的日常运营和维护。

从零开始的机器人研究员

教课之余，熊蓉主要在实验室编写整理相关资料、管理计算机系的邮件服务器，还会参与实验室网站的设计工作。所有人都对熊蓉工作的完成情况感到满意，但熊蓉不甘心止步于这类工作，主动跟随其他教授进行相关课题研究，学习和开发网页系统，不断锻炼自己的编程能力和研究思维。

2000 年，国内外大学迅速掀起机器人竞赛的浪潮。恰好浙江大学是国内最早开展机器人竞赛的大学之一，熊蓉所在的国家重点实验室理所应当肩负起了这一项重要任务。由于熊蓉的计算机专业背景和勤奋刻苦的性格，实验室主任认为她是担任机器人设计领头人的不二人选。在领导的建议下，熊蓉决定从足球机器人这一细分类别着手，开始涉足机器人研究。

由于机器人技术涉及的知识十分复杂，包含机械、电路、人工智能、控制等多个学科，熊蓉在那段时间不断往返于图书馆和实验室，带领 3 名研究生阅读大量资料、文献，并前往全国各地调研学习，借鉴其他学校开发机器人的经验。在这个过程中，熊蓉和学生们不断讨论，列出了一系列可能存在的问题和相应的解决方案。他们不断进行设计和测试，然后反复修改调整，对机器人的参数和性能进行评估，最终第一代足球机器人 FIRA 在浙江大学诞生了。设计该机器人的部分核心代码，目前依然保留在浙江大学的机器人课程体系中。

世界机器人大赛崭露头角

2000—2003 年，熊蓉不断进行足球机器人的设计与改良工作，但效果始终不尽如人意。据熊蓉回忆，最开始研发的足球机器人，其长、宽、高都只有 7.5 厘米，并且仅适用于在乒乓球桌大小场地上举行的三对三比赛，无论是从运动能力还是从智能程度来看，都与国际水平有着一定的差距。

2003 年，熊蓉开始转变思路，转向研发 RoboCup 小型足球机器人，从两轮运动方式扩展到四轮全方位灵活移动方式，同时还加入了平射、挑射、精准控球等多项高级技巧。为了适应机器人世界杯的要求，在她的研究项目中，足球对抗赛的场地逐年扩大，参与对抗的机器人数量也逐年增加。

2006 年，熊蓉团队首次进入 RoboCup 机器人世界杯国际比赛八强。随后，2007 年、2008 年连续两年位居世界四强之列。

2012 年，在熊蓉带领下，他们团队研发的小型足球机器人参加了世界机器人大赛，并获得了亚军，名次进一步提高。从此之后，熊蓉团队的小型足球机器人逐渐受到了国内外的广泛关注。2013 年，熊蓉团队不负众望，终于获得了世界机器人大赛的冠军，2014 年、2018 年、2019 年，他们又 3 次获得该项大赛冠军，并多次力压当时计算机领域实力最强的卡内基·梅隆大学团队。

沉浸在机器人领域的工作狂

2004 年，出于对机器人的热爱及自身所肩负的机器人研发的使命感，熊蓉认为要继续提升自己的理论水平，于是她选择读博。读博期间，她的研究课题是 SLAM 技术（一种自动移动机器人地图构建和定位导航技术），由于需要同时兼顾工作和生活，当时的她日夜操劳，白天忙着处理实验室的各项烦琐事务，夜晚忙于文献阅读和课题研究等多项工作。而自己刚上学的女儿只好托付给父母照顾，熊蓉的丈夫也主动承担起了家庭里的各项重任，为熊蓉排忧解难。

在读博期间，熊蓉就取得了不少重要的研究成果。她开发出的机器人系统在国内大学中遥遥领先，并且有些技术在世界上都得到认可。例如她研发的小型双足仿人机器人，利用了当时最先进的 AI 技术，可以实现自主视觉感知和决策协作。

2008 年，熊蓉作为负责人承担了"仿人机器人感知控制高性能单元与系统"的重要课题，该课题是浙江大学牵头发起，与多家科研院所一起合作承担的科技部 863 重点课题。熊蓉面临很多有待解决的技术问题，这对她来说既是机会也是挑战。例如，针对机器人脚底胶皮的选择问题，熊蓉和学生们从市场上买来各式各样的材料进行了为期 3 个月左右的试验，最终才找到最合适的胶皮。除此以外，很多设计目标的实现路径缺乏国内的参照标准，熊蓉只能不断研究国外的机器人视频，一步步推出关键环节，最后串联成为一条完整的路线。

最终，历时 4 年时间的研发，"悟""空"成功出世。作为采用高强度轻质材料和先进加工工艺、全身拥有 30 处活动关节的仿人机器人，"悟""空"具有非常复杂的识别、定位、计算和控制系统。在对手击球的瞬间，"悟""空"就可以立刻计算出球的运动轨迹，并得出最优的应对策略。"悟""空"是当时世界上仿人机器人中的佼佼者，实现了我国 863 课题的重大突破，同时也获得了国际上的高度评价，美国《科学人》杂志对其进行了报道并对中国人工智能的强大实力表达了赞叹，认为机器人的时代即将到来。一位记者甚至在博客中发出感慨，这项成果远比风靡一时的苹果 SIRI 系统更加强大，并且机器人打乒乓球也只是一个开始，人类的未来必将与机器人存在千丝万缕的联系。

SLAM 技术应用落地的推动者

从技术研发到产品转化、市场应用，熊蓉花费十多年的时间在一线进行研究，对于移动机器人的核心控制、自主导航等技术拥有自己的独特理解，并在博士期间就将 SLAM 技术作为自己的课题进行研究，成为国内 SLAM 技术的先驱者。

2009 年，熊蓉的研发团队承担了"海宝"机器人的研发任务，为上海世博会提供技术支持。他们主要负责利用自主 SLAM 技术和仿人机器人技术设计和制造专用智能服务机器人。这是我国向世界展现大国形象的重要窗口，时间紧、任务重。同时，这也是熊蓉首次经历将理论技术转化为实际应用的过程。她面临着生产制造、环境适应及运营维护等诸多挑战。

2010 年 3 月，第一台拥有中国自主知识产权的"海宝"智能服务机器人在上海世博会亮相，这些机器人具有人机交互、定位导航、视觉感知等多种先进功能，充分展现了我国强大的自主创新能力。在不到 1 年的时间里，熊蓉团队成功克服了一系列问题，将 37 台符合要求的机器人全部投放在上海世博会进行服务工作。

2010 年下半年，由于合作单位在电力巡检方面的需求，熊蓉与其合作研发了当时国内首台自然无轨导航的电力巡检机器人。随后，该型号的机器人也进入了国家电网的采购名单中，并在福建、浙江、新疆等地实现了大规模应用。

2014 年年底，华为公司注意到熊蓉团队先进的技术，认为其视觉识别技术速度快、准确度高。经过协商，熊蓉团队开展了和华为在移动搬运方面的合作，这也标志着熊蓉团队的科研成果——SLAM 技术真正进入工业市场。当时，华为公司作为典型的 3C 企业，产线需要经常调整，而传统导航自动导引车（AGV）的调试过程烦琐耗时，严重影响了企业的战略部署。因此，华为邀请熊蓉进行 AGV 的更新换代工作，最终激光 SLAM 导航 AGV 成功进入 3C 电子生产制造流程，成为行业内的首例应用。

"产学研"融合的迦智科技创始人

从任职教师至今，熊蓉教授长期关注机器人应用领域的相关问题和科研成果的技术转化。自 2008 年起，熊蓉教授就带领团队开展机器人产业化的探索，并陆续合作和孵化了数十家国内外知名的机器人企业。

2013 年，随着国家政策支持力度的加大和制造业的快速发展，机器人产业受到了资本的广泛关注，熊蓉教授看到了行业发展的契机，决定创办一家自己的机器人企业。2016 年 7 月，熊蓉教授在杭州成立了迦智科技，一家以 SLAM 技术为核心的机器人企业从此诞生。有了先前技术转化落地、技术与场景磨合适配的诸多经验后，迦智科技自成立开始就以双向思维模式进行发展，注重现有技术和用户需求的结合，面向用户需求去研发新技术。

迦智科技依靠自身在机器人领域的核心技术，为制造业的企业提供无人化与智能化的全场景智造工厂整体物流解决方案，该方案依托工业级自主移动机器人车队和配套机器人、物流管理软件，根据不同客户的不同场景需求，针对他们遇到的关键痛点问题，提供柔性、智能、高效的解决方案，从而帮助客户提高生产效率，降低产品不良率，大大节约了企业的运营成本。

目前迦智科技受到众多资本的青睐，已完成了十余轮融资。公司提供的全场景智造工厂整体物流解决方案已在全球服务了百余家知名制造企业，服务项目超过数千个，涉及半导体、锂电池、光伏、3C制造、汽车工业、电力生产、医药研发、新能源工业等多个领域，客户群体包括华为公司、富士康公司、中控集团、纬创集团、兄弟（中国）商业有限公司等多个行业龙头。

2022年3月，在东京国际机器人展览会上，智迦科技推出了其最新的产品——400 kg级室内通用自主移动机器人平台EMMA 400L，受到业界瞩目，该产品为公司自主研发。目前，迦智科技已经构建了全品类自然导航AMR矩阵，结合灵活贯穿全流程的多机器人调度管理和物料管理软件系统，稳定高效服务于智造工厂全场景物流，成为助力制造业数字化、智能化升级的典范。

熊蓉教授认为，通过产学研的紧密结合，利用国际前沿的移动机器人技术去解决具有挑战性的工业物流场景，可以带来一系列的连锁反应——既能促进相关技术研究的深度挖掘，又有助于实现创新技术对工业生产制造的实际应用，进而实现整个制造行业的变革，使"中国芯"渗透到行业的方方面面。

在工业4.0智能升级时代，作为一家致力于提供全场景智造工厂整体物流解决方案的高科技企业，迦智科技在熊蓉的带领下，必定会促进移动机器人（AGV/AMR）行业快速发展，带动相关行业转型升级，实现"让生产更高效，让生活更便捷"的企业愿景。

机器人行业发展情况

近年来，随着人工智能、大数据、5G等技术的发展，除了制造业，工业机器人的应用逐渐深入到越来越多的领域，如仓储运输、医疗康养、智能工厂等，机器人也将突破灵活性和自动化的初级要求，向着互联、智能、易控的方向去发展，机器人技术也将聚焦人工智能、人机协同和物联网等方面的突破。在疫情影响之下，机器人的替代作用也将越来越明显。2021年全球机器人市场规模已达到 300 多亿美元，其中工业机器人占比最高。

我国的制造强国战略中，将工业机器人作为重点战略性新兴产业，未来，工业机器人将代表我国的工业发展水平和科技创新实力。国家对工业机器人的支持政策内容主要是加强自主创新，掌握核心技术，从而推进其国产化进程。尤其是"十三五"以来，国家接连出台了一系列工业机器人相关政策，重点支持工业机器人产业发展、上游零部件技术研发、下游应用拓展、本体生产制造、基础科研等多个领域，明确指出我国工业机器人产业发展的路径、方向与目标，以从根本上实现工业机器人产业的健康、快速及高质量发展。

总结

作为机器人方向的学科带头人，熊蓉教授突破了多个研究技术难点，开拓了制造行业的新契机，成功引入 SLAM 技术，推动了我国移动机器人行业转型升级，这些成就的取得主要源于以下几点关键因素。

1. 兴趣是最好的导师。熊蓉教授在中学阶段接触到计算机，便对其产生了兴趣，这也促使她大学时选择计算机专业，进一步学习计算机相关知识。在兴趣的引领下，熊蓉教授又开始着手机器人设计，最终在该领域取得了卓越的建树，称得上是国内 SLAM 技术第一人。

2. 刻苦拼搏的科研精神。熊蓉教授开始接触机器人领域时,日夜阅读文献,进行全面调研。由于实验室工作和课题研究的双重负担,她不得不把孩子托付给丈夫和父母照顾,在生病时依旧和团队一起坚持到凌晨三四点,只为尽快得出相关研究结论。强大的意志力支持熊蓉教授团队在国际机器人大赛上屡次夺冠,并在世博会上成功将我国的自主创新成果展现给世界。

3. 多维度融合的行业思维。熊蓉教授拥有多重身份,既是大学科研人员,还是科技部相关领域专家,又是公司创始人。熊蓉教授从政、产、学、研等多角度出发审视整个移动机器人行业,采用发散性的思维思考问题,将各方面的信息融会贯通,形成了对技术要求、行业特点、市场需求等多个方面的敏锐洞察力,使其能够在恰当的时机切入关键赛道,占领相关方向的研发先机,最终取得全方位、多层次的成果。

4. 个人理想与使命承担相结合。熊蓉教授从最开始对机器人了解甚微,到今天承担起研发中国自主产权的高性能机器人的使命,其中经过了多年的探索和积累。熊蓉教授始终保持着打造"中国智造"的目标和理想,十年磨一剑,将我国的先进智能机器人技术成功应用到了多个工业场景。作为一名科技工作者,她是诠释爱国精神的时代楷模。

清华园走出的声纹识别技术公司

——记得意音通公司创始人郑方

郑方，清华大学计算机应用专业博士、教授，北京信息科学与技术国家研究中心智能科学研究部常务副主任，清华大学人工智能研究院听觉智能研究中心主任，清华大学语音和语言技术中心主任，北京得意音通技术有限责任公司创始人兼董事长，声纹识别、语音识别与语言理解领域国际知名学术带头人之一，中国中文信息学会常务理事及语音信息专委会主任，中国计算机学会语音对话与听觉专委会副主任。郑方教授从 1988 年开始从事信号处理、语音识别与语言理解等方面的研究工作，截至 2021 年年底，发表了 300 余篇论文，出版专著 10 余本，拥有多项专利及软件著作权。

受一辆自行车激励的"抬杠"清华学子

郑方出生于江苏省连云港市赣榆县厉庄镇墩尚村。20 世纪 70 年代的苏北地区经济发展还没有起步，当时的生活基础设施十分落后，在农村更是如此。为了学业，郑方不得不每天徒步七八里地（1 里 =500 米）去学校。在上下学的路上，因步子小而跟不上其他同学的郑方就和他们聊天，对他们说的话据理进行辩论反驳，其他同学也就会对这个问题和郑方开始争论，走路也就不会太快了，郑方用这种方式练就了"抬杠"的功夫。小学时期发生在路上的"抬杠"，锻炼了郑方的逻辑思维能力和辩论能力，让他在以后面对问题的时候也会思考得更深。

郑方的父亲为了激励儿子努力学习，承诺如果郑方顺利考上中学就送他一辆飞鸽牌的自行车。在当时，一辆飞鸽牌自行车对于一个普通家庭的孩子而言是个十足的诱惑。在自行车的激励下，郑方加倍努力学习，考上了厉庄高级中学——郑方与计算机结下不解之缘的地方。高中时的郑方最擅长的科目是数学、物理和英语。从初中开始郑方就跟高年级同学一起参加竞赛，每次竞赛成绩都可以超过他们，不是第一名就是一等奖。因为物理成绩比较好，所以一开始他想学的是物理专业，他认为未来能源可能是一个很重要的发展方向。不过，当时郑方的高中班主任谢楼祥老师在南京接受培训后，带回来一台带有纸带式打印功能的可编程计算机。正是这台计算机，让年轻的郑方找到了自己的兴趣所在。他一开始用这台计算机玩一些简单的游戏，后来开始用 BASIC 语言进行复杂编程，步步深入。在这一过程中，他被计算机的魅力所吸引，沉迷于此，因此报考大学时，就改成了计算机专业。

1985 年，郑方以优异的成绩考入清华大学，并如愿以偿攻读计算机专业。从家乡到北京，这是郑方第一次出远门，他十分兴奋，又有几分胆怯。他对清华大学的第一印象是"学校很大，东西南北走个遍需要小半天的时间"。激动的情绪褪去，胆怯和自卑开始涌上心头。因为在农村长大，郑方讲不好普通话，初到清华园的他都不太敢与周围人交流。在江苏老家的时候，郑方上大学之前接受的英语教育都是"哑巴式英语"，听力和口语对他而言都是难关。接二连三的打击，让年轻的郑方十分受挫，但也让他坚定了向周围优秀同学学习的想法。

本科期间，郑方实现了全方位的个人发展。为了在专业学习上取得进步，他每天六点起床跑步，早餐后去教室学习一直到下午四点，晚上继续自习。星光不问赶路人，岁月不负有心人，五年本科毕业时，郑方的综合排名名列前茅，进入班级前三。为了锻炼自己、服务他人，郑方在学习之余，相继担任过班长、团支书、校团委组织部干事、学生辅导员、系分团委书记。在与各式各样的人打交道的过程中，郑方迅速地成长了起来，清华"双肩挑"的优良传统在郑方身上体现得淋漓尽致。对于如何把自己的专业学习和学生工作平衡好，郑方用自身经历告诉我们，一是要专注，二是要发挥集体的力量。学生时代的经历也为郑方在科研与创业领域并行发展提供了宝贵经验。

学术结缘语音技术，扎根科研发展产业

郑方当年在清华大学的本科学制是五年，大三之前要学习基础课程，之后才开始学习专业课和实习。1988年，应清华大学"因材施教"培养计划的要求，成绩优秀的郑方被选送到外设教研组（后来的信息教研组，多媒体研究所）参加科研活动，他被分到了研究语音技术的吴文虎老师（清华大学计算机系教授、博士生导师，主要研究方向包括语音识别及语言理解、语音合成、语音信号数字处理等）的实验室。吴老师帮郑方打开了语

音技术的大门。

在实验室，吴文虎老师常常教育郑方"做研究要解决实际问题，我们研究语音技术就是要怀着为国家、为社会解决问题的初衷，做出来的技术必须要对社会产生真正的用处"。受这样的价值观的熏陶与影响，郑方在20世纪90年代就开始了科学技术产品化的尝试。当时的语音实验室和一些企业有密切合作，曾尝试推出一些产品，如郑方曾主持的语音拨号产品和MP3播放产品。郑方老师还带领团队做过两款英语学习软件，软件内置的语音识别功能可以为用户的英语发音标准化程度打分，1998—1999年，这两款软件曾占据多媒体教学软件排行榜的榜首。虽然这些产品最终没能在时代的潮流中存活下来，但是20世纪末的有益尝试为郑方在21世纪的创业成功奠定了基础。

2000年，香港特区政府颁布了一项吸引优秀人才的相关政策，恰逢当时的香港学术界也有团队在进行语音技术研发，他们便邀请郑方一同加入。郑方带着"促成香港与清华及清华计算机系合作"的使命，于2001年7月至2002年1月期间，参加了香港特区政府"优秀人才输入计划"，担任闻易网科技有限公司（香港）研发副总裁、香港数像控股有限公司首席技术官，深度参与了这两家公司的技术成果转化工作。

然而，在香港期间，郑老师承担的任务开展得并不理想，香港与清华大学的合作最终并没有达成。虽然，当时郑方的月薪超过8万港币，但因为一直心系母校交给自己的任务，在系领导的支持下，郑方还是毅然辞职回到北京，坚定表示既然双方合作达成不了，那就干脆做出属于清华自己的核心技术。

实际上，从2000年年初开始，市场对于语音识别等技术的需求逐渐增大，经常有公司找到清华大学语音实验室寻求技术帮助。同时，国家对于语音识别技术的产品化也有着较高期待与要求。迫切的市场需求和积极的政策扶持让郑方非常兴奋。不仅如此，彼时的郑方还前瞻性地发现了声纹识别技术的广阔应用前景。

2002 年，郑方回到北京之后，就在中关村国际孵化园创办了得意音通，这是一家专门从事声纹识别、语音识别与语言理解技术研发和商业化应用的公司。郑方创办公司除了使得其技术实现有效转化之外，还有一个重要的目的，就是与清华大学语音实验室（此后逐步发展为语音技术中心、语音和语言技术中心）共同打造一个使学校和企业共同受益的、在基础研究和商业开发两方面都做好的产学研通道，从而为中文信息处理、无线互联等各方面的应用提供支持。

创业期间，郑方探索出一条独特的产学研合作道路。作为清华大学的教授，郑方促成清华大学与得意音通合作，清华大学以知识产权作价入股，成为得意音通的股东。同时，得意音通资助清华大学成立联合实验室，专注于基础性的、前瞻性的、创新性的研究。清华大学和得意音通形成了一种非常密切的"化合态"的产学研合作。"化合态"产学研合作是郑方在2019 年创造的一个词。其他人讲的产学研合作是"混合态"，是两个主体分离的，而对于"化合态"产学研合作，合作方之间的联系就非常密切。公司有要解决的技术问题，清华大学的联合实验室可以做，清华大学有成果产生，公司也可以马上应用——沟通成本、交流成本、转移成本等都得以降低。这样一种可以把场景和技术紧密连接、效率显著提高的"化合态"产学研合作使得"科研可以做解决实际问题的研究，产业可以做具有核心竞争力的应用"。

得意音通的进取之路

创办之初，得意音通制定了六大发展方向，除了声纹识别外，得意音通还计划同时进军关键词检出、语音命令与控制、语言学习、中文整句输入法、语言理解等领域。在六大方向的指引下，得意音通在多个领域大力投入研发，完成了海量数据库的建立及诸多技术的积累。

郑方领导得意音通开发的"声密保"是第一款可用于商业领域的声纹识别身份认证系统，在声纹识别领域商业应用方面具有里程碑意义。创办之初的得意音通主要服务于公安领域，声纹识别主要应用于案件侦查，在商业领域没有任何应用。在技术侦查过程中，传统的声纹识别需要长时间的大段语音才能奏效，而且识别的准确度"不可衡量"，"声密保"的诞生改变了这一状况。

声纹识别的市场推广并不是一帆风顺的，在除了技术侦查之外的领域，市场的认知度之低远远超出了郑方及其团队的预计。主要原因是，相较于其他技术，声纹识别技术对于当时的很多投资者而言都是陌生的，得意音通在市场开拓上的速度也因此较为缓慢。

面对这样的状况，郑方带领团队用近 8 年的时间精心研究针对特定场景的技术。2002—2009 年，得意音通并没有急于扩展客户，而是通过调研市场发现需求并进行全方位布局。在给客户提供技术方案时，得意音通甚至会根据客户需求，对产品进行定制化的修改。得意音通研发的"会议场景声纹识别"和"防止假体攻击"技术的灵感就是来自企业需求。通过对用户需求的收集，得意音通选择从企业共性需求出发，根据不同应用场景调整技术侧重，解决了"用户如何使用较小的声音进行声纹识别"和"如何避免有人用合成或录制的声音进行身份识别"等一系列问题。

　　同时，公司采用免费试用模式，坦诚面向客户。当时的生物识别应用刚起步不久，虽然后来应用较为广泛，但识别技术仍通常集中于指纹、人脸和虹膜等静态识别领域。以人脸识别为例，相关技术已经普遍应用于安保和移动支付等领域，企业和用户对人脸识别技术的接受度更高，更容易选择人脸识别作为身份认证的手段。作为一种新兴的技术热点，市场对声纹识别的了解程度有限。因此，得意音通选择免费为企业提供服务，在切入市场之后，通过自身过硬的技术和良好的服务争取客户，打破了人脸识别和指纹识别在移动生物识别领域的绝对垄断。在市场对技术感到陌生的情况下，坦诚相待的态度使得得意音通逐渐获得客户的信任。从 2016 年得意音通在金融领域只有建设银行一家客户，到 2019 年年底金融业客户数量达到 20 多家。截至 2019 年年底，得意音通的声纹识别技术在金融市场的实际占有率已经超过 90%，金融机构和多地政府及省公安厅等也相继成为得意音通的长期合作伙伴。

　　目前，就公司发展而言，得意音通的布局可以分为 4 个层面。第一个层面是技术研发。得意音通提前 10 年做了布局，包括时变录音、时变数据库。10 年时间坚持做一件事属实不易。第二个层面是产品研发。得意音通的产品一旦做出来就一定能保证结构上的稳定性和并发性，1000 万人的用户规模也不会使产品崩溃或出问题。第三个层面是专利申请。得意音通做了六圈专利，公司内部称之为"专利墙"。第四个层面是规范标准。郑方带着团队制定国家标准、行业标准、团体标准等，主导起草了国内目前几乎所有与声纹相关的国家和行业标准。确认了这 4 个布局之后，就是开始踏踏实实地把这 4 个层面都做坚实。

语音安全行业的光明前景

根据美国网络安全公司 MITRE 的报告，在生物识别技术准确率排名中，声纹识别仅次于虹膜识别位列第二，而目前市场上普遍使用的人脸识别技术的准确率仅能排在前五。"一般来说，生物特征的识别成本主要包括数据采集、传输、计算、存储和用户使用成本，因为声音与图像、视频等相比数据量非常小、占用带宽小，因此它的应用成本在所有生物识别技术当中也是较低的。"郑老师提出如是观点，在生物识别领域，声纹识别技术是一种兼顾成本和效益的高性价比技术，具备高安全性、不易丢失、难以伪造、隐私性弱和无惧遮挡不需要接触等优势，在金融、公安、政务、安防等领域的应用前景较为广阔。

随着语音市场需求的日益扩大，声纹识别领域涌现出了诸多竞争对手。科大讯飞和腾讯相继宣布了自己的声纹识别研究计划，平安科技和金融壹账通联合项目组也与广发银行签署了声纹核身（即通过声纹核验身份）项目合作，各方巨头开始纷纷介入声纹识别领域。与此同时，市场上也出现了一些良莠不齐的机构。部分公司在没有自身技术创新的前提下依然试图通过价格战抢占市场，一定程度上败坏了声纹识别技术的市场声誉。得意音通始终坚持以技术创新为核心，从实际应用场景出发为客户提供切实可行的方案。从技术方面看，得意音通已经形成了由"标准 + 专利池 + 产品和服务 + 核心技术"4 个维度构成的自有业务体系，获得了充足的技术储备和丰富的技术场景化经验，在面对行业巨头竞争时建立了较高的技术和行业壁垒，其产品的生命周期和应用范围较为乐观。从市场方面来看，得意音通注重为客户提供长期的、可持续的技术服务，与市场上少部分只注重短期利益的公司相比具备显著的竞争优势。

总结

从深耕语音识别、自然语言处理、声纹识别等领域的前沿科学家，到前瞻地发现声纹识别技术的广阔应用前景的市场布道者，郑方教授无疑在这一领域做出了突出贡献。其成功的原因，可以总结为以下几点。

1. 找准方向，韧性前行。 初来清华，各方面存在短板，郑方将周围优秀的人作为学习的榜样，严以律己，实现自我的提升。在研究领域，郑方教授找准兴趣点，专攻语音技术，在外设教研组，长期驻扎实验室，只为了攻克一个个技术难题。找准方向，韧性前行，凭借这股拼劲儿，郑方教授最终实现了自我发展与研究成果的积累。

2. 科技报国，胸怀天下。 郑方教授秉持着清华人"有所为，有所不为"的信念，放弃了在香港的优厚待遇选择回国创业，在声纹识别领域取得了核心技术突破。正是郑方教授"敢为天下先"，积极投身祖国科研事业的信念，才使得我国声纹识别技术处于世界各国前列。也正是这种家国情怀，造就了郑方教授如今的成就。

3. 因时而变，思维灵活。 声纹识别在商业领域的扩展曾一度受到人脸和指纹等识别技术的挤压。郑方教授选择转变商业运营方式，通过免费试用加深用户认知和注重服务提高赋能价值等创新商业模式的开展，打破了生物识别市场上视觉识别的绝对垄断。这种审时度势、积极灵活的商业模式促使得意音通在竞争激烈的生物识别市场占据了一席之地。

II.

美国篇

让大众有机会接受高等教育的 MOOC 先驱

——记 edX 平台创始人阿南特·阿加瓦尔

阿南特·阿加瓦尔（Anant Agarwal），计算机架构先驱，美国国家工程院院士，美国艺术与科学院院士，美国计算机协会会员。曾担任 MIT 计算机科学和人工智能实验室主任。阿加瓦尔是大型开放在线课堂平台（MOOC）edX 的创始人和 CEO。他是一位成功的创业者，与他人共同创办了多家公司。阿加瓦尔曾获得计算机架构领域的莫里斯·威尔克斯奖（Maurice Wilkes Award），并因为在教学方面的贡献获得 MIT 的斯穆林奖（Smullin Prize）和贾米森奖（Jamieson Prize）。他是 2016 年麦格罗高等教育奖的获得者，该奖表彰他在推动 MOOC 方面的工作。《科学美国人》杂志将他在有机计算方面的工作选为 2011 年改变世界的 10 个想法之一，他在 2012 年被列入《福布斯》的十五大教育创新者名单。

不及格的物理考试

阿南特·阿加瓦尔于 1959 年出生在印度勒克瑙。在他 6 个月大的时候，作为病理学家的父亲工作调动至印度孟买卡斯图尔巴医院，他们全家也搬到了班加罗尔。阿加瓦尔在班加罗尔的家里建了一个苗圃，种上了玫瑰，还突发奇想建造了一个自己的养鸡场，每天早上 4 点他就起床去捡鸡蛋并与当地餐厅达成协议，把这些鸡蛋卖给他们。"我想这是我接触到的最早的 B2B 了。"阿加瓦尔笑谈道。

良好的家庭背景给予了阿加瓦尔在印度接受高等教育的机会。高中毕业后，阿加瓦尔来到印度马德拉斯理工学院。由于在上大学前他完全没有接触过涉及微积分的物理学知识，在该课程的第一次期中考试中，阿加瓦尔是 300 名考生中仅有的两名不及格的学生之一。这给阿加瓦尔带来了不小的打击，他开始回顾自己受教育的经历，自己好像没有机会在大学前预习涉及微积分的物理学知识。大概那时候的阿加瓦尔就开始思考如何才能让每个人都有机会学到自己需要的知识。

MIT 教授创业之路，教育创新的开端

从马德拉斯理工学院毕业后，阿加瓦尔憧憬着去见识更广阔的世界，去了解最前沿的学术研究。1982 年，他如愿来到斯坦福大学学习计算机科学并获得了博士学位。毕业后的阿加瓦尔来到 MIT 的计算机科学和人工智能实验室，领导缓存相干多处理器的早期开发工作。那时候的阿加瓦尔就开启了他的创业之旅。他在 2004 年创立了半导体公司 Tilera，该公司致力于设计可扩展的多核嵌入式处理器，于 2014 年被 EZchip 以 1.3 亿美元收购。

阿加瓦尔是大学老师，是公司创始人，也是为儿女教育操心的父亲。

阿加瓦尔在与女儿的交流中发现青少年的语言表达和交流方式随着信息时代的发展在不断变化，他意识到教育也必须接受技术的更新换代，满足学生不断变化的需求，符合年轻人的学习偏好。那么新时代的教育要如何变化呢？

实际上，21 世纪初期，科学技术的发展已经大幅改变了人们的日常生活，但是当时在教育创新方面的突破收效甚微。虽然电子教科书、投影仪、平板计算机等被逐步引入教育模式与方法，但教育工作者了解并掌握先进技术的进度却比较缓慢。教育工作者需要适应学生的需求变化，了解多种以现代科学技术为基础的互动方式，然而，要做到这些，仅靠一个平板计算机是不够的。2012 年，大型开放式网络课程，即 MOOC（Massive Open Online Courses），日渐兴起，越来越多的学生可以选择在全世界任何地方利用互联网进行学习。有了在网上学习的机会，教育更具有灵活性——从传统模式演变为兼具流动性、即时性、包容性和适应性的全球化的可扩展模式。新模式为那些以前被拒之门外的学习者打开了大门。

教育的形式正在发生改变，但是仍有一些问题没有得到充分的解决。那些聪明但测试结果不理想的学生怎么办？那些无法负担标准化考试辅导费的学生怎么办？那些能够取得好成绩，但不工作就无法支付学费的学生怎么办？那些想去美国名校学习，但家乡却在地球另一边的人怎么办？阿加瓦尔不禁思考。

两所世界顶尖大学助力 edX 创立

也许是因为多年前的那一次不及格的考试成绩，也许是因为自己为人父母，也许是因为对计算机与互联网的深入了解，阿加瓦尔创立了一个线上学习平台 edX。

MIT 和哈佛大学早前对在线教学领域的探索某种意义上是 edX 创立的技术基础。MIT 当时建立了一个服务本校师生的新型学习平台来提供 MIT 课程的在线版本，包括视频课程片段、嵌入式测验、即时反馈、学生问答和在线实验室等功能，也会给学习认真且能证明对课程内容和知识充分了解的学生提供学习证明。

2012 年的春天，edX 成立，时任 MIT 计算机科学教授的阿加瓦尔讲授"电路和电子学"课程，与往常不同的是，这门课程招收了来自世界各地 162 个国家和地区的 155000 名学生——大规模开放在线课堂平台 edX 正式推出。

同年哈佛大学与 MIT 宣布与 edX 进行深度合作，edX 成为两所大学向在线教育领域发展的合作伙伴。借助 edX 平台，这两所大学希望带给全世界更多人平等而自由地接受高等教育的机会。因此，作为大规模开放在线课程主导力量的 edX，逐步在全球范围内免费提供高等教育。到 2013 年 6 月，只过了一年多的时间，就已经有多达 100 万名学生受益于 edX。

非营利网络教育项目的商业化之路

阿加瓦尔作为 edX 的创始人，也是计算机科学的专业人士，他明白一个软件的成功需要适应不同的文化环境，因此 edX 最初就以开源软件的形式发布其学习平台，以便其他大学和组织使用该平台发布课程，同时也能帮助 edX 改进功能。

不过，网络课程的上线需要一定的成本，因此 edX 需要创造收入，以使合作伙伴和 edX 都能维持运营。edX 以两条途径实现营收，其中一条是向部分有证书需求的学生收费，即学生可以免费参加各类课程，但他们必须支付一定的费用且通过课程测试才能获得相应的证书；另一条途径是向已经采用了 Open edX 的国家或地区有偿授权平台上已有的课程。通过这两条途径，edX 有了一定的现金流，支撑其开展各类活动和收购各类课程。

好风凭借力——与各大学深度合作

此外，与 MIT 和哈佛大学的合作也是 edX 财务上的"定心丸"，edX 因此有更多可能去努力实现教育普惠的目标。哈佛大学、MIT 及其他大学作为合作伙伴都为 edX 提供了捐助，这让 edX 无须依赖资本，可以完全以任务为中心。

宣布合作之时，哈佛大学与 MIT 便预计未来将有更多的机构看到在线教育的巨大潜力和影响力，并加入他们的行列。事实证明他们的预判是对的。2016 年和 2017 年，edX 共计推出了 35 个微型硕士学位项目；2018 年，edX 与微软和通用电气合作，提供有补贴的在线课程和就业面试保证。同年，edX 在该平台上推出了 9 个硕士学位，这些学位课程可以完全在线完成，由佐治亚理工学院和加利福尼亚大学圣地亚哥分校等高等院校提供。2020 年，edX 推出了两个微型学士学位项目。这些项目提供本科水平的课程，可以为寻求大学学位的学生提供学分。截至 2021 年年初，edX 已与 160 家机构合作，覆盖了超过 3900 万名学习者。

疫情"黑天鹅"促进 edX 转型

2021 年，一条惊人的消息由哈佛大学校报《哈佛公报》曝出，同时引发《华盛顿邮报》《福布斯》等美国主流媒体的关注与报道。据这条消息报道，科技公司 2U 将斥巨资 8 亿美元收购由 MIT 与哈佛大学所支持创建的 edX 在线教育平台。

报道指出，此次收购直接原因是疫情对教育行业的冲击。2020 年年初，全球新冠疫情从根本上改变了高等教育，特别是疫情的大流行迫使大学不得不采用线上教学的新型教育模式。在这一背景下，edX 的领导者认为，继续前进的最佳方式是与一家上市公司联手。

尽管 edX 不再是最初的非营利平台，但它所承载的让高等教育惠及更多普通人的理想却始终如一。根据收购协议，edX 将转变为由 2U 全资拥有和运营的公益实体。2U 将利用其丰富的资源，以当今学习者所需要的速度和规模发展在线学习平台。MIT 表示，edX 将会继续提供免费课程，并以低廉的价格发放相关证书——这是目前 edX 的新模式。此外，2U 承诺将把 8 亿美元交易的净收益转给由 MIT 和哈佛大学领衔创立的下一代在线教育的非营利组织。这意味着，我们离在线教育 2.0 时代更近了一步。

有舍才有得，edX 一路不断成长、转型升级，为在线教育行业的繁荣做出了不可磨灭的贡献。舍弃非营利平台的身份并不意味着向市场低头，这只是后 edX 时代不得不做出的改革创新之举。

行业现状——交叉融合、双向合作

edX 的横空出世启发了许多国家的知名大学发展自己的在线学习平台。为全世界范围内渴望学习却苦于现实束缚的人创造了更多的学习机会。当然，这些后起之秀也并没有忽视与 edX 合作的机会，力求共同实现普惠教育的目标。

MOOC 是远程教育的最后阶段，旨在将教育的受众扩展到大规模的在线学习者，他们可以免费参与学习，无须提出正式的学习申请。MOOC 为全球数百万人提供通过数百所公立和私立大学或组织学习的机会。2021 年 12 月，世界慕课联盟更名为"世界慕课与在线教育联盟"，联盟秘书处设立在清华大学。作为联盟首届主席单位，清华大学与我国教育部将继续以"学堂在线"平台为基础，推动慕课与在线教育的可持续发展。在与 edX 合作的过程中，edX 将平台上的课程授权给"学堂在线"，"学堂在线"将这些课程翻译成中文并在学堂网上提供中文课程。同时，edX 也纳入了清华大学的课程并发布在自家平台上，做到了内容上的交叉融合、双向合作。

总结

时代的发展引发教育方式的改革，线上教育更是一项打破教育限制的普惠工程，如今线上教育的发展离不开 edX 等一系列在线课堂平台的建立，而 edX 的成功也离不开它的创始人阿加瓦尔对于社会现实问题的关注和他的一系列的优秀品质，回顾阿加瓦尔的人生经历，以下几点值得我们学习和思考。

1. 不惧失败，充分思考。 阿加瓦尔在本科学习期间，一开始的挂科经历并没有打击到他学习的信心，反而让他冷静下来思考自己没能通过这门考试的原因，他发现自己入学前就存在基础知识的缺失，然而在那个时代学生想要获取此类高等教育的知识十分困难。于是"让全世界的学生都能免费且方便地学习各类高等教育知识"的愿景从此藏于阿加瓦尔心中。

2. 紧跟时代，创新发展。 科技发展带来了时代的变化，阿加瓦尔意识到既然人们的生活方式发生了变化，那么人们的教育方式也应紧跟时代变化。随着 MOOC 的兴起，阿加瓦尔也认识到这一在线平台能够给全世界的学生提供高等教育，因此在 MIT 与哈佛大学的帮助下，阿加瓦尔创新发展模式，更新发展理念，成功创立 edX。

3. 来源技术，高于技术。 阿加瓦尔看到了教育机会不平等的社会现实问题，因此，秉持利用技术"让教育走向大众，而不是让大众走向教育"的信念。edX 的成功离不开创始人阿加瓦尔强大的技术实力，但更重要也更珍贵的是那让世界变得更好的初心。

4. 脚踏实地，仰望星空。 尽管初心是办不收费的在线教育平台，但教授深知商业社会的运作原理，打从心底知道要想让一个公司长长久久地活下去，一定要有稳定的收入来源。由此，edX 独特的商业运作模式诞生了。或许正是这个创新的营利模式，成就了 edX 的全球化发展。

从发明家到首席执行官：
天才科学家的成长

——记 reCAPTCHA 公司创始人路易斯·冯·安

路易斯·冯·安（Luis von Ahn），曾任美国卡内基·梅隆大学计算机科学学院副教授。他在 2000 年获得杜克大学数学学士学位，2005 年获得卡内基·梅隆大学计算机科学博士学位。他是一位走在"众包热潮"最前沿的天才计算机科学家和企业家。他尝试利用人类和计算机的综合计算能力解决大规模问题，重点研究计算机科学新领域——"人类计算"（人类与机器的互联），利用人群的力量造福人类。他构建了验证码的雏形，创立了 reCAPTCHA 公司，创立了热门语言学习平台 Duolingo。年仅 42 岁的安已获得被誉为"发明家奥斯卡奖"的勒梅尔森奖（Lemelson Prize）。

调皮捣蛋、不循规蹈矩的少年

路易斯·冯·安出身于危地马拉首都危地马拉城的一个中产阶级家庭，

父母均是医生。因为家庭收入在当地属于较高水平,使安在危地马拉这个发展中国家依旧可以获得良好的教育。

8 岁时,他进入当地一所私立英语学校,他的母亲送给他一台 Commodore 64 家用计算机而不是他想要的任天堂游戏机。在没有互联网的时代,他通过阅读使用手册、教程图书和计算机杂志慢慢学会了使用计算机。但是,年幼的安对任何事情都充满了好奇,除了单纯了解计算机的操作之外,他更想弄明白计算机是如何运行工作的。在好奇心的驱使下,孩提时代的他对计算机及其背后的科技产生了深深的迷恋。

天性活泼的安在少年时期有很多奇思妙想,展现出了不同凡响的创造力。因为课业繁重,他用一个小马达带动许多绑在一起的笔,发明了写作业小机器。为了担任电台 DJ,他黑进了电台的计算机中,以确定最受听众欢迎的 10 首歌。12 岁时,安构想了一款可以通过运动发电的跑步机,这样人们可以一边锻炼,一边发电。

在危地马拉的时光是快乐且短暂的,高中毕业前他开始申请去美国读大学。即使他成绩优异,但在申请美国大学时仍然面临障碍。安作为国际生,必须通过申请美国大学必要的英语语言认证考试。1995 年,安参加英语认证考试时,危地马拉城的所有席位都已被注册,他只能飞往萨尔瓦多参加考试。这场英语语言认证考试使安花了 1200 美元,借此机会他目睹了教育机会是如何被金钱所影响的,这让他意识到在全世界有很多人是负担不起昂贵的教育成本的。

验证码的发明者竟如此年轻

基于优异的学业成绩和出色的课外表现,安收到了杜克大学的录取通知书。2000 年，他在顺利获得数学学士学位后，选择到卡内基·梅隆大学计算机科学学院继续读博，师从图灵奖得主曼纽尔·布卢姆（Manuel Blum）。

刚刚开始读研究生的安参加了雅虎研究员参与的《我们无法解决的十大问题》的主题讲座。在讲座中，研究员提到了让工作人员和邮箱使用者苦不堪言的问题，很多不法分子利用计算机软件自动创建无数个邮箱账户来发送垃圾广告。这个问题引起了安的注意，于是他开始思考如何解决这个问题。在他和导师的共同努力下，他们对这个问题有了初步的解决思路。他们认为，解决这个问题需要满足两个条件，一是人类用户容易通过验证但计算机却无法通过，二是计算机能够准确判断用户的回答是否正确。

经过反复的实验与验证，他们发现，人类可以用肉眼轻易地识别出在图片中被扭曲、模糊过的文字信息，而计算机无法辨识。在导师的指导下，安很快设计了一个程序，将随机产生的字符串进行随机的扭曲、重叠、污染后，显示给进行操作的用户，只要能识别变形的字符串，说明操作者是人类而非机器。这个设计方案后来被命名为"CAPTCHA"（全自动公共图灵测试），也就是大家熟知的验证码。

美国主流媒体包括《纽约时报》《今日美国》等纷纷对这项开创性的技术进行了报道，让安声名鹊起。在验证码技术推出后不到一周，雅虎公司便采用了这项技术，不久，世界上每个网站都开始使用。

震动互联网的重大发明

安并没有止步于发明"CAPTCHA"技术，他进一步深入探索这一全新领域——"人类计算"。在博士论文中，安阐述了"人类计算"的概念，这就是耳熟能详的热门领域"众包"的前身。基于"人类计算"，安开发了一系列互联网的系统，包括可以将任务分成很多子任务分配给多人共同完成的模式。其中，"共同目的游戏"（Games With A Purpose）是他开发的多人在线游戏。在这款游戏中，当用户超出计算机能力完成任务，将会改善互联网图像和音频搜索，增强计算机人工智能功能。

2005 年，25 岁的安获得博士学位，并成为卡内基·梅隆大学计算机科学学院的助理教授。他获得了麦克阿瑟基金会提供的 50 万美元奖金，以继续推进计算机尚未能解决的问题的研究。当时，安创新的"人类计算"是非常超前的领域，遭到了很多质疑与非议，但他积极推进并渴望向世界展示自己的成果。碰巧，当他飞往得克萨斯州的达拉斯发表演讲时，时任《纽约时报》首席技术官的马克·弗朗斯（Marc Frons）也出现在听众席上。当他从讲台上下来时，弗朗斯走近他，向他提出了将旧报纸数字化的问题，期望安将 130 年的报纸内容进行数字化。当他每完成一年报纸的内容数字化，《纽约时报》将向他支付 42000 美元。

同期，他经过计算后发现，"CAPTCHA"机制的每次识别与输入大约需要花费网民 10 秒的时间，而全球网民每天大概需要验证的次数多达 2 亿次，这意味着浪费了全球网民的大量时间。"那么如何更有效地利用广大网民时间呢？"他结合了弗朗斯的提议，"为什么不向用户显示由系统扫描出的印刷文本图片呢，利用广大网民完成老旧书报的数字化工作？"他构建了带有 reCAPTCHA 的高效系统，一种类似于 CAPTCHA 的网络安全工具。不同的是，该系统的验证码不但包含计算机随机生成的字符串，还包含有一部分计算机无法识别的扫描文本中的扭曲单词，这些破译的单词可以用于书籍、报纸、地图的数字化。互联网用户每天解码数百万个验证码，相当于每天工作 500000 小时。很快，他每隔几天就可以收到一张上万美元的支票。但是，不久卡内基·梅隆大学听说了安收取支票这件事，取消了他的教授职位，他索性决定创建自己的公司。

2007 年，安基于 reCAPTCHA 的技术，成立了 reCAPTCHA 公司。两年后，谷歌收购了这家公司，他加入了谷歌。被收购后，reCAPTCHA 每年帮助谷歌完成约 200 万本书的数字化，有力地推动了谷歌图书项目的建设。同时，《纽约时报》从 1851 年至今大概 1300 多万篇文章的数字化工作也是通过 reCAPTCHA 完成。这使读者可以在线上阅读许多以前仅可在特定实体图书馆阅览的作品，为历史研究工作拓宽道路。

reCAPTCHA 作为最早进入验证码市场的企业，在初期有着得天独厚的优势，其产品也在不断更迭，从识别扭曲文字慢慢发展到勾选图片验证码的形式，可以实现的功能不仅是将实体书数字化，还包括训练机器视觉技术等。然而，谷歌云也提供机器学习平台，这与 reCAPTCHA 的发展方向重合，造成谷歌内部竞争。

与此同时，随着验证码技术的发展，越来越多的验证码服务供应商发现了商机。目前，市面上有众多先进的验证码服务供应商可供选择，如 Arkose Labs、GeeTest、PerimeterX 等，各家拥有独特的技术。随着许多供应商在自家产品上投入的激增，CAPTCHA 不断演变进化。有的商家宣称他们有非常高的人类验证通过率和极低的机器验证通过率；有的商家则专注于 CAPTCHA 技术服务，但不提供机器视觉服务，提高不法分子破解难度。

再次出发，Duolingo 教你学外语

作为杰出的数学家、计算机专家和 CAPTCHA 的发明者，安已经实现财务自由，完全可以在 30 岁退休，但他希望可以更多地发挥自己的能力回馈社会。于是，他开始转向教育行业，这一决定源于他小时候所看到的教育资源不均衡现象。他认为，教育存在巨大的不平等因素，财富可以买到世界上最好的教育，但生活贫穷的人却连学会读写的机会都没有，这将加剧社会阶层的固化。

2011 年，安重新回到卡内基·梅隆大学，试图创造一种工具，让每个人都可以平等地接受教育。于是在同年，安教授联合研究生赛维林·哈克（Severin Hacker）创建了 Duolingo（多邻国）免费语言学习平台，以解决发展中国家语言学习课程费用高昂的问题。

语言学习一直是全球热门话题，市场上也充斥着很多语言学习公司。例如，Rosetta Stone、Babbel 和 Busuu 等，类似的公司都提供了各有特色的语言学习途径。但他们面对的客户也各有不同，如 Babbel 专注于想要掌握语言的大众用户，而 Busuu 以企业客户为重。这些公司提供的产品有些是免费的，有些只能付费订阅，有些则两者兼有。而 Duoling 借鉴安教授的早期游戏设计经验，采用游戏化模式开发出课程来激励使用者。这种游戏化的课程设计很快让 Duolingo 与市面上其他枯燥的语言学习工具拉开了距离。Duolingo 的独特性吸引了投资人的关注，于 2011 年和 2012年先后完成了 A 轮和 B 轮融资。

自成立后，Duolingo 专注于探索通过提供语言学习服务实现盈利的商业模式。最初，Duolingo 通过"众包翻译"获取收入，即向那些使用

用户翻译内容的公司进行收费，用户翻译的内容是用户学习语言的副产品。2013 年，Duolingo 宣布与 BuzzFeed、CNN 等机构合作，BuzzFeed 和 CNN 会向 Duolingo 付费购买用户翻译的内容，这标志着 Duolingo 新的 B2B 营利模式的开始。随后，Duolingo 采取付费订阅战略创造利润，订阅高级版应用程序 Duolingo Plus，允许会员删除广告和离线下载课程。

随着 Duolingo 的发展，安教授看到了英语语言测试的发展前景。国际学生通常需要通过昂贵的标准化英语认证考试才能进入美国大学或获得英语国家签证，传统的考试需要高达 250 美元的报名费用，这对于很多家庭来说是昂贵的。凭借创建性价比高的英语语言测试体系的构想，2015 年 Duolingo 获得来自谷歌资本的 4500 万美元投资。同年，Duolingo 正式上线 Duolingo English Test 功能，允许用户在家中自行测试并获得英语语言证书，成绩与 TOFEL iBT 的成绩挂钩。目前，全球超过 3000 所院校，包括杜克大学、加利福尼亚大学洛杉矶分校、哥伦比亚大学、纽约大学和耶鲁大学等均认可 Duolingo 的测试成绩作为申请环节的语言成绩。

2019 年，Duolingo 进入中国市场。除了英语、日语、韩语、法语等大众语言，以及威尔士语、纳瓦荷语等小语种或濒危语言，Duolingo 还上线了粤语课程。同年，Duolingo 完成了 F 轮融资。

2020 年年初，COVID-19 大流行导致学校停课，Duolingo 在澳大利亚、加拿大、爱尔兰、新西兰、英国和美国等国家推出了面向 3 ~ 6 岁儿童的识字应用程序 Duolingo ABC，帮助解决停课带来的学龄儿童教育问题。

作为 Duolingo 的首席执行官，安教授正带领 Duolingo 成长为世界最大的语言学习平台。安教授重新定义了创业者，相信为世界做好事也可以为企业带来好处。他将持续不断寻求创新方法来改善生活，并在他的所有努力下帮助塑造教育的未来。

总结

路易斯·冯·安既是引领"众包热潮"的前沿科学家，也是将"人类计算"商业化的企业家，从验证码到语言学习平台，安无疑取得了丰硕的成果，总结其成功的经验，主要为以下几点。

1. 好奇心的驱动。好奇心和新颖的想法激发了安的灵感，发明了验证码，开启了名为"人类计算"的新的计算机科学领域。当然，这种好奇心与独特的想法并不是一蹴而就的，而是源于安善于对生活的思考，善于观察生活中的点点滴滴，善于寻找看起来并不关联的事物的相关性。

2. 不断思考与创新。发明验证码成名后，安并没有满足而是持续思考，实现了旧书的数字化，不满足于现状并持续思考的精神成就了他。持续思考其实是对现有成果的持续优化过程，继续寻找更好的方案的过程。技术的首次应用可能只有 60 分，但是在不断优化和思考中，最终可以达到满分。

3. 渴望解决社会不平等问题。期望解决社会问题的初心，让他创建了免费语言学习工具 Duolingo。看到问题，并善于寻找问题的解决方法，是安长期以来的习惯。取得巨大成就后，他并没有忘记自己的初心，并尝试运用自己熟悉的技术，解决了这一难题，成就他人，也成就了自己。

被 400 美元"买"来的会计系教授

——记 Compensation Valuation、RJA 资产管理公司
联合创始人里克·安特尔

里克·安特尔（Rick Antle），会计、金融和经济领域的专家，耶鲁大学管理学院会计学教授，兼任耶鲁大学法学院教授。安特尔于 1981 年获得斯坦福大学博士学位后，成为芝加哥大学教师（1981—1985 年）。安特尔与斯坦利·加斯特卡（Stanley Garstka）合著的《财务会计》至今仍被会计专业学生广泛阅读与使用。安特尔被评为 1991—1992 年俄克拉何马州立大学年度会计师、教育家，入选会计学院名人堂。安特尔联合创立了多家公司，他所创立的公司的咨询业务涉及对冲基金估值、财务报告、审计标准、审计师独立性和资本预算等。

偶遇恩师，笃学慎思

里克·安特尔出生在美国俄克拉何马州人口第二多的城市塔尔萨以西

约 30 千米的一个小镇曼福德。他的父亲是一名钢铁工人。安特尔的哥哥姐姐是家里第一代去上大学的孩子，他们选择了俄克拉何马州立大学。等到安特尔高中毕业的时候，他也像哥哥姐姐一样来到了俄克拉何马州立大学就读。那时的安特尔梦想能在大学毕业后成为一名优秀的律师。

安特尔在俄克拉何马州立大学遇到了对他一生影响颇深的老师——会计学院主任威尔顿·安德森（Wilton Anderson）教授。安特尔曾称赞安德森是他见过最精力充沛、最体贴、最有热情和最顽强的人之一。安德森几乎凭一己之力建立了俄克拉何马州立大学的会计系。俄克拉何马州是一个地域辽阔的州，面积约 18.11 万平方千米，安德森经常自己开着车在全州范围内做宣讲来招收学生。同时，安德森也在俄克拉何马州立大学的其他专业中寻找适合学习会计专业的学生——里克·安特尔就是这样被安德森教授找到的。安德森教授建议安特尔补充学习会计知识，因为像他这种在律师行业没有背景积淀的学生，如果能有一些会计知识基础，在找工作时会更加顺利。

抓住机会，选择会计

在本科期间，安特尔曾因为学费压力向安德森教授求助。安德森在了解了情况之后，毫不犹豫地用他的律师事务专项基金为安特尔提供了奖学金。安特尔在 2020 年接受采访时曾回忆起自己选择会计行业的经历，他笑称自己是被会计专业以 400 美元"买"来的。

当安特尔正式开始学习会计知识后，在许多像安德森教授这样优秀的会计学教授的引导下，他逐渐发现了学习会计知识的挑战性和趣味性。实际上，这些优秀的老师也都是安德森教授召集来的。安德森不仅一直鼓励会计系学生在结束本科学习后，去其他学校深造获得更高的学位，还十分欢迎学成归来的毕业生返回俄克拉何马州立大学任教。

当安德森找到安特尔谈论他关于博士学位的想法时，安特尔非常高兴。因为安特尔对事物有着独到而理智的看法，虽然他对高等理论和抽象知识感兴趣，但他并不是那种为了纯粹的知识之美而沉迷于某个领域的人，相反他更喜欢学习那些较为实际的、能够真正解决现实世界中问题的知识。他认为，会计等商科专业可以做到理论和实践相结合。随着对会计学的理解不断深入，安特尔对理论的应用愈加感兴趣，这坚定了安特尔攻读博士学位的信念。

学术新星，冉冉升起

在安德森教授的鼓励和支持下，安特尔综合自己的能力与专业特长，在 1975 年取得了俄克拉何马州立大学理学学士学位；在这之后，安特尔前往斯坦福大学攻读商科博士学位，并于 1981 年顺利取得博士学位。随后他来到了芝加哥大学担任教职，这位曾梦想成为律师的学生，正式踏上了会计专业的学术研究道路。

1985 年，安特尔来到耶鲁大学管理学院任教。这里对安特尔来说是完美的：耶鲁大学是一个汇集智慧的地方。安特尔在耶鲁大学管理学院的 4 个同事——奥利佛·威廉森（Oliver Williamson）、本特·霍姆斯特伦（Bengt Holmström）、保罗·米尔格罗姆（Paul Milgrom）和罗伯特·希勒（Robert Shiller），后来都获得了诺贝尔经济学奖。良好的学术环境助力安特尔成为一名成功的学者，他陆续在英国会计协会年会、美国会计协会管理会计研究会议、挪威卑尔根第十届 FIBE 年度会议等重大学术会议上发言。俄克拉何马州立大学始终将他视为骄傲——安特尔被评为 1991—1992 年俄克拉何马州立大学年度会计师、教育家，入选其会计学院名人堂。值得一提的是，该名人堂就是以安德森教授的名字命名的。

坚守标准，创业成功

"就像最底层的基础设施建设：当事情进展顺利时，人们不一定会去欣赏理解它的本质，但当面对冲击时，就有必要在基本层面上理解事情运作的本质（来解决问题）。"安特尔希望耶鲁大学管理学院 MBA 学生能够以这样的理念和思维去理解会计学的基础知识。除了夯实基础知识之外，安特尔还希望学生能够牢记会计的道德标准。同时，撰写会计"故事"要有定量的核心——资产负债表、利润表、现金流量表，"故事"的所有部分都必须配合在一起才能被相信，并且需要被仔细监督和保护，以保证它们具有完整性，让会计方法服务于其目的。为了更好地践行这些理念，除了在耶鲁大学教书育人，安特尔还创立了自己的公司，将自己所学的知识变现，以身作则，服务大众，为社会创造价值。

安特尔教授于 2003—2009 年，先后创立了提供薪酬评估服务的金融服务公司 Compensation Valuation 和 RJA 资产管理公司。除此以外，他还联合史蒂芬·罗斯（Stephen Ross）创立了提供一对一经济咨询服务的 33 Whitney Associates 公司。其中，RJA 资产管理公司提供专为风险管理和长期增长而设计股票期权策略的服务，为机构和超高净值客户管理基于股票期权的资产。该公司以满足客户对风险对冲和高回报率的需求为己任来提供投资方案。除此之外，RJA 资产管理公司的特别之处还在于其可满足私人定制的高度个性化的客户投资需求，当然这项服务是建立在从业者高超专业水平的基础上。

立足财务，服务投资

在其创立及任职的几家企业中，安特尔教授一直都充当着投资顾问的角色——他利用自己在会计和审计方面的专业知识，为个人或机构投资者提供分析。与其他尖端技术创业教授不同的是，与其说是科研成果商业化，安特尔教授的道路更偏向于信息商业化。知识、见解、预判，虽然这些都是看不见摸不着的，也转换不成实实在在的实体产品，但却都是安特尔教授多年在会计行业耕耘后所积淀的凝聚着厚重智慧的无价之宝。尤其是在如今的商业社会，信息不对称问题越发成为普通投资者不得不面对的投资壁垒的关键部分，安特尔教授的真知灼见是市场给予其回报的理由。

安特尔教授所创立的公司均提供投资咨询服务。投资咨询是指信托机构受投资者委托，向其提供有关投资项目的意见和方案的咨询。投资咨询的主要内容包括对投资项目进行市场调查和预测，投资机会和风险的分析，初步可行性研究和评议可行性研究，提供可供选择的投资方案，草拟、修订有关投资的合同、协议、公司章程等文件，介绍政府在投资方面的有关政策和法规等。在投资咨询的工作中，精通财务审计知识将在风险咨询、财务咨询及绩效改善咨询业务方面有无比巨大的优势。

以风险咨询为例，该信息服务业务中不可缺少的一环是会计服务与内部控制，具体又分为 5 项服务：一是信息技术与鉴证，帮助企业转变管理模式，改善人员、第三方关系、科技、数据、业务流程等方面的管理；二是控制、会计与报告，帮助客户管理其会计和财务报告，以满足各项监管要求及行业和业务发展需求，同时开发解决数据复杂性的方案，实现财务转型和数字化控制的目标；三是内部审计，帮助客户建立、管理、扩充和转变内部审计职能，以提高质量和降低成本；四是资金管理，通过提供全方位的服务来解决资金组织面临的关键挑战；五是信息化社会催生出来的一项新的分支——数字化与人工智能算法，帮助客户设计、实施和测试控制，并利用数据分析、自动化、人工智能和算法来管理风险，从效果和效率等方面加强和持续监控控制系统。

未来 10 年，企业面临的最大挑战就是吸引、激励并留住人才。为此，许多公司正在想方设法使他们在薪酬福利方面的投资回报最大化，这意味着薪酬福利管理模式的创新，即将组织经营目标和员工的关注点及行为之间建立起紧密的协同效应。这种管理方式将使薪酬战略更强调绩效导向和激励，并重点突出薪酬福利的整合价值。安特尔教授创建的 Compensation Valuation 公司正是提供这种薪酬评估服务。

以 RJA 资产管理公司为代表的私人投资咨询公司则是通过对整个投资周期的严格分析和行业专长，为不同的客户提供多元化的服务，并协助客户获得全球资源支持，帮助投资者实现资产价值的最大化。

就安特尔教授而言，在他的从业生涯中有一则著名的轶事——处理震惊全球的庞氏骗局。作为麦道夫支线基金的清算信托的受托人，骗局发生后，他负责善后工作，要为陷入这场骗局的投资者减轻损失。他的解决方法是向那些在这场骗局中收益大于成本的投资者追回部分资金——尽管向获利者讨回资金存在一定难度，但在总体上是有利于信托清算工作的。事实证明这个办法有一定的成效，他的善后清理工作很快走到了尾声。不仅如此，作为投资咨询顾问，对这场堪称投资界灾难的骗局，安特尔教授在善后之余还从会计的专业视角发表了看法与见解。他认为，之所以无数投资者会被卷入这场灾难，原因是人们在下列会计问题上犯了非常关键的错误——如何衡量价值？谁在创造价值？如何区分产生价值的东西和消耗量大于生产量的东西？回头再看，庞氏骗局从头到尾不产生任何新的价值，变的只有价值分配——也就是说，蛋糕并没有被做大，只是分蛋糕的方式变了——安特尔教授建议投资者们尽量远离这种商业活动。

总结

偶遇恩师的安特尔，从俄克拉何马州立大学到斯坦福大学，再到后来执教的耶鲁大学，一步一个脚印踏实地走在会计行业的道路上，回顾他学术与创业的成功，可以看出他有以下优秀的品质。

1．抓住机会，明辨笃行。虽然刚踏入大学校园的安特尔梦想成为一名律师，但是在结识了安德森教授后，他迅速抓住了学习会计专业知识的机会，明辨笃行，一步一步踏上了会计学的道路。

2．会计本色，游刃投资。尽管研究的是普通人眼中流于概念化的会计学，安特尔却不仅满足于将会计知识高高置于学术殿堂之中。在透彻洞悉会计规则之上，他更是将其抽象化并上升为一套处事规则、投资准则，并在商业实践中加以应用。他利用这一套有着深厚会计色彩的投资理念服务于普通投资者，并通过提供具有高度个人色彩的信息服务游刃于变幻莫测的投资界。

3. 不忘初心，坚守准则。安特尔认为，作为一名合格的会计要时刻牢记会计的道德标准。安特尔在其从业生涯中始终以高标准来要求自己，不忘初心，坚持他作为一名会计需要的严谨。

局域网商业化第一人

——记思科公司创始人莱昂纳多·波萨克

　　莱昂纳多·波萨克（Leonard Bosack），斯坦福大学计算机科学系前计算机设施主任，主要研究领域为互联网通信及局域网技术，因推动局域网广泛商业化而闻名。波萨克首次创业建立的思科公司至今仍是硅谷最成功的案例之一，其名下专利"计算机网络间路由通信的方法和设备"奠定了思科公司的发展基础。他参与并推动了 ARPA 网络技术的发展，该技术被认为是互联网的起源。

既是事业合伙人，也是人生合伙人

　　莱昂纳多·波萨克出身于美国宾夕法尼亚州的一个波兰天主教家庭，1969 年他从拉萨尔学院高中毕业后，来到了宾夕法尼亚大学工程和应用科学学院，于 1973 年获得学士学位。大学毕业后波萨克加入数字设备公司（DEC）担任硬件工程师。但在工作的过程中，他发现自己还是想要回到校园继续深造。本科毕业 6 年后，他被斯坦福大学录取，开始攻读计算机科学硕士学位。获得硕士学位后，波萨克成为该校计算机科学系的计算机设施主任。

在斯坦福大学的学习和工作期间，波萨克和他的同事们成功地将斯坦福大学的 5000 台计算机在 41 平方公里的校园范围内连接起来。他们成功克服了计算机间互相不兼容的问题，创建了第一个真正的局域网系统。这一贡献在当时非比寻常，因为当时人们对于局域网技术还闻所未闻。

在斯坦福大学，波萨克不仅有机会在工作上大展拳脚，他还幸运地遇到了他未来人生和事业的合伙人——他的妻子桑迪·勒纳（Sandy Lerner）。勒纳在 1975 年获得了加利福尼亚州立大学奇科分校的国际关系学士学位，1977 年获得了克莱蒙特研究生大学的计量经济学硕士学位，之后选择来到斯坦福大学继续进修，1981 年获得统计和计算机科学硕士学位。毕业后的勒纳留校工作，负责管理斯坦福商学研究生院的计算机。

局域网之年，思科成立

20 世纪 60 年代末，大学和研究实验室对计算机的使用频率和使用需求不断增加，自然而然地产生了计算机系统之间高速互连的需求。1970 年，由劳伦斯辐射实验室发布的一份名为《章鱼：劳伦斯辐射实验室网络》的报告中详细地说明了这种情况。

20 世纪 70 年代出现了一些早期的实验性的商业局域网技术。例如 Xerox PARC 于 1973 年开发的以太网、剑桥大学于 1974 年开发的剑桥环网、Datapoint 公司于 1977 年发布的 ARCNET。1979 年，欧洲议会的电子投票系统首次安装了一个局域网，将 420 个微处理器控制的投票终端连接到一个具有主 / 从技术仲裁的多分叉总线的投票 / 选择中央装置。

共享存储和打印机这两样在当时都很昂贵的东西是发展"联网"的最初驱动力。从 1981 年开始，基于 DOS 的系统逐步兴起，许多站点可以发展到几十台甚至几百台计算机的互相连接。人们对这一新兴事物充满了热情。1983 年之后的几年里，计算机行业的专家们经常宣布未来一年是"局域网之年"。

1984 年 12 月，波萨克和他的妻子勒纳共同创立了思科系统公司。思科这一名字的灵感源自旧金山（San Francisco）这一城市的名字，他们原想用"San Francisco"作为公司名称，但是按照美国的法律，任何公司不得以城市名作为品牌名称，因此他们选择了其英文名的后 5 个字母即 Cisco。注册公司那天，他们开车路过金门大桥，对未来创业生活充满期待，所以就决定将金门大桥作为他们新公司的徽标。创业之初，波萨克凭借在 AT&T 贝尔实验室和 DEC 技术岗位的工作经验来开创局域网的广泛商业化，勒纳则负责协助技术产品的开发。

波萨克与勒纳清楚地认识到多协议路由器这一技术的重要性，但在创业初期，没人相信他们会成功，因此他们只能通过透支信用卡来为自己公司融资。而等到公司初具规模后，他们接触了七十多家风投机构，这些机构不仅拒绝了他们，甚至还表示专用协议是赚不到钱的。但是，外界的不认可并没有打击到波萨克夫妇的信心，他们仍然相信这项技术很有前途，最终迎来了红杉资本的第一笔投资。

波萨克建立的局域网（LAN）能够通过多协议路由器系统连接地理位置上不同的计算机。尽管波萨克与勒纳所创立的思科不是第一家开发和销售专用网络节点的公司，但它是成功经营起来的最早销售多种网络协议的路由器公司之一。

从"蓝盒子"出发

市场对连接互联网的网络设备的巨大需求促使思科系统公司成为美国发展最快的公司之一。但是，早期产品是与斯坦福大学的校园联网密不可分的。这一切都源于施乐公司帕洛阿尔托研究中心的一个决定。

1980 年，帕洛阿尔托研究中心将一些 Alto 工作站和以太网网络板交给了斯坦福大学。尽管当时 Alto 工作站的技术远远领先于其他工作站，甚至为苹果公司的 Macintosh 项目指明了方向，但是激发了波萨克和其他斯坦福大学学生与工作人员灵感的却是以太网网络板。他们利用 Alto 工作站和以太网将学校的所有计算机系统连接起来，创造了一个能使不同品牌、不同协议的计算机进行通信并能访问早期互联网的盒子，这个盒子具有多协议路由器功能，因其外壳的颜色而被称为"蓝盒子"（Blue Box）。盒子里的计算机板是一个叫安德里亚斯·贝托尔斯海姆（Andreas Bechtolsheim）的研究生（后来成为 SUN Microsystems 的创始人）设计的网络工作站。盒子里的网络板是几个工作人员和研究生共同开发的，其中就有波萨克。

蓝盒子是根据当时斯坦福大学的计算机设施主任拉尔夫·戈林（Ralph Gorin）提出的"网络延长线"的要求演变发展而来的。戈林主任希望有一个"东西"可以允许联网计算机在更远的距离下进行联络。

1985 年，斯坦福大学开展了一个更正式的项目：只使用新的互联网协议将校园联网。那年春天，两位技术支持人员波萨克和柯克·洛希德（Kirk Lougheed）从蓝盒子软件的最初编写者——斯坦福大学医学院的研究项目工程师耶格尔那里拿到了原始程序。波萨克和洛希德删除了原始程序路由器非互联网协议的功能，保留了其网络操作系统和相关功能，并且后来又增加了其他协议。耶格尔并不知道波萨克那时候已经成立了思科公司，他尝试过向斯坦福大学请求允许商业化销售蓝盒子，但是被拒绝了。而波萨克和洛希德当时将耶格尔的软件改编为后来的思科 IOS 的雏形，最终经优化完善成为思科出售的产品。

与耶格尔一起工作的尼克·维扎德斯（Nick Veizades）曾说"斯坦福的路由器和思科的路由器之间没有任何区别。软件是有一点变化，但不是非常大。"当时维扎德斯认为波萨克销售路由器的计划充其量就是一种幻想，认为波萨克创办思科是疯了，"我认为（思科）根本不可能成功的。（不过）这些都是互联网早期的事情了。"

思科销售的是软件和运行软件的硬件，就像个人计算机一样，人们很乐意为之付费。戈林说："思科巧妙地出售了插在墙上的软件，它有一个风扇，而且很温暖。人们一直都在购买那些插在墙上、有噪声、有温度的东西。"在那时，思科已经在耶格尔的软件的基础上做了许多改进。洛希德多年后写道："耶格尔软件的真正价值在于其基本的操作系统。它并不是特别复杂，但它是相当实用的，这是一个很好的起点。"

抉择，斯坦福大学还是思科？

1986 年年初，有人去找波萨克在计算机科学系的主管莱斯特·恩斯特

（Lester Earnest），告诉他波萨克正在利用斯坦福大学的工作时间和资源来资助自己的公司。那年 5 月，恩斯特带着"足够的不当行为证据"去了院长办公室。最终，波萨克被要求决定是留在斯坦福大学还是去思科工作。而在电子工程系的洛希德被撞见在研究耶格尔的属于斯坦福大学成果的路由软件，洛希德也因此被要求归还软件的磁带副本，否则必须辞职。

1986 年 7 月 11 日，波萨克和洛希德从斯坦福大学辞职，全身心投入到思科的工作中。与他们一起在思科工作的还有另外 3 人，早前离开斯坦福的勒纳，程序员格雷格·萨茨（Greg Satz）及负责思科销售的理查德·特罗亚诺（Richard Troiano）。

思科的并购发展之路

早在 1993 年，思科就开始大量并购，第一家被并购的公司是主营局域网转换器产品的 Crescendo Communications Inc. 。在 1999 年的互联网热潮中，思科以约 70 亿美元的价格收购了位于美国加利福尼亚州佩塔卢马的一家初创公司 Cerent。那是思科当时最昂贵的一次并购，在那之后也只有对 Scientific Atlanta 的收购规模比那次更大。如今，一些被收购的公司已经成长为对思科每年贡献 10 亿美元以上营收的业务部门，涉及业务板块包括局域网交换机、企业网络语音平台和家庭网络。2005 年 1 月，思科宣布将以 4.5 亿美元收购 Airespace，以加强无线控制器产品线。2010 年，思科又收购了一家移动数据包核心公司 Starent Networks 和一家产品设计咨询公司 Moto Development Group，以帮助其开发 Flip 视频摄像机。在近 20 年的实践中，思科完成了几十次并购与重组，公司的技术和业务也更加成熟和强大。

互联网通信行业正当其时

互联网通信行业是当代经济发展的重要支柱，其基础设施的普及和发展水平已成为推动生产力进步的决定性因素之一。当下互联网通信行业正依托大数据和云计算等技术逐步迈进"万物互联"的新时代，局域网交换机、家庭网络建设等相关行业技术和设备更是飞速发展。可以说，互联网通信行业的发展代表了未来科技生产力的前进方向。纵观整个行业，互联网通信的未来充满了竞争，也蕴含了极大的发展机遇。而波萨克等创办的思科目前是全球领先的网络解决方案供应商，它依靠自身的技术和对网络经济模式的深刻理解已成为网络应用的成功实践者之一。

总结

硅谷永远不缺少梦想和创业故事。20 世纪 80 年代，一对年轻的夫妇在他们的客厅里创办了思科公司，用自己的信用卡进行融资。这是一个传奇的创业故事，而这对夫妇就是当时在斯坦福大学任职的波萨克和勒纳。思科的故事中有许多支持和帮助研发多协议路由器的人，这一创新对早期互联网来说是至关重要的。当然，创业的道路上，有鲜花和掌声，也有质疑和否定。无论是对于商业还是技术，思科的故事中有许许多多的贡献者，更有种种无法界定的对与错、功与过。总结波萨克的成功，以下 3 点值得我们学习。

1. 忽略版权，险酿大祸。 波萨克与勒纳虽然掌握多协议路由器的核心技术，但他们忽略了这一项技术离不开学校前期提供的支持这一事实——拥有这一技术知识产权的其实是斯坦福大学。果然，斯坦福大学相关工作人员因思科侵犯学校版权准备向波萨克等人提起诉讼。但好在斯坦福大学最后网开一面，将版权卖给了思科。若当时斯坦福大学选择与思科硬磕到底，那么可能就不会有如今网络设备霸主的存在了。

2. 人是万物的尺度。 在思科一路高歌猛进的发展历程里，最具争议的地方之一就在于其与斯坦福大学工作人员的争执。商业社会里的成功不仅依赖无可取代的技术，更依赖人与人之间的关系。人是万物的尺度，这是波萨克以亲身经历留给当代创业者的一个极其重要的经验。

3. 护城河理论。 思科从网络解决方案供应商起步，凭借着在该领域的强大实力和知名度踏上了它扩张商业版图的道路，此后便一发不可收拾，在 20 多年里成功完成了 20 多次并购重组。这给予了现代创业者一个关键的启示和引导：拥有坚不可摧的护城河有多么重要。

基因工程生物技术产业奠基人

——记基因泰克公司创始人赫伯特·韦恩·博伊尔

赫伯特·韦恩·博伊尔（Herbert Wayne Boyer），美国加利福尼亚大学旧金山分校教授。他在 1954 年进入美国宾夕法尼亚圣文森特学院医学预科班学习，1958 年获得生物学和化学学士学位，1963 年获得美国匹兹堡大学博士学位。他与斯坦利·N. 科恩（Stanley N. Cohen）和保罗·伯格（Paul Berg）一起发现了诱使细菌产生一种特殊的蛋白质的方法，被誉为"基因工程之父"。此外，他还是基因泰克公司的联合创始人与副总裁，曾获 1980 年拉斯克基础医学研究奖、1990 年美国国家科学奖章、1996 年勒梅尔森奖、2004 年邵逸夫生命科学与医学奖、2007 年珀金奖章等多项奖项。

把握时代契机，深耕前沿课题

1936 年 7 月 10 日，博伊尔出生于美国宾夕法尼亚州的德里。高中时，博伊尔对科学研究并不是很感兴趣，他更喜欢足球、篮球和橄榄球等运动项目，向往将来成为一名优秀的橄榄球四分卫。

某一天，他突然发觉，科学实验和打橄榄球一样具有吸引力，于是决定不像他的父亲和祖父那样为铁路工作而是成为一名医生。1954 年，18岁的博伊尔进入教会开办的学校——宾夕法尼亚圣文森特学院医学预科班学习。然而，在博伊尔正式进入大学的前一年，一件轰动科学界的发明又一次改变了博伊尔的选择。当时，沃森和克里克在伦敦发现了 DNA 的双螺旋结构，突破性地开创了分子生物学新时代。因此，博伊尔对遗传和基因萌发出兴趣，决定放弃医学学习转而研究 DNA，进入细菌遗传学领域进行学习。

1958 年，博伊尔获得了生物学和化学学士学位，进入匹兹堡大学开始了研究生生涯。1963 年，在他获得匹兹堡大学博士学位后，前往耶鲁大学开始了博士后的研究工作。当时，他对一种重要的酶——限制酶产生了极大的兴趣，因此选择了酶学和蛋白质化学作为主要研究方向，也成为他终身研究的重点对象。

1966 年，博伊尔离开美国东海岸，开始在加利福尼亚大学旧金山分校生物化学与生物物理系担任助理教授，在学校分配的独立实验室里继续开展限制酶研究工作。1968 年，他将大肠杆菌作为研究目标，带领团队试图从大肠杆菌中分离出限制酶，在一位年轻生物化学家霍华德·古德曼（Howard Goodman）的帮助下，研究小组终于在 1972 年年初分离出限制性内切酶——EcoRI。经深入研究，他们发现 EcoRI 可以在特定位置将 DNA 切开，获得具有黏性末端的 DNA 片段。限制性内切酶的发现为即将到来的基因工程时代奠定了基础。

学术合作实现成果飞跃

1972 年 11 月，在一次关于细菌质粒的会议上，博伊尔与科恩对彼此的工作充满了兴趣，认为两人展开学术合作将开启新的研究领域。因为互相欣赏，他们很快在斯坦福大学正式开始了联合研究，专攻重组 DNA 的构建和克隆研究。

博伊尔和科恩联合研究小组将科恩提纯的两种大肠杆菌质粒在体外使用限制性内切酶（EcoRI）进行特异性切割，随后再利用连接酶使二者形成了一个重组质粒，然后将该质粒转移到大肠杆菌内，结果发现重组质粒在宿主内仍然可以复制和进行基因表达。随后，他们又发现将葡萄球菌的质粒转移到大肠杆菌后仍然可以具有复制能力。1973 年，两位科学家联合发表了他们的研究结果，这是人类第一次打破物种界限实现了基因转移，意味着基因工程的诞生。

然而，鉴于大肠杆菌和葡萄球菌都是细菌，亲缘关系较近，这个成就并没有使他们满足。他们开始思考，亲缘关系远的物种之间是否可以实现基因转移呢？于是，他们决定尝试在亲缘关系远的物种之间进行基因转移。1974 年，博伊尔和科恩的研究小组成功将含有非洲爪蟾基因的质粒整合到宿主菌中，这意味着未来动物甚至人类的基因都可以在大肠杆菌中表达，具有超强繁殖能力的大肠杆菌可以作为生产高等生物蛋白质的"理想工厂"。

博伊尔和科恩的这一重大发现，对生物技术领域产生了深远的影响，为基因工程打开了一扇大门，实现了不同来源的基因可以按照设计蓝图在体外构建杂种 DNA 分子，然后导入活细胞，进而改变活细胞原有遗传特性，从而获得新品种，生产新产品。因为这些成就，1976 年博伊尔被评为加利福尼亚大学生物化学终身教授，同年成为霍华德·休斯医学研究所研究员。

基因工程之星冉冉升起

不久，博伊尔教授敏锐地认识到他与科恩的研究成果不仅在改造生命分子方面具有重要意义，而且还具有一定的商业价值，可以利用廉价的细菌进行药物蛋白质的批量化生产。如果成功实现大规模制备，将是人类首次成功打造转基因产品。1975 年，博伊尔认识了在硅谷大风险投资公司工作的罗伯特·斯旺森（Robert Swanson），这位富有冒险精神的年轻投资者在很大程度上加速了基因工程的商业化进程。

当时，年仅 28 岁的斯旺森被博伊尔教授的突破性发现所吸引，敏锐地捕捉到了这项基因工程关键技术的商业机遇。通过与博伊尔教授的深入谈话，他更加坚信生物技术产业会蓬勃发展，这也让博伊尔教授对于自己的技术可以应用到药物生产领域并投入市场更加有信心。1976 年 4 月，博伊尔教授投资了 5 万美元与斯旺森共同组建了基因泰克（Genentech）公司，公司名称代表了基因工程技术（Genetic Engineering Technology），并由博伊尔教授担任副总裁。基因泰克公司致力于追求突破性的科学技术，为患有严重和危及生命疾病的病人研究和开发药物。

1977 年，基因泰克公司在大肠杆菌中成功合成人类蛋白质——生长激素抑制素。这是全世界首次实现在其他物种中表达人类蛋白质，在人类历史上具有里程碑意义。这一重大突破使学术界和企业界对基因泰克刮目相看，同时也吸引了风险资本的关注。经过多次谈判和严格筛选，1978 年 5 月，基因泰克第三次接受风险资本投资，投资额为 95 万美元，但是这家风险资本公司只得到了 8.6% 的股份。基因泰克的估值在短短两年时间内从 40 万美元上升至 1100 万美元，在风险资本的帮助下，基因泰克创造了奇迹。

紧接着，1978 年下半年基因泰克成功生产出人胰岛素，1979 年生产出生长素，1980 年生产出干扰素……这些成就使人们意识到基因工程的巨大潜力。此时，基因泰克多项研究成果由研究开发阶段转向审批阶段，并准备投入生产，这令投资者看到了曙光。

尽管基因工程技术引起了部分科学家和大众的恐慌，但 1980 年美国高等法院批准了基因工程技术的专利，这极大地推动了该领域的前进，也推动了基因泰克的迅猛发展。

行业巨头的"披荆斩棘"之路

事实上，这家生物工程龙头企业的崛起也并非一帆风顺，基因泰克成立以来一直面临技术、资金和专利等多个方面的挑战。在 DNA 重组技术的应用方面，美国大学研究机构聚集，激烈竞争；同时，政府和公众对于 DNA 重组技术疑虑重重，对公司的科研造成了实质性阻碍。此外，作为初创企业，基因泰克往往要面临资金不足的担忧和困扰，随时需要承受现金流断裂的风险等。

1985 年，基因泰克公司将第一个基因工程产品——人胰岛素推向了市场，回归了真正服务于大众的初衷，彰显出更加伟大的社会意义。同时，基因泰克启动非保险计划，为美国没有保险的贫穷病人提供免费的人体生长素。两年后，基因泰克的非保险计划范围扩大到了活化酶，同时公司的总收入达到 3.4 亿美元，总资产和净资产分别达到 6.7 亿美元和 4.0 亿美元，基因泰克决定在纽约证券交易所上市。

1989 年，基因泰克开放了托儿中心"基因泰克的下一代"，这是美国最大的托儿中心之一。

1992 年，基因泰克和罗氏公司宣布了在欧洲主要国家合作开发、注册和销售 α 链道酶（重组体）吸收液的协议，基因泰克和罗氏公司进入了多项领域的研发合作阶段。

1993 年，基因泰克经 FDA 批准将以核糖体 DNA 为复制起点的注射用促生长素市场化，用于儿童慢性肾亏患者在植肾前的治疗。同年，基因泰克建立了独立的非营利机构——生长发育基金会，推动人们对儿童成长发育的了解，鼓励开业医生和护士从事研究。

1994 年，基因泰克引入了"α 链道酶病人保障"，确保美国每一位胆囊纤维症病人能获得有效治疗。

1996 年，在基因泰克成立 20 周年之际，FDA 批准用于治疗患慢性肾衰竭儿童生长缺陷的生长素上市。

......

基因泰克一直走在开发新的产品和技术的路上，不断将前沿的生物技术运用于药品制造。

在基因泰克公司从萌芽、成长到成熟的过程中，博伊尔教授发挥了关键性的作用。博伊尔从 1976 年开始担任基因泰克公司的副总裁直到 1991 年退休，他始终掌舵基因泰克的发展方向，在生物工程领域发光发热。基因泰克取得的一系列重大突破离不开博伊尔的创新性研究成果和技术，以及他在决策和方向上的正确领导。

回归科学研究

随着基因泰克公司的蓬勃发展，博伊尔教授也成为一位百万富翁。

但是，在 20 世纪 90 年代初，基因工程作为一个全新的领域，大众无法理解这一学科。许多学术界的人士认为基因工程产生了伦理学问题，他们抨击基因工程的出现。而更激进一点的言论宣称运用基因工程技术制造产品和买卖是一种新的奴隶制度。

迫于这些批评的压力，博伊尔教授从公众的眼中慢慢消失。1990 年，他辞去副总裁职务，重新开始基础研究。他与匹兹堡大学研究小组合作，研究 DNA 甲基化的修饰模式，他们在分子水平上阐明了限制性内切酶的作用机理。此后，他获得了 1996 年勒梅尔森奖、2004 年邵逸夫生命科学与医学奖等多个奖项，在基因工程领域做出了卓越贡献，得到了全世界科学界的认可。

基因工程产业发展现状

近年来，基因工程产业发展迅速，其中基因工程制药为最主要的发展方向，世界知名药企几乎都在布局基因工程。2021 年，拜耳公司以 40 亿美元的价格收购 AskBio，随后，诺华制药公司用 2.8 亿美元收购了 Vedrere Bio。罗氏公司投入 18 亿美元研发下一代腺病毒载体，以促进中枢神经系统疾病和肝定向的基因治疗。

在中国，生物医药产业是近年来成长性最好、发展最为活跃的经济领域之一。根据《中华人民共和国国民经济和社会发展第十四个五年规划和 2035 远景目标纲要》，国家将基因与生物技术纳入前沿领域范畴。总体来说，基因工程产业在世界范围内有着良好的发展前景，但同时也面临着政策监管的问题与伦理问题。如何在符合全人类共同利益的同时，又能推进产业的良性发展，是世界各国需要深入思考的问题。

总结

博伊尔教授是美国国家科学奖章的获得者和生物科技行业巨头的创始人，当我们谈论到基因工程领域总会想起他的卓越贡献和开拓性发现。回顾他从学生时代再到创业成功的经历，可以看出他的成功和以下特质密不可分。

1. 取长补短，擅长团队合作。博伊尔与另一位科学家科恩的偶然相识，思维由此开始碰撞出火花。能够看到别人的研究与自己的研究的异同点，善于聆听并尊重他人的研究成果，是博伊尔教授成功的秘籍之一。通过与科恩教授的合作，才发现了 EcoRI 这一内切酶，才为博伊尔后续的成功奠定基础。

2. 抓住机遇，眼界指引命运。博伊尔在获得第一笔启动资金后，就紧跟资本市场，把握商业机遇。在不断创新产品的同时，积极吸纳更多资本的流入，吸纳更多高质量的投资，使基因泰克的市值在短时间内迅速增长。同时，大量风险资本的注入也让基因泰克有更多的资金不断去开发和研究新药品。把握每一次机遇，让基因泰克成为行业龙头。

3. 心系社会，格局决定未来。博伊尔教授在每一次领导基因泰克推出新产品的时候，都不会忘记当下市场和人们最紧迫的需求。基因泰克推出的第一个基因工程产品——人胰岛素，满足了人们长久以来的需求，也使他名声大噪。基因泰克长期以来，不忘哺育社会，推出非保险计划，成立生长发育基金会。这些切实服务于社会的公益计划，大大提升了基因工程在人们心中的形象和地位，使其获得了无数的支持。

打破世俗限制的 AI 和机器人领域开拓者

——记 Rethink Robotics、iRobot 等公司创始人
罗德尼·A. 布鲁克斯

罗德尼·A. 布鲁克斯（Rodney A. Brooks），1954 年生于澳大利亚，是世界著名的计算机科学家、人工智能科学家和移动机器人设计师，现任麻省理工学院荣誉教授，曾任麻省理工学院人工智能实验室主任。布鲁克斯于 1976 年获得澳大利亚弗林德斯大学理论数学学士学位，1981 年获得斯坦福大学计算机博士学位。他专注于计算机视觉、人工智能、机器人和人工生命等领域的研究，发表了 24 篇学术论文。布鲁克斯获得 1991 年国际人工智能联合会议的计算机与思维奖，2015 年 IEEE 机器人和自动化奖等多项奖项。入选美国国家工程院、美国艺术和科学院院士，IEEE、ACM、AAAI 和美国科学促进会会士。他参与创办了 Lucid、iRobot、Rethink Robotics 等 6 家人工智能和机器人公司。

"动手动脑"的少年时代

1954 年，罗德尼·A. 布鲁克斯出生在澳大利亚的港口城市阿德莱德。

7 岁时，布鲁克斯的母亲给他买了 *The How and Why Wonder Books* 系列丛书中两本有关电力及计算机的书，拓宽了布鲁克斯的视野。受这两本书的启发，布鲁克斯开始尝试运用日常生活中的材料，如钉子、蔬菜罐头、手电筒的灯泡等，制造一些小而简单的电路装置。他并没有拘泥于书本中的知识，而是深入思考每一个知识点，尝试去实现自己的新颖想法。

12 岁时，布鲁克斯利用旧电话的配电板、灯泡和焊丝制造了一台"画圈打叉游戏"的机器。小实验使布鲁克斯爱上了机器制造，积累了机器制造的相关操作知识，让他在高中时期就已经可以制作印刷电路板，能用数百个晶体管构建电路。

计算机天赋崭露头角

18 岁时，布鲁克斯前往澳大利亚弗林德斯大学学习理论数学专业。大学期间，他学习了大量数学相关课程，选修的 41 门课程中有 39 门是理论数学。数值分析老师看到了布鲁克斯身上的独特天赋，特许他可以在每周日上午九点到晚上九点使用全校唯一的 IBM 大型计算机。

使用学校计算机时，布鲁克斯重置了学校的计算机操作系统，添加了他曾在杂志上看到的功能，重新编写了程序。在学校的机房中，他意识到即便在弗林德斯大学获得博士学位，也很难登上世界舞台。他想到了美国硅谷，想到了麻省理工学院、卡内基·梅隆大学和斯坦福大学 3 所学校在美国计算机科学领域占有一席之地。于是，大学毕业之际，布鲁克斯向这 3 所学校提出博士学位申请。

1978 年，布鲁克斯进入斯坦福大学计算机系，师从计算机领域的前沿学者托马斯·奥里尔·宾福德（Thomas Oriel Binford），专注于人工智能和移动机器人的研究。在此期间，他与卡内基·梅隆大学的汉斯·莫拉夫（Hans Moravec）博士合作研究移动机器人。1981 年，布鲁克斯获得了博士学位，并以研究员的身份加入麻省理工学院的移动机器人实验室。

编程语言的应用探索

1983 年，布鲁克斯作为讲师加入斯坦福大学，为所教授的本科课程编写了一本关于 Lisp（当时人工智能的标准编程语言）的书，还为 SUN 工作站编写了一个 Lisp 软件系统。

当时，在劳伦斯利弗莫尔国家实验室工作的理查德·P. 加布里埃尔（Richard P. Gabriel）在看到布鲁克斯教授编写的 Lisp 软件系统后，眼前一亮，认为他们可以围绕"超级计算机"合作创业。

1984 年，加布里埃尔联合布鲁克斯教授等多名计算机领域知名学者创建了 Lucid 公司。最初，他们的目标是打造"超级计算机"，不仅包括硬件设备，还包括基础软件。但是，投资方并不看好这个构想，Lucid 公司并没有找到理想的风险投资。于是，他们转变思路，将 Lucid 公司发展的重点放在编程语言 Common Lisp 解释器开发上面，很快获得了 60 万美元的启动资金。

后来，布鲁克斯与其他 4 位科学家凭借着对 Common Lisp 的深入研究，加入了制定通用程序编写标准的委员会，进一步推动 Lucid 公司进军

Lisp 语言市场。好的开端让资本市场嗅到了投资机会，Lucid 公司很快获得了 350 万美元的风险投资。然而，在获得资金的不久后，布鲁克斯教授成为麻省理工学院的助理教授，只能每天早晨将自己的指令录在磁带中，然后快递到 Lucid 公司，让公司员工按照自己的要求操作。由于工作人员并没有完全按照他的指示完成工作，也没有与客户及时联系并取得反馈，Lucid 公司最终破产。

虽然，Lucid 公司失败了，但并没有影响布鲁克斯教授研究机器人的热情。在麻省理工学院期间，他基于信鸽可以利用本能回家的现象，萌发出设计简单的行为和直觉程序使机器人对外界做出反应的想法。布鲁克斯主张"自下而上"的方法与当时人工智能领域"自上而下"主流研究方法完全不同，他认为智能是通过与外界的接触学习之后做出相应的反应。

20 世纪 80 年代末期，他制造了第一台运用简单规则编写的机器人 Allen，使人工智能的发展迈出了巨大的一步。随后，他制造了能够检测并捡起汽水罐的机器人 Herbert，以及在不平坦的地面上快速移动的昆虫式六足机器人 Genghis。

机器人商业化的第一步

1990 年，怀着让实用机器人成为现实的愿景，布鲁克斯带着得意门生科林·安格尔（Colin Angle）和海伦·格雷纳（Helen Greiner），用 CSAIL 提供的创业基金，创办了 iRobot 公司，并由安格尔担任公司的 CEO。iRobot 公司致力于生产面向家庭和工业的机器人。

成立之初，iRobot 开发了很多有趣的机器人项目，但没有找到合适的商业模式，处于对机器人商业化应用的探索阶段。后来，受到 NASA 公布的探索外太空的机器人的启发，iRobot 联想到开发探索外星球的机器人。当时，NASA 研制的机器人十分巨大，火箭难以将这样的机器人送到外太空，iRobot 以"从简"的思维寻求突破点，最终发明了"Sojourner Rover"（火星漫游者），于 1997 年首次实现了人类对火星的探索。

人们对于清洁机器人也一直充满期待，iRobot 也意识到清洁机器人是一个蓝海市场，但是没有具体实施的头绪。在成立后的 6 年里，iRobot 在清洁机器人领域做了很多尝试，但都没有成功。在多次尝试失败后，公司 CEO 安格尔意识到了合作伙伴的价值。他想到，可以与大企业合作，运用 iRobot 的技术和创新，借助大企业在商业领域的成功和理解，将 iRobot 的想法落地。

因此，iRobot 开始与庄臣、DARPA、孩之宝等多家大公司展开合作。在与庄臣合作的过程中，iRobot 实现了让机器人拥有清洁能力的目标；在与 DARPA 合作的过程中，iRobot 用人工智能技术实现了机器人全区域覆盖及避障；在与孩之宝合作的过程中，iRobot 实现了低价格机器人的生产。

20 世纪 90 年代后期，机器人行业吹来了资本的东风，大量资金流入了机器人行业。iRobot 也开始接受外部资金的介入，于 1998 年接受了第一笔数额不多的风险投资。由于公司技术成熟，加之资本市场的推动，2002 年 iRobot 推出了首款名为 Roomba 的扫地机器人产品。

在 Roomba 机器人推出之前，iRobot 公司认为 Roomba 机器人一定会受到市场的热捧，但消费者似乎对该产品并不是很感冒。面对囤积的 30 万台库存，iRobot 公司陷入了销售的困境，开始积极思考如何将产品卖给消费者。2003 年年末，受到百事可乐广告的启发，iRobot 开始举办自己的营销活动，成功的营销广告使囤积的 Roomba 全部售出。这件事情让 iRobot 认识到，成立公司不仅要关注产品本身，同时还要学会讲故事，让消费者产生对产品的认同感。

Roomba 扫地机器人是 iRobot 进军家用消费领域的初步尝试。从 Roomba 扫地机器人开始，iRobot 逐渐找到了发展方向，扫地机器人也逐渐变成公司的主营业务。2005 年，iRobot 在纳斯达克上市，公司实现盈利，并在市场上站稳了脚跟。

再次踏上机器人商业化之路

2008 年，布鲁克斯离开 iRobot，与安·惠特克（Ann Whitaker）等人联合创办了另一家机器人公司 Heartland(后来更名为 Rethink)。Rethink 瞄准小工厂的需求，致力于制作便宜、好用的机器人。

Rethink 基于小工厂拥有自动化需求但是无法负担整条生产线升级的特点，构想制造与人类工人并肩工作的协作机器人。2010 年，布鲁克斯离开了麻省理工学院，开始全身心投入 Rethink 的创建中。Rethink 在存续的 10 年期间，共推出了两款协作机器人，分别是 Baxter(2011) 和 Sawyer(2015)。

第一款协作机器人 Baxter 在面世之前经历了 3 年的研发。然而，在 Baxter 的研发阶段，公司为了实现"便宜"的目标，进行了多方面成本控制，尝试利用算法增强物理特性从而降低成本，使用廉价的弹簧来解决传感和安全协作的高成本问题。虽然，公司成本控制的初衷是为了保证

Baxter 发布后即使在较低的销量情况下，公司也能赢利。但是，弹簧在某种程度上可以替代力控组件，却牺牲了准确性，过度的成本控制导致性能被过度牺牲，给 Baxter 的性能埋下了隐患。

当布鲁克斯认识到性能问题时，Baxter 已经临近发售，大幅改进其性能已经不可能了。产品上市之后，市场最初的热情退却，Baxter 自身存在的性能缺陷也越来越多地暴露出来，"力反馈性能不足，位置精确度不高"成了 Baxter 一张撕不掉的标签，最终被工业市场抛弃。后来，Baxter 及时调整了市场群体，从工业领域转向大学和研究机构。虽然，后者偏好低成本、多传感器的设备，对性能和可靠性的要求很低，但是市场需求也很少，对公司收入的带动效应也非常有限。

Baxter 的失利对 Rethink 造成了不小的冲击，由于早期投入了大量研发费用，而后期市场效果惨淡，Rethink 不得不进行一定的裁员。在经历了裁员的阵痛后，Rethink 投入了第二款协作机器人的开发。

开拓机器人应用场景

痛定思痛，Rethink 在 2015 年推出了第二款协作机器人 Sawyer。与 Baxter 相比，Sawyer 的设计更为保守，团队摒弃了原来的设计思路，对构型进行了重大更新，从双臂向单一目的小型工业机械臂靠拢。由 Baxter 的双臂改成了单臂，Sawyer 降低了成本，在下游行业的应用也更加实用。另外，其所搭载的软件系统和力控系统，极大提升了机器人的易用性，大幅度缩短了机器人从部署到使用的时间。

与 iRobot 研发了第一款扫地机器人相同，此时的 Rethink 也有了自己相对成熟的产品，接下来面临的是如何将其推向市场的问题。然而，与 iRobot 不同的是，Rethink 的市场开拓并没有那么顺利。

当时整个机器人产业的目光都聚焦在中国，2015 年前后中国机器人市场年增长率一直在 40% ~ 70%。在这种背景下，很多公司都选择进入中国市场，Rethink 也做出了同样的选择，将大量资源投向中国市场。然而，在进入中国市场的过程中，Rethink 机器人差异化特点并没有直接体现在实际应用场景中，直接导致了 Rethink 未能打开中国市场。

安全、易用、价格低是 Rethink 机器人的主打特点，但在全民追求效率的中国市场背景下，安全性的优势并不明显。同时，易用性的特点也因为对工作环境要求较高，逐渐失去优势。此外，机器人市场的整体价格下降，虽然 Sawyer 在视觉和力学控制方面的性能有所提高，但未能形成有效竞争力。在这样的情况下，Rethink 在中国市场几乎不存在任何竞争力。

在中国市场碰壁后，Rethink 开始转向欧美市场，然而最初向中国市场投入的资源无法在短期内迅速调整，这使得 Rethink 在欧美市场投入资源相对较少。虽然 Rethink 后来在欧美市场的表现不错，但还是错过了最佳时期。

步步错误的决策加上生不逢时，Rethink 最终没能找到适合自己的市场，并在 2018 年 10 月宣布倒闭。

整理行囊，再次出发

面对 Rethink 的倒闭，布鲁克斯曾表示，Rethink 成立的 10 年间，他最自豪的就是自家公司的产品理念切实改变了工业机器人行业的发展趋势。

Rethink 通过努力向世界展示了真正可以与人类和平相处的机械手臂，同时也告诉人们虽然全新的机器人仍然处于有待探索的阶段，但用不了几年就可以完全普及开来。

虽然痛心，但布鲁克斯教授并没有停止前行。他仍活跃在机器人和人工智能领域，并开始谋划下一个创业的方向，此时一个关键性的人物加里·马库斯（Gary Marcus）注意到了布鲁克斯。马库斯找到布鲁克斯，开启了合作研究深度学习技术，以推动机器人的智能化发展，提高机器人在复杂公共空间中的潜力。

2019 年，布鲁克斯、马库斯与其他几位研究机器人的科学家共同创建了 Robust.AI。由马库斯和布鲁克斯分别担任公司的 CEO 和 CTO。Robust.AI 的定位是一家深度学习技术研发商，旨在打造"世界上第一个用于机器人的工业级认知引擎"，从根本上为协作机器人提供足够的解决问题的能力，从而与人类有效地协同工作。

除了 Lucid、iRobot、Rethink、Robust.AI 外，布鲁克斯还在 1991 年创办了 iRobot 子公司 Artificial Creatures 公司，在 2000 年创办了致力于资助机器人企业发展的 Robotic Ventures。

如今，布鲁克斯仍然是机器人和人工智能领域的活跃"玩家"。在创业之外，布鲁克斯还致力于推广机器人技术及人工智能，活跃于相关领域的全球各大重要活动。

机器人行业的发展

机器人产业链主要由上游核心零部件、中游工业机器人本体组装及下游系统集成构成。随着人工智能技术的不断发展，机器人已经在深度学习、机器视觉、语义理解、认知推理等方面取得了明显进步，智能化程度明显提升。

机器人可以按应用场景分为工业机器人和服务机器人两类。在后疫情时代，工业机器人受益于下游制造业快速复苏，以及生产企业自动化升级，需求进一步增强，工业机器人出货量迎来强劲增长。工业机器人按产业链划分，上游是核心零部件，包括控制器、伺服系统和精密减速器三大部分。中游是机器人本体制造，代表企业为日本的 FANUC、安川，瑞士的 ABB 及德国的库卡，这些厂商大约占据了全球工业机器人市场份额的 40%，而国内厂商起步较晚，尚处于追赶阶段。下游是系统集成，其中汽车制造和 3C 电子行业占据了整个工业机器人下游应用的半壁江山，但工业机器人在食品饮料、物流、光伏、锂电等行业应用增速较快。

全球服务机器人产业处于新兴发展阶段，我国的服务机器人虽然起步较晚，但在技术和产业化水平方面与国外公司差距较小，甚至部分产品的市场化应用已经领先于全球，具备先发优势。特别是在人工智能技术领域，我国服务机器人产业正逐步向智能化方向迈进。目前，我国涌现出华为、百度、优必选、思必驰等多家机器人相关产业的龙头企业，深度布局人工智能领域，实现机器人产业的快速发展。

总结

罗德尼·A. 布鲁克斯是机器人和人工智能领域的一面旗帜，无论是科研领域还是创业方面都硕果累累，总结布鲁克斯成功的原因，主要为以下几点。

1. 大胆假设，从实践得出真理。布鲁克斯自小就展现出异于常人的动手能力，从最初利用钉子、罐头、手电筒的灯泡等制造一些小而简单的电路，到让实用机器人成为现实，先后成立了 iRobot、Rethink 等多家公司，引领实用机器人的浪潮。他始终践行自己的大胆假设，从实践得出真理。

2. 辩证的眼光看待问题。"先弄清楚别人研究中基本的尚未明确的设想，然后再加以否定。"是布鲁克斯的基本研究策略。从 20 世纪 80 年代起，他就开始反对"机器人必须先会思考，才能做事"的信条，挑战当时人工智能"自上而下"的主流研究方法，提出"自下而上"的观点。并为了证实自己的想法，研制了一系列没有思考能力但却无所不能的异形机器人，带来人工智能领域颠覆性革命。

3. 不惧失败，越挫越勇。Rethink 的倒闭无疑是布鲁克斯在机器人商业化过程中受到的巨大打击。但面对挫折，布鲁克斯没有止步前行，而是积极思考机器人和人工智能领域的新突破点，继续前行。失败是人生的主旋律，而成功只是一时的，只有能从挫折里走出的人才是生活中的英雄。

助力谷歌创立，科创商业传奇

——记 Arista Networks 公司联合创始人
大卫・切里顿

大卫・切里顿（David Cheriton），加拿大计算机科学家、数学家，分布式计算和计算机网络专家，斯坦福大学计算机科学教授。切里顿教授是实时操作系统 Thoth 和 Verex 内核的早期主要开发人员之一，也是谷歌最早的天使投资人之一，美国云计算和虚拟化技术公司 VMware 的早期投资者，美国计算机网络公司 Arista 的联合创始人和首席科学家，美国软件开发公司 Granite Systems 的联合创始人。切里顿教授曾为加拿大滑铁卢大学捐赠 2500 万美元，用于支持计算机科学学院研究生的学习和研究。2003 年，切里顿教授获得了 SIGCOMM 奖，此奖用以表彰他毕生对电信网络领域的贡献。

放弃音乐理想，深耕计算技术

大卫・切里顿于 1951 年出生于加拿大哥伦比亚省温哥华市，切里顿父母对他们的 6 个孩子从小就采取"家庭民主"的教育方式，鼓励孩子们选择自己的道路。年幼的切里顿是一个独立的男孩，虽然也有很多小伙伴，但是相比和周围的小伙伴一起玩，他更喜欢在自家院子里搭建积木堡垒。切里顿的父母都是工程师，他的母亲穆里尔（Muriel）是加拿大阿尔伯塔省第二位女工程师。优秀的父母培养出了 6 个天资聪颖的小孩——他和他的 5 个兄弟姐妹都通过了埃德蒙顿高地社区公立学校的入学考试。

在自由的教育环境下，切里顿成为一个兴趣爱好十分广泛的少年。切里顿并不是一开始就选择了计算机专业。他最初尝试申请的是阿尔伯塔大学的古典吉他和表演艺术专业，但是被拒之门外。之后，他去追求了他的另一个爱好——数学，1973 年获得加拿大不列颠哥伦比亚大学理学学士学位。本科毕业后，切里顿来到安大略省的滑铁卢大学，于 1974 年和 1978年相继获得计算机科学理学硕士和博士学位。完成全部学业后，切里顿回到不列颠哥伦比亚大学，担任了 3 年的助理教授。

20 世纪 80 年代初，为了获得更好的专业资源和发展机会，切里顿来到美国斯坦福大学继续自己的科研工作，也是在那里，切里顿开始了他与商业世界的传奇故事。

苦心孤诣，慧眼识英

加入斯坦福大学后，切里顿专注于分布式系统的科研工作。他所在的团队开发了名为 V 系统的微内核操作系统，堪称电信网络技术行业发展的里程碑，该系统中的关键概念"多线程"和"同步消息传递"已成为现代电信网络技术的基石。切里顿在斯坦福大学任教期间遇到了一位才华横溢的德国博士生贝托尔斯海姆。当时贝托尔斯海姆在尝试修补他自己设计的一款名为 SUN 的工作站计算机，SUN 是 Stanford University Network（斯坦福大学网络）的首字母缩写。当贝托尔斯海姆在工作站的软件开发遇到困难时，切里顿向其伸出了援手，并协助贝托尔斯海姆调整了系统硬件。这在当时看起来微不足道的交集为他们日后的合作埋下了伏笔——这位充满激情的天才学生成为切里顿日后创业与投资路上不可或缺的重要伙伴。

1982 年，贝托尔斯海姆从斯坦福大学毕业，创立了 SUN 微系统公司（SUN Microsystems），此时的切里顿教授仍在斯坦福大学继续学术工作。1995 年，充满奇思妙想的贝托尔斯海姆从 SUN 退出，开始新的创业计划。对于新的创业计划，贝托尔斯海姆的团队需要一位了解以太网连接软件基础的专家，母校的切里顿教授就是不二人选。在电话沟通中，二人一拍即合，同年即创办了一家以太网交换公司 Granite System，公司成立 14 个月后就被思科以 2.2 亿美元的高价收购。切里顿教授当时拥有 Granite System 10% 的股份，这份股权就此转化为 2200 万美元的个人资产。

披荆斩棘，创业不断

1996 年到 2003 年，切里顿与贝托尔斯海姆一起在思科担任高管职位，与 Granite Systems 的第一位员工肯尼斯·杜达（Kenneth Duda）一起管理 Catalyst 产品线的开发。2001 年切里顿和贝托尔斯海姆再次尝试创立另一家服务器技术公司 Kealia，该公司是一家设计和生产基于 AMDOpteron 处理器服务器的企业，于 2004 被贝托尔斯海姆创办的 SUN 公司以 1.2 亿美元收购。

2004 年，切里顿、贝托尔斯海姆和杜达 3 人又成立了一家叫做 Arastra 的计算机网络公司，主要从事多层网络交换机的设计和销售业务，为大型数据中心、云计算、高性能计算和高频交易环境提供软件定义网络（SDN），公司后来更名为 Arista Networks。这一次，切里顿和贝托尔斯海姆都有了强大的技术能力和丰富的创业经验来创立与运营新公司。

Arista Networks 的主营产品数据交换机是一种用于电（光）信号转发的网络设备，它可以为接入交换机的任意两个网络节点提供独享的电信号通路。常见的交换机包括电话语音交换机、光纤交换机等，不过最常见的交换机当属切里顿教授研发的以太网交换机。

Arista Networks 所有的交换机均采用通用 CPU，而非定制的专用集成电路。这样可使 Arista Networks 在压低价格的同时及时置换最新纳米工艺的处理器，而若采用专用集成电路则无法达到这一效果。在这一独特技术优势的支持下，Arista Networks 开发的数据交换机大幅度减少了服务器之间的延迟，传输时延仅为当时思科与瞻博网络开发的交换机传输时延的一半，在不到 500 纳秒的时间内就可以实现两台服务器之间的信息传输。切里顿说："想象一下，如果你驾驶原本时速为 50 英里的汽车现在加速了 10 倍，这将从本质上改变很多你能做的事情。"对于网络数据传输而言，Arista Networks 的交换机正是那辆加快速度的"车"。

2014 年 6 月，Arista Networks 在纽约证券交易所进行了首次公开发行，股票代码为 ANET。上市之后很长一段时间，Arista Networks

都陷在与思科的专利诉讼的窘境中。2014 年 12 月开始，思科和 Arista Networks 围绕 Arista Networks 的交换机产品是否侵犯了思科的专利一事进行了多次法律交锋。2016 年，美国贸易代表办公室禁止 Arista Networks 的产品在美国销售。2016 年 6 月，国际贸易委员会认定 Arista Networks 侵犯了思科的一些技术专利。同年 12 月，虽然加利福尼亚州圣何塞的陪审团认为 Arista Networks 确实侵犯了思科的版权，但是也接受了 Arista Networks 的争辩——其他公司也用了思科的技术，但是没被起诉，于是陪审团认定 Arista Networks 不需要向思科支付任何形式的赔偿。为了解决好与思科之间的侵权问题，Arista Networks 也重新设计了产品。2016 年 11 月 18 日，Arista Networks 收到了来自美国海关和边境保护局通知，其中声明 Arista Networks 的其他产品及重新设计的可扩展操作系统不在限制排除令的范围内，这些产品可以再次在美国市场销售。

随着时代和技术的发展，Arista Networks 的产业和业务范围也在逐步扩大。2014 年，Arista Networks 收购了美国旧金山的 Awake Networks 公司，以拓宽公司网络安全方面的业务；2018 年，Arista Networks 收购了位于澳大利亚悉尼的 Metamako 公司，将 Metamako 屡获殊荣的超低延迟技术引入 Arista 系列平台。2020 年 10 月收购的 Awake Security 则提供了一个网络检测和响应平台，它利用人工智能技术来自主获取并响应内外部威胁，可为校园环境、数据中心和物联网等领域提供分流数字取证和事件响应。

Arista Networks 已成为当今数据中心和云计算环境构建可扩展的高性能和超低延迟网络的领导者。经过多年的发展与沉淀，公司的盈利水平逐年上升。2021 年第三季度，公司实现了 7.49 亿美元营收，同比增长 23.7%，环比增长 5.8%，创历史新高，净利润 2.24 亿美元，同比增长 33%。如今，Arista Networks 的客户遍布全球，其中不乏世界 500 强企业。

预见未来，助力谷歌的创立

最为媒体津津乐道的是，切里顿教授是世界上最富有的大学教授之一，这不仅得益于他成功的创业经历，更得益于他那号称世界上最成功的传奇投资决定。

1998 年，还是斯坦福大学博士生的拉里·佩奇（Larry Page）和谢尔盖·布林（Sergey Brin）手握他们的博士论文，怀着将其卖给网络搜索引擎公司的愿望，敲开了刚从 Granite System 公司收获了大笔财富的切里顿教授的办公室大门。

名为"谷歌"的搜索引擎项目原理来源于他们共同的博士论文《大型超文本网络搜索引擎的剖析》，他们希望将这个网络搜索技术商业化，从而大幅改善当时充斥着大量垃圾网站和无关信息的引擎搜索结果。切里顿听完他们的想法，首先做的是帮他们联系了一位知识产权律师。这位律师帮两位博士与雅虎公司搭上了线，但雅虎公司拒绝了他们的项目和提议。无奈之下，他们否决了最初与搜索引擎巨头合作的想法，决定基于自己的技术创立搜索引擎公司，并重新找到切里顿教授。这一次，切里顿答应投资 20 万美元换取这个初创企业的一点股份，并继续帮他们寻找潜在的投资人。切里顿教授的老搭档贝托尔斯海姆也入了伙。

这次投资的结果已经是家喻户晓了——如今谷歌的市值是 1.7 万亿美

元，拥有世界上最著名的搜索引擎。作为原始股东的切里顿赚得盆满钵满，身价达百亿美元。当人们向他询问投资经验的时候，谦虚的切里顿教授除了把这一切归功于运气之外，还特别提到了一点——坚守价值。在他看来，资本市场总是有非理性的时候，但他拒绝被一波接一波的热点裹挟。他相信真正的投资是投向有价值的事情，"如果你能以智慧的方式为世界提供真正的价值，那么市场就会奖励你"。的确，谷歌——这一最成功的投资案例，证明了这一点。

学术与商业两开花的切里顿教授坐拥近百亿美元的资产，但他并不喜欢大众过多地议论他，他始终保持低调。日常生活中，他并没有像其他的亿万富翁一样花大笔钱在游艇这一类用于炫耀自己社会地位的奢侈品上。成功多年后的他，依然驾驶着 1986 年的大众汽车，住在 30 年前就搬进去的在帕洛阿尔托的老房子，甚至连剪头发都是自己动手。"不是说我雇佣不起理发师，而是自己剪头发更方便，花费的时间也更少。"切里顿提道。尽管生活低调、克勤克俭，但是切里顿教授在科研与创业方面时时领先，在投资上也非常关注并支持早期科技企业，投资方向一直面向未来。

技术发展，并驱争先

交换机是一种基于以太网的用于数据传输的多端口网络设备，它相当于一台特殊的计算机，由硬件和软件组成，包括中央处理器、存储介质、接口电路和操作系统。

从目前以太网交换机市场的总体情况来看，百兆交换机已成为市场主流，千兆交换机市场份额不断加大，而十兆交换机已基本退出了市场。近年来，以太网交换机市场很明显已经是千兆交换机之争，这是网络技术发展和市场成熟的必然结果。

2010 年，谷歌开始部署使用 SDN 和 OpenFlow 的开放式交换机；2014 年，Facebook 推出了 Wedge，一种开放式设计的网络交换机；思科、Juniper 及 Arista Networks 等硬件供应商推出预装各自专有操作系统的白盒交换机，并提供技术和设备维护服务。越来越多的中型企业正在追随这些超大规模数据中心的步伐，部署具有自己架构的开放式交换机。开放式交换机，也被称为白盒交换机，强调硬件和软件的分离。这些开放的网络平台让用户可以自由选择最佳的单独组件，以优化和自动化部署他们的数据中心，满足不同的业务需求。

交换机市场竞争激烈，主要参与的企业不乏我们耳熟能详的巨头，例如全球领先的网络解决方案供应商思科、中国著名的信息与通信基础设施和智能终端提供商华为、美国信息科技公司惠普等。

总结

从科研领域的学术大牛，到世界上最富有的教授之一，切里顿教授的一生充满了传奇色彩。而他之所以可以兼顾学者和商业导师等诸多身份，离不开他身上的众多闪光点。

1. 知识创造价值。"我寻找可以真正增加技术价值的机会"，切里顿教授用知识改变世界，他的投资理念也是希望通过知识为社会创造价值。这样的理念也贯穿他的创业与投资经历，Arista Networks 提高了数据交换机的传输速度，对于谷歌的投资提升了人们搜索信息的效率。

2. 累积经验，投资创业。切里顿教授与贝托尔斯海姆的深厚师生情促成两人日后成为合作多年的合伙人，在创业之路上共同进步。通过不断地尝试和坚持，在积累了很多的创业经验和商业知识后，切里顿教授创立的 Arista Networks 崛起，成为交换机行业的领导者。

3. 眼光独到，抓住机遇。切里顿在判断谷歌具有发展潜力后，迅速做出投资决策。他对项目的判断和对机遇的把握都离不开对于专业与行业的深刻认知，也正是他犀利和独到的商业眼光为他敲开了财富的大门。

用纳米材料改变世界的科学家与创业者

——记安普瑞斯、4C Air 创始人崔屹

崔屹，纳米材料科学家，斯坦福大学教授，安普瑞斯（Amprius）、4C Air 两家科技公司的创始人。崔屹 1976 年出生于广西来宾，1998 年获得中国科学技术大学应用化学专业理学学士学位，2002 年在哈佛大学获得博士学位，后跟随加利福尼亚大学伯克利分校的保罗·阿里维萨托斯（Paul Alivisatos）教授开展博士后工作，2004 年入选世界顶尖 100 名青年发明家，并在 2016 年晋升为斯坦福大学材料科学与工程学院正教授。崔屹教授在《科学》和《自然》等世界顶级期刊发表高水平学术论文数百篇，论文总被引次数高达十万余次，其科研成果还屡登《科学美国人》评选的年度"十大创新技术"。崔屹教授曾获得首届纳米能源奖、哈佛大学威尔逊奖、大卫·费罗和杰里杨教授学者奖、布拉瓦尼克国家青年科学家奖等多项荣誉。

学科交叉，斜杠青年

1998 年从中国科学技术大学本科毕业后，崔屹获得了美国哈佛大学化

学材料专业硕博连读资格及全额奖学金，师从材料科学家查尔斯·M. 李波（Charles M. Lieber）。在李波教授的团队，崔屹第一次接触到了纳米技术。当时的他也不清楚纳米能干什么，只是朦朦胧胧有一种直觉——这个领域有前途。2005 年，崔屹到斯坦福大学任教，受到劳伦斯伯克利国家实验室主任朱棣文博士的启发，开始着手将纳米技术用于电池的研究。崔屹及其团队的研究目标极其简单，就是希望手机充一次电能待机很久，电动车充一次电能跑很远。

当时，崔屹所在的研究团队希望能发明硅阴极材料来代替碳材料，借此延长电池的续航时间。虽然在他们刚开始研究硅阴极材料的时候，全世界都觉得不大可能成功，但是崔屹坚信自己的直觉，一个人带着研究小组埋头苦干。

从那时起，崔屹用来解决问题的尺度就一直极其微小——以纳米为单位。这是什么概念呢？举个现实的例子来说，一根直径 0.05 毫米的头发，沿轴向平均剖成 5 万份，每份的厚度大概是 1 纳米。在这一微小尺度上，崔屹开创了纳米技术和锂电池结合的新领域，攻克了一个又一个技术难题，突破了一个又一个科学边界。崔屹及其团队不仅完成了高能量密度的硅阴极电池的研发，还制造了能过滤 99% PM2.5 颗粒又具有良好透气性的口罩、具有红外线透过性的快速散热智能布料等新型材料，这些无一不是应用纳米技术发明创造的。看到崔屹的成果，行业内许多专业人士开始转变对于纳米技术的态度，纷纷将目光投向这个领域的研究。在纳米材料的科学研究方面，崔屹不畏险阻、不怕困难，也引领了学术领域的潮流。

然而，崔屹并不想止步于学术上的成就。在他看来，科研成果要服务社会。这意味着不仅要做基础科学的研究，也要做解决社会痛点的研究。崔屹想从工艺上把纳米材料的生产成本降下来，让更多人用得起纳米材料。身在硅谷这个创业圣地的崔屹教授自然而然地产生了创办公司使纳米技术商业化的想法。于是，2008 年，专门开发和生产新型电池材料的安普瑞斯成立了。2015 年，生产新型口罩的 4C Air 也顺利成立。对于崔屹来说，因为创业，他可以拥有更为广阔的视野，可以选出更好的研究课题，这样做科研的时候也更有动力。

虽然身兼科研人员、教师、创业者三重身份，并且对每一件归属在自己职责下的事情都十分热爱和上心，但是，崔屹教授一直都是将大部分心血和热情放在学术研究上，希望能够研发出更先进、更贴合社会需求的新材料。

虚怀若谷，躬行实践

崔屹第一次创业的时候，他还只是一位走纯粹学术路线的科学工作者、一位从未接触过商业市场的技术研究人员。作为斯坦福大学终身教授，年仅 40 多岁的崔屹已经培养了近 60 位博士生和博士后，其中 40 多位已经成为教授。作为教授，在教书育人方面，崔屹无疑是成功且受人尊敬的。崔屹不仅在学术领域熠熠生辉，他还是一位成功的创业者。

2008 年，他发明了硅阴极材料并在《自然·纳米技术》上发表了研究成果。据测算，这一材料的发明能将电池能量密度提高30% ~ 80%。一时间，资本闻风而动，风投界和实业界的人纷纷来找崔屹教授。在与各界人士的交谈中，崔屹教授意识到了时机的成熟，于是趁着好势头，也顺从服务社会的本心创办了安普瑞斯公司，目的主要是推动其发明的硅阴极材料实现产业化。

此时，新能源汽车行业的蓬勃发展对电动汽车动力电池的要求不断提高，能量密度更高、续航时间更长的电池成了新能源汽车行业的技术攻关难点。而传统石墨阴极材料性能已经得到充分挖掘，硅阴极成为提高动力电池续航能力的最佳解决手段之一。在国内外市场，日立化成、日本信越、吴宇化学和安普瑞斯等企业已经开始关注硅阴极材料的运用，诸多项目正处在落地投产的关键时刻。

准备介入硅阴极行业伊始，商业社会的运作模式确实令崔屹教授十分摸不着头脑，此时的他像海绵一样不断在实践中汲取经验。开董事会的过程中，如果产生了任何疑惑，崔屹教授都会及时提问请教，会上的投资人也就一点点把投资专业知识教给了他。在一来一回的交流中，崔屹教授的商业思维日渐成熟。他总结出自己所专注的技术型公司的两大要点：一个方面是技术本身，另一个方面就是找对人才。

崔屹看到了太多因为没找对人而垮下去的科技创业公司，因此崔屹在选择自家公司的职业经理人时格外慎重。他意识到，对身兼数职的他来说，有一个可靠的职业经理人来管理公司非常重要。因此，他会在百忙之中亲自面试职业经理人候选人。对他来说，面谈的过程就是一个积累与思考的过程。有一次面试大概谈到第 8 个候选人的时候，崔屹觉得就是他了——他让人感觉比参加面试的其他人更靠谱。因为从创办公司到带领公司上市，那位候选人能清晰地告诉崔屹一步一步怎么做，而不仅仅是泛泛之谈。事实胜于一切雄辩，具备实战经验的人确实会比纸上谈兵的人更专业可靠。优秀的职业经理人是健全公司管理机制的必要条件。

　　将专业的管理事务交给专业的人才，崔屹教授的工作重心得以转移到技术研发中。前瞻性的研究没法在公司做，他就在斯坦福大学实验室完成，公司的研发部门主要解决具体的实际问题。早些时候崔教授每周会去公司一天，对他来说，开公司就像养孩子一样，需要从婴儿开始，一点点地慢慢培养，要很有耐心地解决遇到的各种问题。

二次创业，扬帆起航

　　第一家公司成立几年之后，崔屹着手创办第二家公司 4C Air。从确定合伙人到搭建团队，一切都更快、更准、更稳。到 2017 年，4C Air 的技术团队已经初步完成搭建，美国和中国两边办公区的 CEO 也都确定了人选，产品上市蓄势待发。同在安普瑞斯的模式类似，崔屹在 4C Air 也是从刚开始亲自管理很多事情，逐渐放手让 CEO 来管。

　　4C Air 在创办的次年就获得了 700 万美元的首轮融资。2020 年崔屹在领英个人主页发文称其与 1997 年诺贝尔物理学奖得主、第 12 任美国能源部部长朱棣文共同创立的 4C Air 公司正式推出史上透气性最好且过滤效率高达 95% 的 AireTrust KN95 纳米口罩，这意味着崔屹的又一项科研成果成功跨越基础研究实现商业化应用，而这一过程仅用了 5 年时间。AireTrust KN95 纳米口罩采用了 4C Air 公司的 BreSafe 纳米纤维过滤材料和技术，可以有效过滤空气中 95% 以上的颗粒，例如细微颗粒物、细菌等有害物质。而且，该口罩的透气性要优于目前市场上的 N95 口罩，在保障个人呼吸安全的同时，又能让人保持戴口罩期间的舒适感。

科创为锚，展望投资

　　崔屹的求学经历十分丰富，他在哈佛大学、加利福尼亚大学伯克利分校、斯坦福大学这些世界顶级名校都学习过。不过，在他看来，创业氛围最浓厚的，非斯坦福大学莫属。当崔屹总结自己的成功经验的时候，总是不会忘记感恩斯坦福大学开放包容的自由之风。

　　现在，斯坦福大学的教授创业其实不需要斯坦福大学专利办公室提供什么帮助，因为硅谷和斯坦福大学的资源是流动的，技术、资本、人才都会自动去匹配。20世纪50年代，当时的教务长特曼（Terman），鼓动了休利特（Hewlett）和帕卡德（Packard）创建惠普，创办了斯坦福科技园，鼓励创业，推动了硅谷的形成和繁荣。经过几十年的发展，斯坦福大学的创业文化已然十分成熟，硅谷也成为创业者的天堂。现在的斯坦福大学根本不用做什么，只要给教授足够的自由就好了。自由这一点，对于创业者来说是至关重要的。

　　崔屹发明的所有专利都归斯坦福大学拥有，这是崔屹作为雇员和学校的契约。崔屹要开公司，把专利的使用权从学校转移出来的时候，需要支付专利使用费，并约定把未来盈利收入按照一定比例交给学校，学校还可以用专利换取公司的少量股份，同时保留一定的跟投权——公司融资的时候，斯坦福大学的基金可以以一定比例投资，就像当年创办谷歌的时候，使用了斯坦福大学的专利，所以斯坦福大学拥有谷歌公司的股份。

　　如今，崔屹兼具科研专家和创业先锋两大身份，已是不少人心中的人生赢家。对于未来，他有着清晰的规划——当一名出色的投资人，把科研、创业、育人和人生阅历结合在一起，未来培育出伟大的科技创业公司。

崔屹也希望能凭借自己的积累，成为中国创新的推动者，为中国广大创业者创造良好的文化、商业氛围。他希望创建一个国际化的创新生态系统，发挥中美两国优势互补的特点，带动中国的创新创业。

硅电池及纳米材料行业的发展

除了作为阴极材料，硅也可以用作阳极。硅阳极电池是一种新型锂离子电池，使用硅代替传统的石墨作为阳极材料。在电池中，硅作为阳极正处于研究新阶段，其性能表现出良好的前景，为市场提供了巨大的增长机会。存储潜力的增加及电池寿命长的优势是采用硅阳极电池的另一个驱动力。这些电池可以部署在消费电子产品、汽车、工业和能源部门等广阔的应用领域。

安普瑞斯是硅阳极技术的全球领导者之一，向智能手机和平板计算机原始设备制造商提供电池，同时与其合作设计适合消费电子产品的定制电池。安普瑞斯先进的电池产品专门用于电动汽车、航空航天、国防领域的产品及可穿戴设备等。

纳米材料的出现是人类首次实现从微观层面主动设计、开发材料，是迈向从分子原子尺度控制材料性能的坚实一步，对材料产业发展有颠覆性影响。纳米材料作为 21 世纪最前沿的科学，已吸引了全球各国斥巨资研究和布局。由于纳米材料具有高性能和多功能特性，几乎在所有行业里都有应用场景，前景充满想象。

总结

深耕纳米材料，崔屹通过自身在学术上的造诣和在商业上的前瞻性眼光，实现了从学界到商界的拓展，他的成功来源于自己的优秀品质。

1. 发现机会，坚持不懈。当崔屹第一次接触到纳米材料的时候，他就觉得这个研究方向很有前途，并在很多人都不看好的情况下选择了坚持，最后取得了成功。

2. 学科交叉，学无止境。在已经取得了举世瞩目的学术成就后，崔屹并没有止步于此，而是努力学习商业知识，伴随公司一起成长，开阔视野，增加知识储备。对于学习与研究，他永远在路上。

3. 创业者需要自由。崔屹曾提到斯坦福大学的创业机制和文化是非常值得学习和借鉴的——斯坦福大学鼓励教授和学生创业，不设障碍。也恰恰是斯坦福大学给予的自由，成就了无数像崔屹一样的成功创业者。

发现"完美镜子"的织物革命引领者

——记 OmniGuide 公司创始人约尔·芬克

约尔·芬克（Yoel Fink），麻省理工学院材料科学与工程系教授，从事基础光学材料合成、新型带隙材料开发等研究。1994—1995 年，他先后获得了以色列理工学院化学工程学士学位和物理学学士学位。在麻省理工学院读博期间，芬克将博士研究成果商业化，成立了 OmniGuide 公司。在麻省理工学院任教期间，芬克参与了麻省理工学院研究成果创业生态体系的建设，主导创立了美国先进功能织物联盟（AFFOA），并且推动了美国先进织物创业计划 (AFEP) 的落地实施。1999 年，他入选《麻省理工科技评论》100 名杰出青年创新者，2004 年获得美国国家科学院创新研究奖。

人生转折的契机

约尔·芬克出生于以色列，1994 年，芬克获得以色列理工学院化学工程学士学位，次年获得物理学学士学位。1996 年，他离开以色列，来到美国进入麻省理工学院继续攻读博士学位。

初到美国，芬克在肯德尔广场下地铁，却没有找到想象中的麻省理工学院。与以色列环境不同，麻省理工学院已经融入了城市，没有明显的围墙和将校园封闭起来的建筑。他惊讶地发现原来校园可以如此开放，可以完全和城市融合在一起。当然，麻省理工学院的校园设计遵循了它的文化，没有强加任何界限的开放和自由。在自由文化的熏陶下，芬克慢慢打开了眼界，迎来了人生的新起点。

在麻省理工学院的第一年，芬克成绩并不突出，是一名毫不起眼的学生。第一次期中考试，他甚至有一门课程考试成绩不及格。一年内，他向数十位教授请教研究方向，不断尝试不同的课题，但是仍未想出合适的研究项目。他投出的第一篇文章被审稿人以"研究既不前沿，也不有趣"的理由拒绝。

博士期间，芬克参加了美国国防部高级研究计划局（DARPA）资助项目的报告会，这场讲座无意中成为他人生转折的契机。在翻阅资料时，芬克发现该研究项目的方案过于复杂而不够实用，他想到了一个更简单的方法。但是，这个研究项目是领域内知名教授领导完成的，而自己仅仅是一名学生，因此芬克很纠结到底要不要提出自己的想法。最终，在会议快要结束的时候，芬克终于鼓足勇气，提出了他的想法，而这个想法震惊了在场的所有人，让会场陷入一阵沉默。芬克意识到，无论是学生还是老师，麻省理工学院尊重每一个人的想法，尊重科学研究。

麻省理工学院——全世界最好的创意启动板

芬克的想法被许多业内专家学者认可后，麻省理工学院立即成立研究团队开始着手实验，并邀请芬克加入。在 DARPA 的资助下，芬克和团队很快在实验室内，将他在项目报告会议上提出的想法变成现实。

1998 年，包括芬克在内的麻省理工学院团队解决了一个看似不可能解决的问题，即通过空心软芯光纤反射来传输 CO_2 激光能量。他们的研究成果轰动了材料科学领域，被纳入《科学》杂志 1999 年的"年度突破"课题，排名仅次于人类基因组计划，被《纽约时报》称为"完美镜子"。"完美镜子"是新型微结构光纤，是一种用聚合物加工技术制成的光学器件。这种新型微结构光纤运用了金属（电介质）微纳结构的光学特性，比普通硅光纤的传输损耗更低。基于这一研究成果，芬克完成了自己的博士论文，2000 年顺利获得博士学位，并在麻省理工学院继续从事材料科学研究工作。

新结构光纤应用前景广泛，受到人们的广泛关注，芬克也深知这项技术可以运用到医疗和材料处理等多个领域。很快，科学界对新结构光纤的应用研究结果不断涌现，为光纤传感提供了无限机遇。例如，新结构光纤在微流控系统监测化学反应时，相比传统技术更为灵敏和迅速。它可以运用于多种传感器中，服务于环境探测、生物传感和结构监测等多种应用场景。基于对新结构光纤技术的深入了解，芬克决定创建一家将光纤技术与医疗手术相结合的公司，将这项技术应用于医疗领域。

2002 年，芬克成立了 OmniGuide 公司，致力于通过柔软的 Pentax 内窥镜来输送激光能量，使每 10 μm 激光能量的传输损耗低至 1 dB/m，实现新型微结构光纤在激光手术中的应用。维克森林大学喉部疾病中心主任杰米·库夫曼（Jamie Koufman）医生这样评价："OmniGuide 的这项技术具有划时代的意义，它将喉部手术的技术水平推至一个新的高度，使喉部手术在门诊即可完成，每台手术可节约数万美元成本。"

此时，行业内仅 Blaze、Lyngby 与 OmniGuide 三家初创公司致力于将新结构光纤技术商业化。5 年后，光纤巨人康宁与三菱光缆也纷纷加入这一行业。但是，没有一家企业与 OmniGuide 一样，将新结构光纤技术运用于医疗领域。2016 年，OmniGuide 和医疗器械公司 Domain Surgical 合并，成为一家专注于提供更优质、更安全、更无缝的手术体验和手术结果的机构。

自 2002 年公司成立到 2021 年，OmniGuide 一共经历 10 轮融资，累计筹集了 1.298 亿美元。同时，OmniGuide 产品线稳步增长，为数万的患者提供了新型的外科手术方案，大大改善了传统手术的治疗效果，并且改善了患者生活。如今，OmniGuide 的增强型安全柔性 CO_2 激光纤维和 Domain Surgical 的 FMX 铁磁技术已经应用于最具挑战性的外科手术中。

对于芬克来讲，麻省理工学院自由、开放的文化树立了他做学术研究的信心，也给他的人生带来了转折。芬克总会将自己职业生涯的成功归功于在麻省理工学院读书期间得到的机会，尤其是多年前那场会议中的提问。他说"麻省理工学院是全世界最好的创意启动板"。

从实验室到创业生态体系

发明"完美镜子"、成立 OmniGuide 于芬克而言是一次对自我的挑战与突破。同时，在麻省理工学院自由之风的影响下，芬克教授开始搭建创业生态体系，将实验室研究成果转化为市场产品。

2013 年，芬克响应麻省理工学院工程学院新兴技术系主任弗拉基米尔·布洛维奇（Vladimir Bulović）提出的创新计划，发起了研究员转化项目。该项目为博士后研究员提供充足的创业资金，允许他们一年内在学校每周只工作一天，以有充足的时间将研究成果推向市场。这个项目在麻省理工学院迅速发展，2013 年成立时仅有 5 个试点，次年便增加到 16 个试点。该项目为麻省理工学院研究成果的商业化提供了巨大帮助，在科研成果与创业之间建立了强有力的联系，搭建了科研成果商业化生态系统。

引领超材料织物的新时代

参与了科研成果商业化生态系统的搭建过程，芬克从中积累到不少研究成果转化的经验，开始思考如何将纺织材料科学领域的研究成果商业化。

在芬克眼里，几千年来，纺织材料的唯一用途就是制造服装，但是随着材料领域的创新发展，纺织材料将会迎来"织物革命"。从材料学的专业角度，芬克指出，多种复合材料构成了功能复杂的物体，那么将复合材料的功能和结构集成到织物纤维中，就可以创造出一种新型的纺织材料——超材料织物。同时，芬克所在的研究小组预计未来超材料织物可能会仿照"摩尔定律"，即效能以倍数增长的规律来发展，这将推动传统纺织业的创新与发展，催生出一个前所未有的产业。

芬克没有将想法局限于超材料织物的科学研究与商业化，而是看得更远。他想到集结具有制造能力的公司和大学，形成能够应对制造挑战的分布式制造工厂网络。凑巧的是，他的雄心壮志与美国国家制造业创新网络设立的初衷不谋而合。当时，美国政府提出要将振兴制造业作为拉动经济增长的重要手段。2014年，美国正式成立国家制造业创新网络，致力于聚集工业界、学术界的合作伙伴，以提高美国制造业的竞争力，促进国家制造业基础设施可持续发展。

2016年，美国国防部宣布投入3.17亿美元，在麻省理工学院成立由芬克领导的公私合营组织——美国先进功能织物联盟（AFFOA），并作为美国国家制造业创新网络研究所之一。在芬克的提议下，该联盟联合了分布在美国27个州和波多黎各的32所大学、16个行业成员、72个制造实体和26个创业孵化器。

成立首年，AFFOA从美国国防部获得了7500万美元，成立了革命性纤维和纺织品制造创新中心，主要用于研究作战人员使用的智能织物。次年，AFFOA接受了总额为220万美元的美国国家捐助，启动了为军队研究功能性织物的国际织物发现中心。

截至2021年，AFFOA已经发布了多款使用智能织物技术的产品，其中可编程背包和帽子已实现大规模生产并面向市场。LooksPacks可编程背包是AFFOA已实现商业化的项目之一，是世界上第一个实现大批量生产的可编程背包。与在线社交网络不同，LooksPacks的穿戴者可以对其背包进行编程，将自己的头像等信息储存在背包中。当其他用户用安装了Looks应用程序的手机指向背包以后，就可以查看所有者的信息包括头像，为"脸盲"人士带来福音。

为了进一步扩大研究所的影响力，AFFOA与麻省理工学院创业服务中心（VMS）合作推出了一项以培养下一代智能织物企业家为目标的先进织物创业计划（AFEP）。这项计划采用了芬克早期参与的研究员转化项目的模式，将 AFFOA 的资源与 VMS 的专业指导和教育服务相结合，帮助早期创业者开展商业投资。但是，所有参与者必须同意仅在美国制造，这也是 AFFOA 的使命之一。

芬克认为，AFFOA 是将大学研究成果与创业体系建立联系的开端，但 AFEP 是让他们的联系更加紧密的桥梁。他希望通过这种方式集合所有与之相关的创业者、公司及大学，运用他们的想法、激情，以及他们想要应用于现实世界的技术，配合相应的公司框架，将充满激情的企业家与掌握先进技术的科研人员紧密结合起来。

填补超材料织物行业空白

虽然超材料行业中已经有一些从事织物研发或应用研究的服装公司和大学，但目前该行业处于空白阶段。

在研发领域，户外服装、设备和鞋类品牌 TheNorthFace 将前所未有的透气功能添加到织物膜中，推出世界上最先进的防水透气外套；我国华中科技大学研发了对人体体表降温近 5℃ 的光学超材料织物，也取得了很大突破。但总体来看，这些研发成果对整个超材料织物行业发展的推动仍然是不够的。在应用领域，与超材料织物相关的智能穿戴产品发展迅猛，但是主要集中在蓝牙耳机、智能手表、智能手环这 3 类产品，服装行业发展规模较小。

目前来看，AFFOA 与 AFEP 都是超材料织物行业的领导者，他们已经推出了多种项目，包括由加利福尼亚大学圣地亚哥分校的团队设计的印刷可拉伸电池；来自宾夕法尼亚大学、北卡罗来纳大学和麻省理工学院的团队开发的可以检测心脏病早期迹象的智能胸罩；由来自哈佛商学院、西点军校、国家能源技术实验室和美国陆军的团队为士兵提供的检测创伤和激活止血带的内衣等。

随着消费者对超材料织物穿戴产品需求的增加，超材料织物将有望成为超高产业附加值的战略性新兴产业。AFFOA 与 AFEP 将围绕超材料织物催生一大批创业公司，为大型服装公司提供大量的投资和收购机会。

总结

芬克教授不惧权威、锐意创新，发明出"完美镜子"，又成功将实验室中的研究成果实现商业化，引领了美国超材料织物行业的发展。在科研与创业的领域中都做出了成就，而这离不开以下几点原因。

1. 克服畏惧，挑战自我。当青年芬克发现自己观点与权威不同时，并没有胆怯，而是勇敢地提出自己的想法与疑惑，最终发现"完美镜子"，给自己博士阶段画上圆满的句号。正是这种敢于克服内心畏惧的勇气，才没有将芬克的天才想法湮没在自己的心中。

2. 不忘初心，饮水思源。芬克不忘麻省理工学院自由之风对自己的深远影响，一生都在致力于搭建科研成果的商业化体系，帮助无数的科研人员成功将实验室想法推向市场，在研究成果与创业生态系统之间建立了强有力的联系。

3. 研究不止，引领"革命"。当认识到纺织材料将会迎来"织物革命"时，芬克没有将眼光仅局限于个人研究成果与商业化，而是集结所有对超材料织物行业感兴趣的专家学者和企业家，建设能够应对制造挑战的分布式制造工厂网络，使得美国纤维科学及其制造业长期处于领先地位。

让全世界所有人都喝上优质饮用水

———记 Fluidic Energy 和 Zero Mass Water 公司
创始人科迪·弗里森

科迪·弗里森（Cody Friesen），美国亚利桑那州立大学物质、运输和能源工程学院富尔顿创新工程教授和材料科学与工程副教授，亚利桑那州立大学全球可持续发展研究所的高级可持续发展科学家。2000 年获得亚利桑那州立大学材料科学与工程学士学位，2004 年获得麻省理工学院材料科学与工程博士学位。弗里森教授是 Fluidic Energy 和 Zero Mass Water 两家公司的创始人，曾担任过两届美国商务部美国制造业委员会能源小组委员会的联合主席。弗里森教授的职业生涯致力于解决社会发展和经济进步的两个最大挑战：获得淡水和可靠的能源。2009 年，弗里森教授入选《麻省理工科技评论》"35 岁以下科技创新 35 人"；2019 年，获得勒梅尔森奖。弗里森教授还是美国国家科学基金成就奖、青年校友奖等荣誉的获得者。

热爱自然，回馈社会

弗里森在美国亚利桑那州出生成长，他少年时在徒步旅行中看到过复杂多样的地理风貌，不仅有美国原住民建造的灌溉渠系统所支撑的棉花田和柑橘园，还有广阔而干旱的沙漠。弗里森从小就对家乡的一景一物充满了热爱与迷恋；大自然是弗里森的新奇的"游乐场"。

弗里森在亚利桑那州立大学完成本科学习后，又前往麻省理工学院继续深造，获得了博士学位。2004 年，他回到亚利桑那州立大学。在这里，弗里森赋予自己的使命是帮助并引导年轻人。他创立了亚利桑那州立大学创新公开赛，这个比赛每年颁发超过 25 万美元的奖金，为学生企业家提供指导和帮助。弗里森个人为该比赛捐赠了 25000 美元的奖金，并且通过自己创立的公司 Zero Mass Water 来资助该比赛。另外弗里森还捐赠了超过 15 个全额奖学金，共计 89000 美元，资助那些成绩优异但是有经济困难的亚利桑那州立大学的学生。弗里森获得的勒梅尔森奖奖金也被他全额捐赠给了 Zero Mass Water 公司与保护国际组织正在进行的一个项目，为哥伦比亚的本迪塔湾社区提供清洁的饮用水资源。勒梅尔森奖项目的教务主任、麻省理工学院工程学院的创新副院长、材料科学教授迈克尔·西马（Michael Cima）对于弗里森获得勒梅尔森奖一事曾评价道，"（弗里森）有着帮助改善各地人民生活的强烈愿望，弗里森的发明精神激励着后人，他是后人学习的榜样。水资源短缺是一个全球性难题，弗里森正在通过技术创新来解决这个问题。我们很希望这个奖项会进一步促进他的工作进展。"

创新思想，尝试创业

在科研的过程中，弗里森曾尝试寻找一种低成本的方法同时提高能源储存的可持续性和能量密度，于是研发了世界上第一个也是目前唯一的可充电的金属空气电池。弗里森一直希望可以将创新想法转化为对社会有重大影响的技术应用，于是，2007 年，弗里森创办了 Fluidic Energy 公司，并以股权融资的方式筹集到超过 1.5 亿美元的资金，以实现自己的科研成果——可充电锌空气电池的商业化。这种新型电池可以容纳的能量是同体积锂电池设备存储能量的 10 倍，且成本更低。

在公司创立后，Fluidic Energy 的电池被安装在 9 个国家的站点上，在大约 100 万次电网停电期间为居民提供了电力，也因为用电池取代了柴油发电机而减少了数千吨二氧化碳的排放。可充电金属空气电池是自 1980 年美国物理学教授约翰·古迪纳夫（John Goodenough）发明锂电池以来的第一个被广泛应用的新电池技术。Fluidic Energy 在印度尼西亚的"500 岛"项目（在整个群岛建立 500 个岛屿微电网）、在马达加斯加建立 100 个村庄微电网等项目已经让超过 336 万人受益，覆盖了近 100 万个之前长期停电的电网。

弗里森教授因这项标新立异的技术创新与应用在 2009 年被《麻省理工科技评论》杂志评为 35 岁以下科技创新 35 人。2018 年，Fluidic Energy 更名为 NantEnergy。

从电到水，持续创新

弗里森创立 Fluidic Energy 时，曾花了很多时间在印度尼西亚等新兴市场考察。印度尼西亚拥有世界上约 6% 的降水量，年降水量平均可达 3000 毫米左右，但是由于水污染及农业灌溉系统效率低下等原因，印度尼西亚很多地区的居民面临着清洁水不足的问题。清洁水危机无疑对人类和其他生物的生存造成了严重影响。当时，弗里森的团队拍摄了一张照片，照片中一个每月赚几百美元的渔民正在用他的手机阅读《纽约时报》的文章，屋顶上有太阳能电池板，然而，他没有足够的饮用水可以喝。

看到这一幕，弗里森脑海中冒出一个问题：当人们考虑可再生能源时，往往倾向于电力，但是可再生能源的最佳形式是可再生资源，饮用水作为地球上最受限制的资源为什么不能受到重视呢？弗里森带着问题回到了实验室，他冒出一个大胆的想法："我们可以用一些设备，让世界各地的人都能获得优质的饮用水"。

未来几十年，水危机将影响到世界上更多人，弗里森更加坚定了开发一种能使得清洁水普及的技术的想法，让更多的人能够获得清洁的水。关于这一项技术的研发，弗里森认为必须有两个要求：第一，如果想让这个获得清洁水的设备在任何地方工作，那么它不能依赖任何类型的电网，所以太阳能供电是最好的选择；第二，它不能依赖高湿度条件，这是因为弗里森团队在亚利桑那州的斯科茨代尔市对空气中的水蒸气进行热力学研究发现，若是仅仅依靠冷凝的方式做一个冷表面，让水在其表面凝结出来，那么在 80% 的相对湿度下的效果就很好，但 10% 的相对湿度下的效果就不那么好了。

在材料选择方面，弗里森认为这是一个相对容易解决的问题，可以围绕研发吸湿性较高的材料展开研究。在弗里森的指导下，实验室开始研发这种材料，使其在相对湿度很低的时候也能非常迅速和稳定地吸收水分，同时太阳能、热能可以帮助这种新材料获取空气中的水分。

结合热力学、材料科学和控制理论的研究成果推动了弗里森的第二家公司——Zero Mass Water 的成立与发展。2014 年，弗里森成立了这家公司，公司团队开发出了一种可以在干燥的条件下，利用阳光和空气生产饮用水的太阳能面板，这种面板被称为"Source Hydropane"。面板上包含的吸水材料是一种亲水膜，可以从空气中吸收水蒸气，而太阳能风扇会使水蒸气冷凝为液态水，凝结滴落后的液态水会流经一系列过滤设备进行净化，成为更适合饮用的水，聚集在面板底部的储液罐中，最后用水泵把水从储液罐里抽出为用户输送干净饮用水。

由于环境和空气中的水蒸气都在不断变化，所以"Source Hydropane"会通过网络连接到位于斯科茨代尔市的总部，Zero Mass Water 的工作人员利用算法来调整太阳能风扇的速度，最大限度地提高能源的利用效率。

Zero Mass Water 所设计的设备重约 275 磅（约为 125 千克），可以摆放于庭院和屋顶，但是还不能自由地移动。目前，该公司的技术已经应用于工业、商业、住宅和社区，并且已经有 45 个国家安装了 Zero Mass Water 的设备。通过太阳能面板生产饮用水，既解决一些干旱地区水资源短缺的问题，又有利于环境的可持续发展。

产品发展，资本助力

Zero Mass Water 的"Source Hydropane"技术已经在 33 个国家进行了部署，面向个人、商业和社区。例如，"Source Hydropane"已实际应用在波多黎各的飓风灾区、黎巴嫩的难民学校、孤儿院，以及美国加利福尼亚州的高级住宅区，服务于"全球所有想要拥有干净、健康饮用水的人"。不过，目前这项生产饮用水的产品的成本仍是最大的问题，弗里森提到，每块面板售价 2000 美元，并且每天只能生产 2 ~ 5 升的饮用水。

2020 年 6 月，贝莱德投资管理公司向 Zero Mass Water 投资 5000 万美元。贝莱德创新资本主管威廉·阿贝卡西斯（William Abecassis）表示"贝莱德很高兴能投资 Zero Mass Water 及其成熟的团队。该公司的 Source Hydropanel 技术为各种气候的地区生产饮用水提供了突破性的解决方案。随着项目推进，预计全球饮用水丰度将会发生显著变化。"Zero Mass Water 在获得融资后，计划在全球范围内扩大"Source Hydropane"的安装规模，启动直接面向消费者市场的扩张，在北美以外地区的住宅安装"Source Hydropane"。贝莱德对于 Zero Mass Water 的投资同时加速了技术和产品的创新并促进可再生能源技术持续发展的步伐。

恪守初心，专注公益

2020 年 9 月，Zero Mass Water 正式宣布更名为 SOURCE Global。弗里森依然是 SOURCE Global 的主要领导人。SOURCE Global 这一新名称，清楚地反映了企业为每个人、每个地方"优化"水资源的愿景，公司正式确定了其专门为社会公平而开发专业技术的目标。企业的使命是解决人类最大的挑战之一：确保不同区域、不同社会地位的人均能获得相同的优质饮用水。例如在哥伦比亚本迪塔湾，SOURCE Global 安装了 156 个 Source Hydropane 面板，为瓦尤（Wayuu）部落的 300 多名居民提供可再生水，使得他们不必像往常一样每天奔波 6 英里（1 英里 ≈ 1.61 千米）只为了一口清洁的饮用水。

SOURCE Global 在经历改名后也转型成为一家公益性质的公司，并且获得 B Corp 认证（美国非营利组织 B Lab 颁发的第三方公益企业认证），即 B Lab 制定的最严格的社会和环境商业标准之一，现在已成为全球公司社区的一部分，正推动着一场"充满善良力量"的商业运动。

新能源材料行业发展

弗里森所创立的两家公司的产品均属于新材料与能源技术结合的产物，具有交叉、新兴、边缘、紧缺的特点，所在行业处于新兴发展阶段，行业内公司多为初创成长型企业。

新材料是全球"工业 4.0"高新技术的先导，各国纷纷推进新材料技术研发，全球新材料技术不断突破。目前美日欧新材料技术处于全球领先地位，近年来，OLED 显示材料、锂电池材料、光固化材料、碳纤维、特种塑料等新材料技术突破迅速。未来，新材料技术将会与信息技术融合，轻量化、智能化也将成为新材料技术的发展潮流。

新能源材料指支撑新能源发展的、具有能量储存和转换功能的功能材料或结构功能一体化材料，常见的新能源材料有锂电池材料、太阳能电池材料、燃料电池材料、储氢材料、核能材料等。目前，美国、日本和欧洲的发达国家陆续推行一系列支撑新能源材料产业发展的政策和措施，力争在未来国际竞争中抢占一席之地。

目前，新能源在能源结构中的占比还较低，整个行业应用最多的是使用新能源发电替代传统的燃煤发电，同时新能源汽车也在走入人们的生活并逐步替代传统燃油汽车。2021 年全球新能源企业 500 强总营业收入实现逆势增长，这些公司分别来自中国、美国、日本等 39 个国家与地区。其中行业巨头包括来自丹麦的风力发电机企业 Vestas Wind Systems A/S 集团、来自德国的西门子、来自美国的通用电气等。

总结

心系社会，开创未来。科迪·弗里森从生活中亟待解决的痛点出发开展学术研究，以独特的商业手段推动相关理论成果的实际运用，帮助诸多贫困地区人民切实解决了生活中的问题。他的成功来源于他的如下特质。

1. 善于发现问题。 观察力是科学探究过程中一种基本的和普遍的能力。由于习惯性地细致观察周围环境，弗里森发现了东南亚与美洲地区的饮用水短缺问题。科技创新需要敏锐的眼光，发现重要的问题和机会，并抓住机会，继续探究和解决问题。

2. 创造社会价值，服务大众。 不管是弗里森的可充电金属空气电池，还是太阳能电池板，发明创造的出发点都是解决人们生活中遇到的困难。发展一项有意义的技术来造福百姓、造福社会，是增强企业社会价值的根本。

3. 热心公益，引导下一代。在创业的同时，弗里森对公益事业也保有自己的热情，不仅向哥伦比亚缺水的社区提供清洁饮用水的项目，还坚持为学生企业家提供辅导。他创立的 SOURCE Global 在经历改名后也转型成为一家公益性质的公司，持续在公益事业方面发光、发热，为弗里森个人及其企业都树立了良好的社会形象。

从白手起家到商业教育领袖

——记 L2、Section4 公司创始人斯科特·加洛韦

斯科特·加洛韦（Scott Galloway）是纽约大学斯特恩商学院的营销学教授，建立了数字智商指数。加洛韦在 1987 年获得加利福尼亚大学洛杉矶分校学士学位，在 1992 年获得加利福尼亚大学伯克利分校 MBA 学位。他曾在艾迪·鲍尔（服装连锁店）、纽约时报、捷威科技和加利福尼亚大学伯克利分校哈斯商学院的董事会任职。1999 年，他入选世界经济论坛的"全球明日领袖"；2012 年，他被评为"全球 50 位最佳商学院教授之一"。他创立了为著名品牌厂商提供商业情报的 L2 公司和致力于普及精英商业教育的 Section4 平台。

从贫寒家庭走出的商业奇才

加洛韦于 1964 年 11 月 3 日出生于美国纽约。如同大多数美国移民一样，他的父母在年轻时到美国追寻美国梦，却没能成功发家致富。

　　加洛韦出生后不久，父母就离婚了。他与母亲相依为命，母亲每月挣800 美元，仅够家里基本的衣食住行费用。或许是因为并不优越的家境，加洛韦从小就有追求财富的想法，并展现出过人的商业天赋。少年时期，在观看体育赛事时，他从一条 30 秒的高尔夫球广告中看到了商机。当看到一个高尔夫球的零售价高达 1.5 美元时，他便去家附近的高尔夫球场边，寻找被丢弃的高尔夫球。他从这些被丢弃的高尔夫球中挑出可以使用的，去二手市场上出售以补贴家用。

　　幸运的是，尽管父母感情破裂了，但加洛韦仍然在充满着关爱的环境下健康成长。母亲一直尽自己所能给他关怀，父亲也对他关爱有加。在充满爱的环境里，加洛韦坚持学习并顺利完成了基础教育。1982 年夏天，因为 SAT 成绩普通，加利福尼亚大学洛杉矶分校拒绝了他的大学入学申请。同时，由于没有能力支付在其他州上大学所需要的食宿费用，他只能在遗憾中放弃大学梦，并找了一份时薪 18 美元的安装书架的工作以补贴家用。

　　但是，命运垂青了这个年轻人。1982 年 9 月 19 日，在加利福尼亚大学洛杉矶分校开学的前 9 天，他接到了来自该学校招生主任的电话。招生主任通知他，学校综合考虑到他来自单亲家庭并且教育资源匮乏，决定录取他。就这样，收到了录取通知书的加洛韦前往加利福尼亚大学洛杉矶分校攻读经济学，并在 1987 年顺利取得学位。

　　大学毕业后，加洛韦选择加入国际知名金融公司摩根士丹利，开始养家糊口。在摩根士丹利，他努力工作。他表示："没有人在家里等我，我没有真正的爱好，在我 20 多岁的时候，如果不提醒自己休息，我可以连续工作 30 多个小时……而且这很容易做到。"孜孜不倦的工作精神，让他在初级分析师的岗位上越来越优秀。但随着工作内容的逐渐深入，他发现与身边其他同事相比，自己还是有很多不足。加洛韦反思了自己的大学时光，在加利福尼亚大学洛杉矶分校这样一个竞争特别激烈的地方，他却选择了相对轻松的生活方式，参加了皮划艇社团，错过了许多学习知识的机会。痛定思痛，工作两年后，加洛韦决定重返校园提升自己。

艰辛的初创之路

1989 年，他从摩根士丹利辞职，来到了加利福尼亚大学伯克利分校的哈斯商学院攻读工商管理专业（MBA）。

回到校园后，加洛韦没有像读本科一样，将大量时间浪费在娱乐中，而是开始勤奋学习、工作、健身。在提升自己的同时，他萌发出创业的想法。1992 年，他顺利从加利福尼亚大学伯克利分校毕业，创立了品牌战略咨询公司 Prophet。咨询行业纵向可以划分为 3 个层次，即信息咨询业、管理咨询业和战略咨询业。其中，Prophet 涉足的战略咨询业是咨询行业中的最高层次，主要是为企业提供战略设计、竞争策略、业务领域分析与规划设计等服务，同时也面向政府提供政策决策支持，代表性企业有麦肯锡、贝恩、BCG 等。Prophet 致力于通过数字化转型，提升目标企业的营销、品牌、体验、创新及组织和文化能力，帮助客户寻找新的增长点。

成立之初，为了提高 Prophet 的品牌可信力，加洛韦聘请了"现代品牌之父"——哈斯商学院教授大卫·艾克（David Aaker），以及前麦肯锡顾问考尼·霍奎斯特（Connie Hallquist）。在一次面对李维斯公司全球高层管理人员的演说中，加洛韦的坦率与激情吸引了李维斯首席执行官

鲍勃·哈斯（Bob Haas）。李维斯很快成为 Prophet 最重要的客户，向
Prophet 委托了十几个项目。

然而，在此期间，加洛韦收到了难以接受的消息：母亲患上了乳腺癌。
母亲的患病给他带来沉重的打击，一时间万种情绪涌上心头，他没有办法
让母亲享受高层次的医疗资源，也没有太大的能力支付美国高昂的治疗费
用。在母亲生命的最后时光里，他一直陪在母亲身边，这段时光让他明白
了生命的短暂与可贵。他坚定了自己的信念，为了家人努力获得更多的财
富与更高的影响力。

悲伤化为加洛韦前进的动力。从 1992 年到 2000 年，在他担任
Prophet 的创始人兼首席执行官期间，他领导 Prophet 与奥迪、阿迪达斯、
威廉姆斯 - 索诺玛和瑞银集团等知名公司开展了业务合作。在他的领导下，
Prophet 在成立的 5 年内协助全球 1000 家企业管理其品牌，一跃成为全
球最大的纯品牌策略公司之一，在美国、欧洲和亚洲拥有超过 250 名专业
人士。

随着 Prophet 名气越来越大，投资热潮也随之而来，基因泰克联合
创始人罗伯特·斯旺森（Robert Swanson）、Hellman&Friedman 联
合创始人沃伦·赫尔曼（Warren Hellman）等许多业界知名投资人士
对 Prophet 青睐有加，赫尔曼每季度都会跟加洛韦见一面，为年轻的
Prophet 提供许多投资建议。

2000 年，加洛韦出任 Prophet 公司董事会主席，从战略层面为
Prophet 发展做出指导。在他出任董事会主席期间，Prophet 的收入平均
每年增长 60%，净利润率达到 20% 以上。

瞄准蓝海市场打造电商平台

20 世纪 90 年代，互联网蓬勃发展，其使用人数每年以 2300% 的惊人速度增长。

杰夫·贝索斯（Jeff Bezos）敏锐地发现互联网才是未来，他创建了最早的电商平台亚马逊（Amazon.com）。亚马逊成立两年内在纳斯达克上市，成为成长最快的互联网公司之一。与此同时，各种各样的互联网公司像雨后春笋般冒出来，有专卖宠物用品的 Pets，有做生鲜配送的 Webvan，他们疯狂融资扩张抢占市场，但是亚马逊始终保持稳健，最终在互联网泡沫破灭时，成功生存了下来。

而加洛韦从亚马逊成功的案例中，看到了电商平台的潜力，他认为在互联网浪潮的推动下，电商市场有着巨大的前景。1997 年，他创立了在线电子商务网站 Red Envelope，致力于为客户提供个性化的礼物。

从成立之初，他一直担任 Red Envelope 董事，为公司拟定了未来的发展方向，并组建了成功的管理团队，将一家最开始以车库作为办公地点的小公司培养成为全美最大的电子商务公司之一。公司也很快成为资本的宠儿，获得许多融资，使得公司业务极大地扩张开来。

但是，浪潮来得快退得也快。2000 年，美国的互联网泡沫破裂，虽然这对 Red Envelope 产生了一些影响，但并不致命，公司仍旧有发展潜力。2002 年，加洛韦将 Prophet 公司以 2200 万美元出售给日本最大的广告公司电通，筹集资金以保证 Red Envelope 的发展。好在艰难的时期并没有持续太久，Red Envelope 的发展很快回到了正轨上。2003 年，Red Envelope 在纳斯达克上市，成为当年唯一上市的零售商。

2008 年，码头工人罢工将 Red Envelope 为假日促销而准备的商品滞留在距离长滩港海岸 8 英里外的货船上。更严重的是，信贷危机爆发了，富国银行（Wells Fargo）的分析师取消了对 Red Envelope 的信贷，公司现金流迅速枯竭。黑天鹅事件的到来摧毁了一切，在事情发生的 90 天后，Red Envelope 不得不走上破产清算的道路。

在经历了 Red Envelope 的失败后，加洛韦领悟到创业者不应当跟随自己的激情走，因为人们总是会对一些新鲜事物产生激情。在创业道路上，仅仅因为一时兴起而追随热点不能够为自己带来财务上的成功。然而，"追随你的激情"却是很多人的演讲主题，特别是那些看起来光鲜亮丽的成功人士，比如电影明星、体育明星等。后来，他在纽约大学斯特恩商学院授课的时候，常常对学生们说到，人们应当发现自己的特长所在，并思考这件事情能否为自己所付出的劳动换来应得的报酬。

从低谷向高峰攀登

Red Envelope 在困境中挣扎时，加洛韦的商业才能依旧被许多人看好。2002 年，加洛韦被纽约大学斯特恩商学院聘请为市场学教授，为 MBA 二年级学生讲授品牌策略、数字营销和奢侈品营销等课程，他所开设的品牌战略课程是市场营销系听课人数最多的选修课程。

在给学生上课的同时，他也反复思考自己的创业经历，认识到自己应该发挥商业咨询方面的专长，打造一家更科学、更严谨的品牌数字营销能力咨询公司。最初，他想到了奢侈品行业分析，因为这个行业尽管规模庞大，而且市场份额在亚洲不断增长，却很少受到同行分析师的关注。因此，他尝试搭建了全球 100 多家奢侈品公司的数字营销能力排名榜单，并于 2009 年由纽约大学智囊团"Luxury Lab"发布。

在此基础上，2010 年，加洛韦开发完善了评估品牌数字营销能力的算法，并以此成立 L2 公司。基于品牌的数字营销能力与股东价值密不可分的理念，L2 致力于使用专业的研究方法和工具，结合学术严谨和渐进的设计，为管理人员提供品牌数字绩效的可见性分析。加洛韦非常注重公司文化的建设，L2 的文化氛围非常轻松融洽，每月会投入 2 万美元用于团队建设，他也常常与公司里的年轻人一起工作、聚会。他认为，吸引优秀的人才与吸引客户或资本一样重要，公司吸引顶级人才和留住人才的能力是公司前景的一个重要前瞻性指标。

随着数字化时代的到来，用户价值经营精细化、消费多元化、行为在线化，企业需要通过数字化营销进行精细化经营，深度挖掘用户价值，准确洞察用户需求。这些企业有的提供数字营销解决方案，例如搜索引擎营销、搜索引擎优化、高级分析、社交策略和转化优化；有的专注于 MarTech 策略，专门从事 Web 和应用程序开发，提供在线营销，电子商务门户和用户界面设计等服务。而加洛韦创办的 L2 公司从算法入手，提供了企业品牌数字能力的评估工具，吸引了市场的注意力。

新时代观点输出者

L2 被收购后，不再忙于运营公司的加洛韦，开始将精力放在写书、演讲、做播客主持人等其他事务上，活跃于各大媒体社交平台。

加洛韦多次呼吁美国政府对苹果、Facebook、亚马逊和谷歌这 4 家技术公司进行反垄断干预，甚至将它们拆散。2017 年，他的第一本书 *The Four:The Hidden DNA of Amazon，Apple，Facebook，and Google* 出版。该书分析了这 4 家公司的优势和战略，剖析了他们新颖的经济模式、固有的贪婪、野心等，以及人们所面临的后果。同年，加洛韦向曾经为自己抛出橄榄枝，圆了自己大学梦的母校——加利福尼亚大学伯克利分校哈斯商学院，捐赠了 440 万美元，用于资助本科生和研究生商科学生的奖学金。

他还呼吁要对招生人数与人口增长不相称的大学降低税收。他认为，排他性使这些大学成为"奢侈品牌"，而不是公共服务。他曾写道，他父母也是众多移民中的一位，自己也是众多移民后代中的一个不起眼的孩子，大学的目标不仅是培养社会精英，也应该教育普通学生——让精英教育落地，让更多缺乏资源的学生有机会在更高的平台上学习并展现自己的能力。

2018 年 9 月，加洛韦成为由 Recode 和 Vox Media 播客网络推出的、每周播放一次的新闻评论播客 Pivot 节目的主持人之一。2020 年 2 月，加洛韦推出了每周播放一次的 Prof G Show 节目，回答听众关于商业、金钱和技术的问题。2021 年 9 月，CNN 宣布加洛韦将成为其 CNN+ 流媒体平台的主持人。

保持饥饿感，再次出发

加洛韦在媒体上大量输出自己的观点。相比于他在大学课堂中所面对的学生人数，媒体上的观众数量要庞大得多，这让他充满了成就感。2019 年，闲不住的加洛韦又一次投身于创业的浪潮，创立了 Section4。

在创立 Section4 之初，加洛韦想让其成为一家商业媒体公司，以视频和音频的方式提供数据驱动的新闻，减少市场上的信息不对称，反抗那些掌控着市场信息的互联网巨头。然而，随着 2020 年年初新冠疫情的到来，他决定改变赛道，转向火热的 MOOC 行业。

MOOC 行业正处于高速发展时期，其中不乏 Coursera、MOOC 等在行业内耕耘多年的老牌企业。但加洛韦发现他们的课程优势大多集中于语言、计算机类，他由此意识到了商业教育方面仍然存在待发掘的潜力。很快，加洛韦带领 Section4 推出了第一批课程，该课程以在线互动的形式涵盖品牌战略等主题，旨在为数百万有抱负的专业人士提供向世界上首屈一指的商学院讲师学习的机会。

加洛韦认为，成千上万的公司都在寻找一个可以提高员工技能的平台，Section4 的目标是通过提供有价值、易获得的课程教学来填补这一空白。在 Section4 平台，大约 88% 的学习者在 3 个月内就可以将他们所学到的知识应用到他们的日常工作中。

Section4 平台的授课团队主要由商业经验丰富的教授组成，有着雄厚的师资力量。其中，亚当·阿尔特（Adam Alter）是《纽约时报》的作者和纽约大学斯特恩市场营销学教授，主要教授产品策略课程；萨拉·贝克曼（Sara Beckman）是加利福尼亚大学伯克利分校哈斯商学院技术管理项目的联合主任，教授运营管理、战略和产品设计课程。

2021 年 3 月，Section4 平台获得了 3000 万美元的 A 轮融资。随着 A 轮融资的完成，Section4 扩大其教师队伍，很多知名大学的教授加入其中，包括纽约大学斯特恩分校、凯洛格商学院、斯坦福大学和哈斯商学院等，进一步丰富了 Section4 平台课程。

未来，Section4 平台将持续发展壮大，为有进一步培训需求的人提供更多商学院教授和行业从业者的课程，不断升级针对订阅企业的教学平台，扮演好一个协助领导者在科技垄断、平台垄断的变革时代里提高竞争力的重要角色。

总结

加洛韦没有含着金汤匙出生，却能够白手起家创建一番事业，如今既是令人尊敬的教授，又是让人佩服的成功企业家。他能走过跌宕起伏的人生道路令人感慨，而我们作为后来者，应当从他的挫折与成功中学习到宝贵的经验，而这些经验可以归纳为以下几点。

1. 重视专业能力。 加洛韦时刻关注专业能力的提升，在摩根士丹利工作期间保持学习，当发现自己与他人的差距时，他毅然选择重回学校继续深造。扎实的专业能力成为他创办公司的基石。

2. 艰苦奋斗的精神。 物质财富匮乏反而让加洛韦的精神世界充满能量，他始终艰苦奋斗在工作的第一线。无论是刚步入工作，初创企业，还是在获得成功后再次创业，他都全情投入，鲜见他有虚度光阴的时候。

3. 重新认识自己。 加洛韦总是会对自己的经历反思，不断重新认识自己。在刚步入工作时，在发现自己不如其他同事时，他会积极反思。在开启新的创业历程时，他会反思自己过往的经历与专长。在反思中不断认识自己，将自身才能价值发挥到最大，在自己擅长的领域不断取得成就。

是皮克斯初创员工，也是百亿软件公司开拓者

——记 Tableau 创始人帕特里克·汉拉汉

帕特里克·汉拉汉（Patrick Hanrahan），曾任普林斯顿大学副教授，1994 年加入斯坦福大学，现任斯坦福大学计算机图形实验室计算机科学与电机工程学教授，主要研究渲染算法、图形处理器及科学插画与可视化。汉拉汉教授是 Tableau 软件公司的联合创始人，美国国家工程院院士，美国艺术和科学院院士，美国计算机协会会员，2019 年美国计算机协会 A.M. 图灵奖获得者。汉拉汉教授曾获 SIGGRAPH 计算机图形成就奖、ACM SIGGRAPH Steven A.Coons 奖等奖项，并 3 次因渲染和计算机图形研究获得奥斯卡科技成果奖。

童年，科学，皮克斯

帕特里克·汉拉汉于 1955 年出生于美国威斯康星州。汉拉汉拥有一

个幸福的童年，并且在很小的时候就对科学实验充满兴趣。8 岁那一年的暑假，汉拉汉的奶奶带他去了一家叫元素科学（Elemental Scientific）的商店，年幼的汉拉汉拿着他攒了很久的钱走进了商店，出来时抱着一大箱蒸馏瓶、烧瓶等各式各样做实验的器材。那一年暑假剩下的时间里，汉拉汉都在与这些新奇的化学仪器打交道，反复做一些有趣的化学实验。科学世界最吸引汉拉汉的也许不是烦琐的理论，而是实验中的奇思妙想。跳出书本，去尝试那些脑海中的新奇实验，是汉拉汉童年喜欢的事情。

高中毕业后，汉拉汉来到美国威斯康星大学麦迪逊分校学习，攻读了核工程学士学位和计算机科学硕士学位，于 1985 年获得该校的生物物理学博士学位。在求学过程中，汉拉汉有过一段在纽约理工大学计算机图形学实验室的实习经历，所以在 1985 年毕业后找工作的时候，之前的工作经验鼓励他作为创始员工加入卢卡斯电影公司（Lucas Film）电影特效组，而没有选择在生物物理学领域进行学术研究。1986 年苹果公司联合创始人史蒂夫·乔布斯（Steve Jobs）以 1000 万美元从卢卡斯电影公司收购汉拉汉所在的特效组，后来发展为现在大名鼎鼎的电影动画公司皮克斯。

汉拉汉在皮克斯任职新型图形系统首席架构师。这个系统是一个允许使用真实材质和照明来渲染弯曲形状的系统，后来被称为 RenderMan。1986—1989 年，汉拉汉参与了 RenderMan 界面规范和 RenderMan 着色语言设计。1993 年，汉拉汉和同事因 RenderMan 获得了科技成果奖。皮克斯利用这项技术制作了《玩具总动员》（1995 年），制作了全球首部完全使用计算机动画技术的长篇动画。后来，皮克斯将 RenderMan 技术授权给其他电影公司。如今，获得提名奥斯卡视觉效果类金像奖的 47 部电影作品中有 44 部都运用了 RenderMan 技术，这一项技术已成为 CGI（Common Gateway Interface，公共网关接口）视觉效果的标准工作流程。

学术回归，技术转移

1989 年，汉拉汉离开了皮克斯，回归学术界，成为普林斯顿大学的老师。6 年后的 1995 年，汉拉汉加入了斯坦福大学，担任斯坦福大学计算机图形学教授，将工作重心都转移到了教学与科研上。汉拉汉与学生共同着手扩展 RenderMan 着色语言，使其可以在功能强大的 GPU 上实时工作。同时，汉拉汉的团队还开发了 Brook——一种用于 GPU 的语言，也是 NVIDIA 可以开发出计算更快、效率更高的并行新计算架构 CUDA 的基础。这一系列技术颠覆了电子游戏的图形编程方法，促进电子游戏产业的蓬勃发展。

汉拉汉说："我是一个科学研究工作者，但我觉得更重要的是要利用知识创造实用的东西。"事实上，许多数据可视化研究是在制作精美的图片，通常是用一张图片来回答一个问题：如果一个人想知道最畅销的产品是什么，可以拍摄一张销售量最高的产品的照片；如果一个人想知道地理上的空间分布，可以绘制地图。这些技术被称为视觉分析——类似于用数据和图像回答问题。而汉拉汉想通过图片来为那些想知道自己各项财务指标的企业解答疑惑。这便是汉拉汉创立 Tableau 的初衷——"我们所做的一切都是为了践行我们的使命，即帮助人们查看并理解数据，因此我们在设计产品时总是将用户放在第一位，无论他们是分析师、数据科学家、学生、教师、高管还是业务用户。"

Tableau 起源于斯坦福大学的一个计算机科学项目，该项目为了改善分析流程并让人们能够通过可视化技术更轻松地使用数据而成立。汉拉汉与同在斯坦福大学的克里斯蒂安·查博特（Christian Chabot）和克里斯·斯托尔特（Chris Stolte）是该项目的主要参与者，他们一起开发出了 Tableau 的基础专利技术 VizQL。使用者可以通过直观界面将拖放操作转化为数据查询，从而实现数据可视化。斯坦福大学对于信息可视化的重视与深入研究使得其在 2005 年 2 月被美国国土安全部提名为首个致力于信息可视化的区域可视化和分析中心。

Tableau 最初是斯坦福大学的一个科学研究项目成果，2003 年 1 月被汉拉汉等人从斯坦福大学独立出来。以项目名称命名的 Tableau 软件公司正式成立了，汉拉汉担任首席科学家。次年，公司总部迁至华盛顿州西雅图的弗里蒙特。如今 Tableau 软件已经成为一个功能强大、易于使用的数据分析工具与公司数据库的集成，即使没有任何编程技能的用户也能轻松将数字转换为交互式图表。易操作的界面将数据计算与精美图形完美结合，帮助企业将大量杂乱无章的数据转化为有用的信息，使用户深入地了解业务详情。

迅猛发展，机遇与挑战并存

2003 年，创业初期，驱使汉拉汉创立 Tableau 的一个独特想法就是单纯的数据展示并不等于解释。他认为，各行各业的公司都在转变他们在数字时代的经营方式，而客户和数据是这些转变的核心。Tableau 始终倡导在商业社会里发展"数据文化"，通过数据的使用分析和可视化操作来指导使用者进行下一步的行动。

自成立以来，Tableau 一直以惊人的速度持续进行研发，提出各种解决方案来帮助所有需要使用数据解决问题的人们更快地找到答案。在这其中，2010 年 10 月首次上线的 Tableau Public 是一项免费、公开的数据平台，面向记者、博客作者和学者等潜在使用者。发布到该平台的可视化数据图表可供所有人在线查看，任何人都可以在平台上浏览数以百万计的可视化效果。Tableau Public 的上线也标志着 Tableau 进入了一个广阔开放的新市场。大多数 Tableau 的产品都是免费的，Tableau 获得营收的方式是向其他企业销售更专业的服务，所以 Tableau 在某种程度上属于大多数初创专有软件企业采用的免费增值商业模式。

此外，Tableau 也正在尝试用多种方式降低与数据交互的门槛。通过拖放式操作构建可视化结果，以及一键式操作应用 AI 驱动的统计建模功能，用户甚至可以使用自然语言提出问题。当下，Tableau 也在积极探索与新技术和新思想相结合的方法和模式。

2018 年 6 月，Tableau 收购了一家诞生于麻省理工学院的人工智能初创公司 Empirical Systems，并计划将该公司的技术整合到 Tableau 平台中。新技术的成功融入会让 Tableau 拥有更加强大的自动化统计分析系统，使 Tableau 的客户将更加轻松地从数据中获得见解，而不需要手动构建复杂的底层数据模型。凭借简单、易懂、可交互的可视化功能，Tableau 赢得了包括百事可乐、天巡和埃克森美孚等大公司的芳心。

Tableau 致力于帮助人们查看和了解数据。从个人和非营利组织到政府机构和《财富》500 强，全球数以万计的客户都依赖 Tableau 的高级分析功能来做出有影响力的、由数据驱动的决策。但是当前的 Tableau 离成为行业标杆仍有一定距离。因为，作为商业软件，它仍有一定缺陷，例如在成本可控制性、定价灵活性、安全性等方面存在缺陷，这些缺陷阻碍了它从高增长企业到龙头企业的转变。

谋求合作，迈入发展新时代

2019 年 6 月 10 日，Tableau 被 Salesforce 收购，这一商业事件在社会上引起了轩然大波。用 Salesforce 董事长马克·贝尼奥夫（Marc Benioff）的话来说，这意味着"世界排名第一的 CRM 软件与排名第一的数据可视化分析平台将结合在一起"。

Salesforce 是一家提供个人化定制需求服务的互联网企业，主要产品为基于云的客户关系管理软件，用于管理客户关系并与其他系统集成。Salesforce 的产品服务与 Tableau 有一定的相似之处，但更多的是功能上的互补。Salesforce 仪表板是不少人进行快速报告的首选，但 Salesforce 的分析功能的实现有不便之处，而 Tableau 恰好能补足它的缺点。例如，Tableau CRM 是一个自助式的数据可视化和商业智能平台，它可以将 Salesforce 数据与外部数据整合在一起。Tableau 与 Salesforce 的合并标志着激动人心的新篇章的开启。

如今，Tableau 被定位为有着帮助人们观察和理解数据使命的划时代产品。尽管成为 Salesforce 的一部分，Tableau 在运营上仍保持着独立性，高管团队仍维持不变。所谓万变不离其宗，它将牢牢把握新时代的脉搏——客户和数据。

软件行业蓬勃发展

汉拉汉参与联合创立的 Tableau 属于软件行业，该行业包括使用不同业务模式的软件开发、维护和业务发布。同时软件行业还包括软件服务，如培训、文档、咨询与数据恢复等。

1955 年出现了第一家提供软件产品和服务的独立公司。在这之前计算机所需要的软件一般是由客户自己编写或由当时为数不多的商业计算机供应商编写，如 Sperry Rand 和当时的 IBM。软件行业随着计算机行业市场的扩张而强劲发展，行业内企业大量并购，集中度也持续升高。2000 年互联网泡沫爆发时，软件企业的并购数量达到峰值，并购交易数量达 2674 笔，金额高达 1050 亿美元。

如今全球最大的 4 家软件供应商分别是：微软、甲骨文、IBM 和 SAP。数字经济的发展加速了全球软件产业和软件贸易的发展。以互联网、大数据为代表的数字革命深刻改变着经济形态和生活方式，前所未有地重构了全球经济发展图景，世界经济已经迈入数字经济时代。"计算、网络、数据、软件"无所不在，"软件定义世界"，软件是支撑计算、网络和数据的基础，也成为承载数字要素信息的有效载体。

总结

利用科学技术服务人类生活，汉拉汉研究并推广的计算机软件技术提升了社会办公效率，便利了当代社会对数据的收集、使用和理解。他参与创立的 Tableau 公司更是成为行业翘楚。回顾汉拉汉传奇的学术和创业经历，可以发现汉拉汉的成功离不开下面几个因素。

1. 用知识创造价值。 汉拉汉作为一位科研工作者，所学所做为创造价值、服务社会，而不单纯是纸上谈兵。这是学习的最终目的，也是知识的价值体现。

2. 产品更新换代。 汉拉汉等人共同创立的 Tableau 推出了很多不同的产品，以满足不同类型的客户的需求，不断尝试将 Tableau 与新的技术和新的模式结合，不断地升级优化其产品，提高用户的体验感。

3. 把握时代脉搏。 汉拉汉看到了大数据浪潮对人们生活的影响和改变，更是敏锐地捕捉到人们置身大时代中却缺乏准确帮助他们理解和运用数据的工具。Tableau 简单的操作和漂亮又不失可读性的输出结果正是当下人们所渴求的。汉拉汉对数据与众不同的理解和追求为他带来了商业上的成功，更为这个时代带来了进步的福音。

"硅谷教父"与斯坦福大学校长

——记 MIPS 科技公司创始人约翰·轩尼诗

约翰·轩尼诗（John Hennessy），计算机架构的先驱，曾任斯坦福大学电子工程和计算机科学教授、斯坦福大学校长。轩尼诗在 1973 年于美国维拉诺瓦大学取得电机工程学士学位，并分别在 1975 年和 1977 年于纽约州立大学石溪分校取得计算机科学硕士及博士学位。轩尼诗于 1977 年加入斯坦福大学，研究重点是多处理器系统，包括 DASH 和 FLASH 项目。2000 年 10 月，他就任斯坦福大学第十任校长，也是唯一一位拥有工程学专长和学位的校长。作为校长，他专注于增加财政援助及发展多学科研究和教学的新举措。轩尼诗于 1984 年创办了 MIPS 科技公司。他曾获 2012 年 IEEE 荣誉勋章、2017 年美国计算机学会图灵奖、2001 年计算机体系结构最高奖 Eckert-Mauchly 奖、2001 年 Seymour Cray 计算机工程奖。他是美国国家工程院、美国国家科学院、美国艺术与科学学院、美国哲学院和英国皇家工程院院士。

痴迷科学，孵化创新

1952 年，约翰·轩尼诗出生在纽约的亨廷顿镇，家中有 6 个兄弟姐妹。他的父亲是一名工程师，母亲是一名教师。

高中时代，轩尼诗是一个"科学书呆子"。他与朋友史蒂夫·安格尔（Steve Angle）用继电器制造了一个井字机，并参加大型科学展项目。这个井字机有绿色和红色的灯，代表机器和人。这个简单又有趣的活动给少年时的轩尼诗留下了深刻的印象。

高中毕业后，轩尼诗追随自己的兴趣来到维拉诺瓦大学学习电机工程，取得学士学位后又在纽约州立大学石溪分校取得了计算机科学硕士及博士学位。1977 年 9 月，他成为斯坦福大学电子工程系的助理教授。位于硅谷心脏地带的斯坦福大学是硅谷这台科技孵化机器的引擎，斯坦福大学师生的灵感和创意驱动着硅谷科学技术的迅速发展。据统计，斯坦福大学滋养了近 5000 家公司的发展，其中不乏我们耳熟能详的惠普、雅虎、思科、eBay、Netflix、SUN Microsystems、Intuit、仙童半导体公司、Silicon Graphics、领英等。

开创技术，时代弄潮

20 世纪后半叶，人们对于计算机的一系列研究才刚刚入门，那时人们发现一些程序并不适用于当时的处理器的大多数指令。1978 年安德鲁·塔南鲍姆（Andrew Tanenbaum）发表的论文 *Implications of structured programming for machine architecture* 证明了 8 位固定长度操作码的简化指令集架构可用于表示复杂的 10000 行高级程序。同时，IBM 也发现了主机实际上仅使用了所有可用指令的一小部分——实际操作与论文结论相符。塔南鲍姆的这项研究推动了当时美国国防部高级研究计划署（ARPA）的 VLSI 项目——一个为各个大学团队提供研究资金，以支持有助于提高微处理器设计水平的科研基金项目。在 ARPA 的支持下，诞生了两个开创性研究项目：一个是 1980 年开启，由加利福尼亚大学伯克利分校大卫·帕特森（David Patterson）教授领导的 RISC（Reduced Instruction-Set Computer）项目，也正是帕特森教授创造了 RISC 一词；另一个便是 1981 年，由时任斯坦福大学计算机科学教授的轩尼诗带领进行的 MIPS（Microprocessor without Interlocked Pipeline Stages）项目。RISC 方法不同于当时流行的复杂指令集计算机 (CISC)，它仅需要一小组简单和通用的指令就可实现计算机必须执行的功能，所需要的晶体管也比复杂指令集少，同时计算机必须执行的工作也被削减。总而言之，这项技术能在提高性能的同时降低成本，是有可能彻底改变计算机行业的火种。

有了帕特森教授开的好头，轩尼诗的研究进展十分顺利，他与他的团队在 RISC 概念的基础上进行了补充，研究了 RISC 的指令集体系结构（ISA）并推出了第一个 MIPS 架构处理器。该处理器采用五级指令流水线，能够以接近每个周期一条指令的速率执行，并配载大规模集成半导体技术。

轩尼诗曾表示"我们从未打算成为企业家。我认为我们正在做的事情（MIPS 架构处理器）会非常吸引工业界的朋友，他们一定会愿意把这项技术商业化的。"可惜的是，轩尼诗并没有在业界找到合适的人将 MIPS 商业化，但他深知 MIPS 架构及基于此而研发出的处理器的巨大的商业价值。

"所以，我们决定自己实现 MIPS 的商业化！"轩尼诗后来补充到。

1984 年，轩尼诗联合克里斯·罗文（Chris Rowen）与其他参与了 MIPS 研究的成员创立了 MIPS 计算机系统公司，并招募了 Computer Consoles 的前 CEO 瓦蒙德·克兰（Vaemond Crane）作为 MIPS 的 CEO。轩尼诗创业的第一站，正式开启！

开启创业，商界沉浮

最初的 MIPS 公司面临许多质疑的声音，尤其是一些计算机架构师对其架构所应用的 RISC 方法持怀疑态度。但随着时间推移，MIPS 创业的成功、RISC 方法的低生产成本属性及相关学术研究的进展，使得业内的主流声音开始逐渐倾向于 RISC 方法。尽管 RISC 方法的商业化应用在当时是一个"危险"的概念，但轩尼诗坚信他的方向是正确的并且面向未来的，所以并没有因他人的质疑而打退堂鼓。

1986 年，MIPS 推出了第一批产品：R2000 微处理器、UNIX 工作站和优化编译器。公司在 1989 年 12 月迅速开展首次公开募股。到 20 世纪 90 年代中期，RISC 微处理器就已在处理器领域占据主导地位。如今，基于 RISC 方法开发的产品出现在超级计算机和智能手机等各种电子设备中，其中 MIPS 架构的实施方案则主要应用于各种嵌入式系统，如 TiVo Series2 视频游戏机、任天堂 64 和索尼 PlayStation 等。

MIPS 设计之初就主打高性能的产品，例如游戏机、路由器、打印机等，对标英特尔的 x86。而竞争对手 ARM 公司从诞生开始就瞄准嵌入式低功耗领域，以至于在智能手机时期，ARM 公司可立刻联合高通、苹果、联发科打造移动处理器芯片。当时的 MIPS 产品并没有低功耗的优势，等反应过来也为时已晚。即便如此，在 MIPS 公司成立 30 年后，每年仍有价值近 10 亿美元的 MIPS 处理器出货。

2012 年，有传闻 MIPS 正在寻求收购方。当时潜在的买家有高通、博通、AMD、谷歌等，但最终得手的是竞争对手 ARM 公司和半导体及软件设计公司 Imagination。ARM 公司联合自己所属组织 Bridge Crossing（专门收购技术专利），以 3.5 亿美元收购 MIPS 近 500 项专利，其中 ARM 出资 1.675 亿美元。剩下的专利（82 项核心架构相关的关键专利）和公司运营主体都卖给了 Imagination，收购价仅为 6000 万美元。Imagination 本想借此番收购加强自身的 CPU 业务，它的第一大股东英特尔也想牵制 ARM 公司的发展。但在重要客户苹果选择自研 GPU 之后，Imagination 业务一度告急，随即选择将 MIPS 抛售，自己也面临着被收购的命运。

MIPS 经过两度转手，最终在 2018 年 6 月，以 3.2 亿美元的价格被当时的 AI 芯片新星公司 Wave Computing 收购。2020 年 Wave Computing 宣告破产，2021 年 3 月其在成功破产拍卖之后，宣布以 MIPS 的名字回归，并开始开发基于 RISC-V 的第八代标准体系结构。

创业同时，教书育人

在创业的同时，轩尼诗教授一直是一位成功的教育家。他始终没有忘记自己的教授身份，并且教育家的天赋也同样闪亮。1999 年，时任斯坦福大学校长格哈德·卡斯珀（Gerhard Casper）任命轩尼诗接替康多莉扎·赖斯（Condoleezza Rice）担任斯坦福大学教务长，即斯坦福大学的学术和财务总监。2000年，卡斯珀校长辞职而专注于教学和科研，斯坦福大学董事会任命轩尼诗出任斯坦福大学第十任校长。

"自由之风永远吹"是斯坦福大学的校训。轩尼诗校长给学生们提供留学机会，为斯坦福大学设立了十多个海外学院，本科生中35%的人都会去海外校园待一段时间。他注重培养学生的国际化视野及合作能力，以更好地孕育学生的创新理念。

同时，轩尼诗校长也特别鼓励学生和教授创业创新，加强斯坦福大学的科研成果与硅谷的商业公司之间的联系。斯坦福大学的许多学生创业俱乐部都成立于轩尼诗任校长时期，校园创业创新大赛的传统也是起源于那个时候。轩尼诗曾说到，"研究生是最具创新力的人群，硅谷的众多新兴科技企业都出自校内研究生。"因此，他也一直致力于为这群充满创新力的学生创造一个自由宽松的学术与创业环境。斯坦福大学的学生可以选择自己的指导老师，可以按兴趣选择自己的研究领域，也可以与志趣相投的同学组成学习小组。

除此以外，轩尼诗担任校长期间的另一大功绩就是大量引入投资，以保证学校研究资金充足。对他来说，保持斯坦福大学对优秀学生的吸引力也是他的优先事项之一，在他担任校长期间，斯坦福大学的财政援助计划成为全美规模最大的项目之一。

传统上，斯坦福大学作为距离华盛顿较远的工科强校，政府资助资金较少，可能只有MIT的一半。但是，资金是学术研究的血液，供血不足必将造成技术创新的枯竭。轩尼诗在任的第6年，为斯坦福大学募集到近34.5亿美元的捐款，斯坦福大学基金会规模从全美第五，一跃成为全美第三，仅次于哈佛和耶鲁。在轩尼诗校长的带动下，斯坦福大学形成了师生共同创业的氛围，大家一起将学术成果商业化。目前，斯坦福大学已经将超过 8000 项专利授权给企业，这也让学校获得了 13 亿美元专利费收入。

商业、教研，相辅相成

斯坦福大学在轩尼诗校长的领导下已然是一个宽松自由的创业者天堂。然而，在轩尼诗创业期间，社会上出现了不少声音质疑校长是否应该在公司董事会任职。在轩尼诗看来，一个有能力管理校园这个大组织的人，一定能胜任董事会的任职，而通过在公司的任职也能积累如何处理挑战性问题的经验，得到具有创意的想法。举例来说，在 2007 年的经济动荡中，轩尼诗在经济大衰退之前就进行了预算削减的安排，而大多数大学校长则是在事情发生后才做出了反应。这一预知性的操作正是来自轩尼诗在商海中沉浮所习得的智慧。轩尼诗在公司董事会工作期间注意到企业捐赠基金将受到宏观经济的大规模负面影响。在 MIPS 公司经历裁员后，他更是意识到斯坦福大学挺过衰退危机的最好的办法就是重置预算，因此斯坦福大学仅用了一年至一年半的时间就摆脱了经济危机的恶劣影响。

轩尼诗认为，人生是体验的集合，是一段旅程，而不是一个目的地。他人生中做的最重要的事情之一是来斯坦福大学任教，另一件最重要的事就是创办自己的公司。他在创业环境中的所学促使他成为一名更好的老师。所以，他坚信在不同领域中和那些顶尖的人一起工作和学习，汲取他们的新技术和新见解并应用在其他领域是非常有价值的。

担任过公司董事之后，轩尼诗深谙领导力的重要性。但是，全面测评斯坦福大学的教育方式会发现领导力训练是学生培养体系中的欠缺之处。学生们在斯坦福大学校园里没有机会接受专业的指导，也没有机会应用领导力技能，更没有机会解决整个大学的重大问题。因此，轩尼诗校长在校园内推动制定了一套针对学生的领导力训练计划以补充教学体系中的空白，其中一个项目便是由商学院的查克·霍洛威（Chuck Holloway）教授和思科前 CEO 约翰·莫格里奇（John Morgridge）教授所负责的领导力培养项目。在项目中，学生们将尝试解决各种现实问题，也会深入研究各个大学处理公共事务危机的案例，此外还有一些针对个人成长方面的沟通指导。通过一系列有条理的指导和训练，学生们能深入理解领导力的含义，领导力水平也将得到大幅提升。

轩尼诗老道丰富的商业经验告诉他，对学生来说，培养并锻炼领导力必将在他们未来进入商业运作体系求职时起到锦上添花的作用。

微处理器市场现状

轩尼诗被称为"硅谷教父"，创办 MIPS 是其首次进入硅谷所做的事情。MIPS 主营的微处理器是一种计算机处理器，它结合了单个（或少数几个）集成电路上的数据处理逻辑和控制。完成计算机 CPU 所需要的算术、逻辑和控制功能的电路都包含在微处理器中，其中单个（或少数几个）集成电路上包含数据处理逻辑和控制器。世界上第一个微处理器是 1969 年由美国计算机公司 Four-Phase Systems 推出的。

微处理器可主要分为通用高性能微处理器、嵌入式微处理器、数字信号处理器和微控制器。其中，嵌入式处理器主要应用在智能家居、物联网设备等领域。近年来随着物联网应用的普及，智能可穿戴设备、智能家电、智能机器人等终端应用正在快速增长，从而促进嵌入式处理器快速发展。随着人们对智能手机和可穿戴医疗设备的需求增加，人们对嵌入式微处理器的需求也相应增长，因此在高研发资金的刺激下，微处理器市场蒸蒸日上。芯片复杂性的降低是推动这一细分市场增长的主要因素。

如今，世界上生产微处理器的巨头包括半导体行业和计算创新领域的全球领先厂商英特尔、美国的半导体公司 AMD、美国的高科技公司苹果公司和全球领先的无线科技创新者高通等。此类公司均为半导体行业巨头，MIPS 推出的产品种类少，但在 RISC 技术方面是整个行业的开创者之一。随着互联网时代的快速发展，基于 RISC 技术诞生的 RICS-V 成为厂商研究的重点。MIPS 公司在经历一系列波折后，虽保留了 MIPS 的名字，但它基本放弃了 MIPS 指令集，转向了 RISC-V。MIPS 与 RISC-V 都遵循 RISC 的理念，以简单、流线型的 CPU 设计而闻名。MIPS 转战 RISC-V 的主要原因是免费、好用、应用范围广。

总结

轩尼诗从一名斯坦福大学的助理教授做起，逐步晋升为斯坦福大学校长。他开发了 MIPS 架构并成功地联合创立了 MIPS 公司。教育与创新是轩尼诗事业中永恒不变的主题。他的成功可归结为以下 3 点。

1. 商业与教研，相辅相成。轩尼诗人生中做的最重要两件事，一是来斯坦福大学当老师，二是创办公司。他在创业环境中学到的知识帮助他成为一个更好的老师。他在斯坦福大学任教的时候，大力支持学生们自由创业，帮助他们募集资金，孵化创新想法。创业与教学相辅相成成就了今日的斯坦福大学。

2. 把握时机，坚持不懈。轩尼诗和他的团队在前人研究的基础上继续推进，并创立公司，将科研成果商业化。尽管在一开始不被看好，但是他们没有放弃，MIPS 公司最终成为微处理器行业的主导公司之一，给全球带来了技术的重大变革和影响。

3. 慎思明辨，笃行致远。无论是面对 MIPS 公司发展方向的批评还是面对校长能否任职公司董事的争议，轩尼诗都保持了独立思考的精神，不被他人声音所裹挟，坚定地朝着最初选择的方向默默耕耘。当然，世界也赠之以枝繁叶茂、繁花似锦、视野广阔的人生。

掀起技术浪潮的半导体领域专家

——记 Rambus 公司创始人马克·艾伦·霍洛维茨

马克·艾伦·霍洛维茨（Mark Alan Horowitz），现代集成电路和芯片设计领域的领先学者，国际公认的低功耗超大规模集成电路（VLSI）和系统研究领域先驱，IEEE Fellow，美国国家工程院院士，斯坦福大学工程学院创始人、计算机系统实验室主任。1978 年，霍洛维茨获得麻省理工学院电气工程学士学位和硕士学位，1984 年获得斯坦福大学电气工程博士学位。霍洛维茨专注于研究计算机辅助设计高性能数字系统，在高速 CMOS 数据链路接口研究领域做出了开创性贡献。他在 I/O 接口相位调整电路领域的研究引领了新型锁相环电路设计，这项设计已广泛用于商业用途。此外，他创立了技术授权公司 Rambus，引领了存储器技术潮流。

少年时期：彬彬有礼的"破坏者"

1957 年，马克·艾伦·霍洛维茨出生在美国华盛顿特区，父亲在美国国家航空航天局工作。受到父亲的影响，他从小想成为一名宇航员。

1967 年 1 月，阿波罗 1 号火灾事故导致 3 名宇航员不幸罹难，这场事故彻底改变了霍洛维茨成为一名宇航员的想法。他觉得宇航员这一职业过于危险，相比而言做工程师更加安全，也同样充满乐趣，所以他改变了志向，希望能在未来成为一名工程师。

初中时，受电气工程师叔叔的影响，霍洛维茨开始"玩"电子设备。他常常会"拆毁"各种各样的设备一探究竟，特别是带有"注意，为防止电击，请勿打开"标签的晶体管设备。对于他来说，拆除这些复杂的零件，就像在解决一个个难题。霍洛维茨十分享受这一过程，因为每解决一个"难题"都使得下一个"难题"更容易解决，而解决这些"难题"的过程让他欣欣鼓舞。

青年时期：大胆尝试的求知者

在不断"拆除"中，霍洛维茨慢慢沉迷于电气工程，积累了一些操作经验。高中毕业后，他向 MIT 提交了入学申请，顺利进入 MIT 开始深层次的理论学习。

在 MIT 的课堂中，理论知识让霍洛维茨更加痴迷于电气工程领域，他发现了一个更有逻辑和深度的世界。在线性电路课堂上，霍洛维茨明白了以前用过无数次的滤波器和放大器的构造和原理，这让以前只知道复制电路的他欣喜若狂。凭借着出类拔萃的学习能力，他很快完成了自己的本科和硕士的学习。1978 年，21 岁的霍洛维茨先后获得麻省理工学院电气工程学士学位和硕士学位。

毕业后，霍洛维茨进入位于硅谷的 Signetics 公司，从事 MOS 器件电流电压曲线特征的研究。在 Signetics 公司研究小组工作时，他提出了使用低电流运算放大器来解决小电压下出现测量误差的想法。尽管组长认为霍洛维茨的想法缺乏可行性，但一向敢想敢做的霍洛维茨决定用周末时间将仪器安装到机架上，并测试验证自己的想法。令他没想到的是，小组长在得知他的所作所为后，第二天就将霍洛维茨调离了他的小组。这件事让霍洛维茨对该研究小组的管理非常不满，决定回到学校继续深造。

1979 年，霍洛维茨成功申请了斯坦福大学的博士项目，师从电气工程领域的知名教授鲍勃·达顿（Bob Dutton），从事模型处理和设备分析研究。达顿教授的学生大都从事集成电路（IC）设计相关研究，但霍洛维茨对 IC 设计并不是非常感兴趣。在摸索了一段时间后，霍洛维茨着手提取导线电阻，这对集成电路双极设计十分重要。

1984 年获得博士学位后，霍洛维茨留校从事数字集成电路设计研究工作。在这期间，他领导了许多处理器设计的工作，包括高速缓存的处理器 MIPS-X、静态调度超标量处理器 Torch、DSM 机器 Flash、可重构多态多核处理器 Smash。渐渐地，霍洛维茨在 VLSI 设计领域拥有了不小的知名度，还打造了一系列 VLSI 设计课程，广泛传播 VLSI 知识。

突破自我：从实验室到市场的飞跃

在斯坦福大学任教期间，霍洛维茨不仅从事电气工程研究工作，还在为 MIPS 科技公司提供"双极设计"咨询服务。彼时，MIPS 公司的迈克尔·法姆瓦尔德（Micheal Farmwald）观察到了计算机系统的问题：虽然处理器的计算速度呈指数级增长，但数据进出计算机主存储器（DRAM）的速度增长缓慢。

当时，高性能机器需要同时安装多个 DRAM，获得足够数据带宽从而解决计算速度缓慢的问题。法姆瓦尔德认为计算机系统的问题或许是一个很好的创业机会。于是，他将自己的想法与霍洛维茨进行了讨论，试图说服霍洛维茨一起创办公司，将连接多个 DRAM 的想法商业化。起初，霍洛维茨只觉得这是个有趣的研究课题，但围绕这个想法创办公司却是无稽之谈。最终，在经过与法姆瓦尔德的多次交谈后，霍洛维茨逐渐接受了迈克的观点，一脚踏进了创业领域。

1989 年夏天，法姆瓦尔德和霍洛维茨向几家风投公司推销了这个方案，霍洛维茨也对基本的商业理念有了初步了解。在此期间，他们多次与 Mohr-Davidow Ventures 的合伙人比尔·戴维多（Bill Davidow）进行交流。在戴维多看来，他们可以成立一家纯粹的知识产权公司，通过研发关键技术的方式，向使用这些技术的公司收取授权费而获利。

1990 年，法姆瓦尔德和霍洛维茨合伙成立了 Rambus 公司，并按照戴维多的建议，主要从事半导体领域的知识产权和技术许可授权。对霍洛维茨而言，Rambus 的工作充满了挑战，他从未从事过商业经营工作，对公司的运营、专利的申请等事项都不熟悉，需要从头开始学习。尽管他们为运营企业做了许多努力，但随着业务的发展，霍洛维茨和迈克渐渐明白他们都不适合做管理工作，于是他们开始积极地寻找职业经理人接管 Rambus。

很快，AMD 的一名高级副总裁杰夫·泰特（Geoff Tate）出现在他们的视野中。经风投公司介绍后，泰特决定担任 Rambus 的 CEO。在寻找

CEO 的同时，他们也在寻找合适的员工，他们雇用了霍洛维茨以前的学生吉姆·加斯巴罗（Jim Gasbarro）。他十分擅长硬件方面的工作，建造了 Rambus 的第一个实验室工作台及一些高速连接电路。在他们共同的努力下，Rambus 逐步走上了正轨。

技术授权公司

虽然 Rambus 公司拥有霍洛维茨等电气工程领域专家，也拥有经验颇丰的职业经理人，但它的发展并不顺利。Rambus 公司成立之初，他们提交了很多发明专利的申请，但是大多没有通过审批。同时，作为知识产权授权许可公司，意味着公司不仅要拥有技术专利，更要具备能说服其他公司使用 Rambus 公司发明专利的能力。于是，Rambus 公司瞄准了 JEDEC 固态技术协会，希望加入协会了解行业动向以获得更多商业机会。1990 年末，Rambus 公司代表首次出席 JEDEC 会议，同时在 1992 年 Rambus 公司正式成为 JEDEC 中的一员。

几经周折并没有像 Rambus 公司期望的那样，说服同行使用自己的专利技术。在 JEDEC 条例中，明确规定成员公司只有在公开专利技术后，才可能得到批准，成为组织成员执行的标准。然而，该条例与 Rambus 公司的商业计划是相悖的，Rambus 并不愿公开专利。

1996 年 6 月，戴尔公司因在 JEDEC 未公开专利而遭到美国联邦贸易委员会惩罚。Rambus 公司见此情况，选择退出 JEDEC 组织。此时，Rambus 公司已从 JEDEC 获得了大量行业信息，他们针对 JEDEC 提出的内存标准申请了一系列专利技术，其中包括 DR DRAM 专利技术。同年

11 月，英特尔同 Rambus 签署协议，旨在共同推动 DR DRAM 发展，建立一项广泛承认的标准规范。

当时，Rambus 遭到很多质疑，大多数人都认为他们的专利技术没有价值。但是，霍洛维茨没有气馁，不断反思大众的质疑。他意识到改变世界的想法一定是被大多数人所否定的，因为如果有很多人认同的话，就意味着有很多人在研究。在霍洛维茨的努力下，Rambus 的专利技术逐渐被大众认可。1997 年 5 月，Rambus 以每股 12 美元的价格在纳斯达克上市，首次公开发行筹集到 3300 万美元。1998 年，英特尔开始进行内存颗粒和模组的测试，Rambus 仅靠出售 DR DRAM 技术专利就已经获得超过 10 亿美元的收入。同一时期，戴尔公司和 Compaq 公司分别宣布开始销售搭载了 DR DRAM 的个人计算机。

Rambus 的繁荣不是永恒的。随着科技的进步，DR DRAM 技术逐渐暴露出问题，性能也被后起之秀 SDRAM 技术和 DDR SDRAM 技术逐渐赶超。在竞争激烈的背景下，Rambus 仍坚持老旧的运营策略，保持着高昂的许可价格。最终，DR DRAM 技术走向末路，在 2000 年被市场主流所抛弃。

专利诉讼"专业户"

DR DRAM 技术逐渐被 SDRAM 技术和 DDR SDRAM 技术赶超之后，Rambus 开始在行业内发起专利诉讼大战。2000 年时，Rambus 声称 SDRAM 技术和 DDR SDRAM 技术均使用了 Rambus 的专利，要向所有的内存制造商收取专利授权费。

2000 年 6 月，东芝和日立先后向 Rambus 公司申请了 DR DRAM 技术专利许可。此后，基本所有的日本内存制造商都陆续向 Rambus 公司申请了专利许可。虽然，其他国家的内存厂商拒绝 Rambus 公司胁迫，向美国联邦贸易委员会发起反垄断诉讼，试图通过标准专利欺诈裁定打击 Rambus。但在历经长达 10 余年的诉讼之后，Rambus 在专利诉讼"专业户"的道路上已经站稳了脚跟。Rambus 和 AMD、英伟达、三星、西部数据、美光、高通等巨头都打过官司，依靠自家的 2500 项专利拿到不少授权费，成为一家"专利流氓"公司。2010 年前后，Rambus 进入专利许可的丰收期，专利许可收入成为营收的主要部分。与此同时，在 2010 年和 2011 年，Rambus 分别进行了两次股权融资，分别筹集到了 2 亿美元和 0.88 亿美元，为后续的转型发展奠定了资金基础。

漫漫转型路

过去 50 年，半导体行业一直按照摩尔定律的速度发展，晶体管体积越来越小，也越来越廉价。但是进入 21 世纪后，智能手机和平板计算机的快速发展让用户对储存器容量的要求越来越高，晶体管数量已经不能满足数据中心的需要，半导体行业正在迎接一个新时代的到来。Rambus 看准了这一时机，尝试在半导体领域寻求新的赛道。

此时，全球半导体行业风起云涌，充斥着大大小小的公司，半导体大厂为了保持技术领先或市场影响力，进行了一系列行业并购与整合。恩智浦（NXP）以 110 亿美元合并飞思卡（Freescale），Avago 以创历史新高的 370 亿美元收购博通（Broadcom），英特尔斥资 150 亿美元收购阿尔特拉（Altera），全球电子信息产业正逐步向传统电子工业与 IT 产业结合的新领域发展。

2015 年，Rambus 也开始向无工厂半导体企业转型，开始设计、销售自己的产品，并且向企业与数据中心高级系统推出服务器内存接口芯片组。它针对 RDIMM 与 LRDIMM 推出了 R+DDR4 服务器内存芯片组 RB26，满足了企业与数据中心服务器市场的相关需求。

近年来，Rambus 已发展成为全球领先的芯片 IP 和芯片产品供应商，它的技术版图除了传统数据中心、通信市场之外，开始逐步拓展对性能和安全性要求更高的新兴市场，包括汽车、人工智能、物联网等。

继续前行：永不止息的行者

除了在 Rambus 担任顾问与董事会成员，霍洛维茨也一直在自己热爱的科研事业中打拼。在斯坦福大学，他始终走在电气工程领域研究的一线。2000 年，霍洛维茨开始与马克·勒沃伊（Marc Levoy）在摄影领域进行合作，探索使用计算机技术创建更高质量的图片。在霍洛维茨与勒沃伊等多名教授的共同努力下，他们研究出了光场摄影，实现了同步和收集 100 个传感器图像并重建图像聚焦点的功能。

2006 年，霍洛维茨因"对高性能数字集成电路和系统设计的开创性贡献"，荣获 IEEE Donald O.Pederson 固态电路奖。2007 年，因"在高带宽内存接口技术和可扩展缓存一致性多处理器架构方面的领导地位"，霍洛维茨入选美国国家工程院院士。2008 年，他获得半导体领域

SIA 大学研究奖。

多项荣誉加身并没有让霍洛维茨停止研究。近年来，霍洛维茨的研究领域更加广泛，涉及使用电子工程和计算机科学分析方法解决神经和分子生物学问题等。霍洛维茨对学习新事物和建立跨学科团队深感兴趣，他积极投身于跨领域科研和技术商业化的进程。

半导体行业研究及发展现状

1947 年，贝尔实验室采用锗材料研制出了第一只点接触三极管，半导体产业诞生。20 世纪 60 年代中期，仙童半导体公司将硅表面氧化层做成绝缘薄膜，研发出扩散、掩膜、照相和光刻于一体的平面处理技术，实现了集成电路的规模化生产。此后，半导体行业快速发展，在 1980 年前后形成了一定的市场规模。

当前，全球半导体产业格局相对稳定，集中度普遍较高，龙头技术难打破。全球半导体产业可分为 EDA/IP、芯片设计、半导体制造设备、半导体材料、晶圆制造五大细分市场。其中，EDA/IP 处于半导体产业链的最前端，美国在 EDA/IP 细分市场占有率高达 74%。

总体来看，全球半导体行业领先企业主要集中在美国。根据 IC Insight 资料显示，2017—2021 年，入选"全球前十大半导体企业榜单"的企业主要来自美国、韩国、日本、中国台湾，其中美国每年都有 6 家企业入榜。2021 年第一季度，入选"全球前十大半导体企业榜单"前三位企业为美国英特尔、韩国三星、中国台湾台积电。

总结

从少年时期彬彬有礼的"破坏者",到无论辉煌与低谷都可以从容面对的 Rambus 创始人,再到现代集成电路和芯片设计领域的领先学者,纵观霍洛维茨自身的成长与成功路径,其取得成就的原因可以归结为以下几点。

1. 保持好奇心。好奇心是少年霍洛维茨懵懂认知科学世界的开始,也是他不断探索深入、最终取得成功的关键驱动因素。在一次次试错中他不断拓宽了自己的认知和能力边界,突破了既有的束缚,也探索出了新的方向。

2. 敢于突破自我。霍洛维茨敢于尝试新事物,不论是面对科研、教学,还是团队管理、创业等新环境,他总是能够突破自我的认识,快速调整自己的节奏,以饱满的自信和勇气去迎接困难,尝试一切看上去不可能的事。

3. 自我认知清晰。在 Rambus 初创期间,霍洛维茨清晰地意识到自己缺乏商业素养,积极寻求外界帮助,并不断汲取市场知识。无论是求学还是创业,他始终明白自己擅长的方向,将自己不擅长的事交给专业的人去做,余下更多的时间深耕自己的专业。

使通信公司年增长 261% 的
数字无线技术先驱

——记美国高通公司创始人欧文·马克·雅各布斯

欧文·马克·雅各布斯（Irwin Mark Jacobs），美国国家工程院院士，美国电气工程师，IEEE Fellow，曾任麻省理工学院电气工程助理教授和副教授（1959—1966 年）、加利福尼亚大学圣地亚哥分校计算机科学和工程教授（1966—1972 年），码分多址（CDMA）数字无线技术的先驱和领导者，美国高通公司的联合创始人和前董事长。雅各布斯教授成功将码分多址技术商业化，并拥有 14 项码分多址专利。同时，他也是美国国家技术奖章获得者，并入选美国国家发明家名人堂。

科技产品研发专家的求学之路

欧文·马克·雅各布斯出身于美国马萨诸塞州新贝德福德的一个犹太家庭。在第二次世界大战的背景下长大的雅各布斯在物质生活方面比较匮乏，但这并没有限制他与生俱来的实践能力。幼年时候的雅各布斯总喜欢在日常生活中收集可以用作导体的电线，还有他父亲的空烟盒，善于动脑的他利用常见的小东西建立了一个小的"交换网络"。后来，雅各布斯笑称自己的第一次商业活动是在家里的地下室里，利用化学品与胶片给摄影工作室改良照片质量，通过这种方式的"创业"他赚得了人生的第一桶金。当然，这些胶片也有其他作用，"至于剩下的胶片嘛，我和同学郊游时，会帮他们拍摄照片，然后把这些照片再卖给同学。"

年少的雅各布斯虽然对于数学、物理等学科兴趣浓厚，但是高中毕业时的雅各布斯对于未来专业的选择十分迷茫。他所在高中的辅导老师告诉他科学或工程专业是没有未来的，建议他选择那些父辈们一直在做的工作。雅各布斯听从了老师的建议。他考虑到自己家里正在经营着一个小餐厅，便选择来到康奈尔大学学习酒店管理。雅各布斯在康奈尔度过了一年半的学习时光，但是他发现自己对管理学其实并不感兴趣。

假期时候，雅各布斯拜访了自己的高中化学老师与数学老师，在与他们交流的过程中，他重燃了自己对理工科的兴趣。于是开学之后，雅各布斯向康奈尔大学教务处提出转专业申请，决定转到工程学院学习电气工程。当然，雅各布斯在酒店管理学院的时光也是有意义的，他学习了会计与公司法，这段学习经历对他的创业给予了很大的帮助。

创业初体验——Linkabit

1956 年，雅各布斯在康奈尔大学获得了电气工程理学学士学位，接着他前往麻省理工学院继续进修，分别在 1957 年和 1959 获得了电气工程与计算机科学专业的硕士和博士学位。毕业后，雅各布斯选择留在了麻省理工学院，成为电气工程副教授。1965 年，雅各布斯与约翰·沃森克拉夫特（John Wozencraft）合著了专业课教材 *Principles of Communication Engineering*，这本书至今仍被许多大学学生广泛阅读。

1959 年，雅各布斯在一次学术会议上与对他日后创业有重大帮助的另外一位麻省理工学院工程系校友安德鲁·维特比（Andrew Viterbi）见面了，他们在 1968 年共同创立了总部位于圣地亚哥的数字通信设备制造公司 Linkabit。在 Linkabit，雅各布斯和维特比将他们丰富的专业知识与技能应用于为电视行业开发卫星通信应用程序。到 1980 年，Linkabit 已成为一家拥有 1000 多名员工和 1 亿多美元销售额的通信企业，公司业绩蒸蒸日上。

1980 年 8 月，Linkabit 被 M/A-COM 并购，更名为 M/A-COM Linkabit。M/A-COM Linkabit 的定位是有线电视、数据传输和其他电子技术的开发商。雅各布斯在 1983 年升任为 M/A-COM Linkabit 的执行副总裁。此时，移动卫星通信技术的成熟发展使他和维特比都看到了创造一项新业务的黄金机会。他们认为，无线移动通信技术年轻而又具有挑战性，开发这一技术可以使公司在未来的任何竞争中都领先一步，并掌握主动权。

高通时代即将到来

20 世纪 40 年代末，AT＆T 的贝尔实验室进行了第一次测试，以确定蜂窝通信技术的商业可行性。1970 年，美国联邦通信委员会将无线电频率用于陆地移动通信，并于 1977 年宣布在华盛顿特区和芝加哥建造两个蜂窝移动开发系统。20 世纪 80 年代，美国手机行业开始兴起，直到 1985 年，约有 30 万美国人使用移动电话。

当时的雅各布斯和维特比就很清楚，电信行业的模拟信号传输技术最终将被数字信号（将传统手机的电信号转换为计算机中的二进制代码）所取代，于是他们开始研发一个新技术，希望该技术最终成为手机通信的唯一媒介。

1985 年 7 月，雅各布斯与 6 名 Linkabit 前员工一起创立了高通公司。该公司以"高质量通信"（Quality Communications）为目标而被命名为高通（Qualcomm）。公司最初提供的是合同制的研发服务，服务对象主要为政府部门，《商业周刊》曾将其描述为"小型军事公司"。然而，高通的真正目标是建立一个成熟的综合研究中心，从而进军制造业，同时高通关注具有商业潜力的数字卫星通信的应用。虽然，首先考虑的是军事用途，但雅各布斯很快在运输行业中发现了更大的商业机会，因此他提议建立一家以无线移动通信为基础的公司来改善运输行业的通信条件，以减少运输中由于定位不精确带来的不必要的时间浪费。因此，公司成立伊始，核心人员的目光都聚焦在了钻研开发具有划时代意义的 CDMA 技术上。

1988 年，因为研发投入的加大，公司需要更多资金。综合考虑下，高通公司与 Omninet 合并，筹集资金 350 万美元。合并 Omninet 后的高通公司，仅仅一年就打造出了基于 CDMA 技术的 Omnitracs 无线电卫星系统，公司营收达到了 3200 万美元，大获成功。Omnitracs 的成功为高通后来凭借 CDMA 技术打入国际手机市场提供了技术资本和金钱。1993 年，美国通信工业协会把高通的 CDMA 技术设立为行业标准，让 CDMA 成为

2G 时代的主要网络制式之一。

除了销售芯片和许可软件外，高通公司还基于其越来越快的内部研发首创了一种全新的商业模式，这种商业模式使系统设备和终端设备制造商在不需要自行研发，也不需要集成自己的芯片和软件解决方案的情况下，就能够以更低的成本、更快的速度完成产品上市。这就是高通坚持的"发明 – 分享 – 协作"的商业模式，通过提供技术许可与芯片产品，与产业生态共享其开发的技术，并与产业生态圈利益相关方进行合作，从而赋能生态系统发展。这种水平赋能的商业模式降低了创新技术门槛，使合作伙伴都能获得前沿技术支持，让更多厂商有机会进入移动行业，推动良性竞争，让前沿科技得到大规模且高效的普及，激发快速创新及其应用，服务消费者和全社会。

发展瓶颈不仅仅是技术

1989 年，手机电信行业协会采用了瑞典电信设备制造商爱立信开发的技术，也就是 TDMA（Time Division Multiple Access，时分多路访问）技术。这项技术允许多个用户在不同的时间片（时隙）使用相同的频率。而高通当时提出的 CDMA（Code Division Multiple Access，码分多路访问）的基本思想则是靠不同的地址码来区分地址。每个手机配有不同的地址码，用户所发射的载波（为同一载波）既受基带数字信号调制，又受地址码调制，具有话音质量好、保密性强、掉话率低、电磁辐射小、容量大、覆盖广等特点，效率是采用 TDMA 技术手机的两倍。当时的手机行业已经采用了 TDMA，彼时高通的 CDMA 还未经测试与实践，只是一个理论。

当时，雅各布斯向美国无线通信和互联网协会明确指出了 CDMA 的优势。虽然他并没有得到什么回应，但仍然决定争取本行业中几个重要公司的资金支持来进行一系列测试，以证实 CDMA 优于 TDMA。Pacific Telesis 的无线部门为 CDMA 测试提供了 200 万美元的支持，于是在 1989 年，高通公司在圣地亚哥和纽约搭建了 CDMA 测试网络。20 世纪 90 年代，高通公司因对 CDMA 研究的大量投入而入不敷出。为了获得更多的资金，高通于 1991 年 9 月申请首次公开募股，并融资了 6800 万美元。1995 年，高通公司为大规模制造基于 CDMA 技术的手机、基站和设备，通过增发 1150 万股股票，筹集了 4.86 亿美元。热钱的涌入让高通公司得以实现 CDMA 技术商业化，从而持续领跑手机行业。

尽管高通在开发测试设备和营销上已经花费了数十亿美元，但是直到 1995 年年中，CDMA 的发展仍然是一个未知数。那时的英国《经济学人》杂志中的一篇关于"高通将 CDMA 确立为蜂窝标准的斗争"的专题文章将 CDMA 描述为一种"聪明但极其复杂和未经证实的技术"，它"距离进入市场仍需要很长时间"，可能永远不会像已经运行起来的 TDMA 一样有效。1995 年高通的收入估计只有约 3000 万美元，但华尔街投资者将高通的股票估值推高到 24 亿美元。此外，那时候的高通正在进入电话设备市场，其与 AT&T、NEC 和摩托罗拉等巨头相比相形见绌。

高通崛起，教授功不可没

在尽可能多的市场上探索，与几乎所有主要电信运营商和制造商合作，高通在很短的时间内就将 CDMA 个人通信系统从一个想法转化为了"既定结论"。1995 年年底，Primeco 客户首次在一个使用 CDMA 的商用系统上拨打了电话，AirTouch 进而宣布计划在洛杉矶推出第一个商业 CDMA 系统。1997 年第一季度末，高通的销售额比去年同期增长了 165%，那时的高通似乎还有很大的增长空间。1998 年，由于基站部门每年亏损 4 亿美元，高通重组并裁掉了 700 名员工——为了专注于利润更高的专利和芯片组业务，其基站和手机制造业务被剥离。第二年利润飙升，高通公司以一年 261% 的增长率成为市场上增长最快的股票。2000 年，高通创收 32 亿美元，实现利润 6.7 亿美元，其 39% 的销售额来自 CDMA 技术，其次是许可证授权 (22%)、无线产品 (22%) 和其他产品 (17%)。

随着 21 世纪新时代的临近，高通继续不懈努力，将 CDMA 确立为全球蜂窝通信标准。然而，作为 CDMA 的唯一生产商，高通也要面对来自美国手机行业的压力，于是高通选择放松许可限制，使 CDMA 技术可供一系列制造商使用。通过扩大 CDMA 的生产能力，高通希望使价格更具竞争力，从而为主要电信公司提供更广泛的选择。与此同时，高通将这一战略视为让 CDMA 技术在全球市场上站稳脚跟的一种手段。

在竞争中合作，协商实现共赢

在高通公司尝试利用 CDMA 技术进入手机行业的初始阶段，市场并不因其掌握新技术而对其青睐有加。当时的行业巨头，如摩托罗拉公司等，仍然偏好 TDMA 技术。

20 世纪 90 年代末，作为 TDMA 制式之一的 GSM 技术仍是唯一的欧洲标准，而爱立信公司作为高通公司强大的竞争对手始终不愿给高通在欧

洲推广 CDMA 技术的机会，并且通过游说欧洲监管部门等手段关上了高通
参加行业竞争的大门。

高通与爱立信公司的冲突在 1998 年达到顶点。当时爱立信引入了一
种基于 CDMA 但与 CDMA 不兼容的新技术，随后便发生了两家公司间专
利侵权诉讼的案子。1999 年 3 月，两家公司达成和解，并商议在欧洲创
建一个新的行业标准。这个标准的出台允许了各种技术之间的竞争兼容性，
日后看来，这成为高通公司在国际手机市场上发展标志性的分水岭事件。

国际市场放开准入标准后，高通支持的 CDMA 技术最终由于其网络容
量上的优势取代了 TDMA 技术，而这一在 2G 时代里取得的先发优势为日
后其在 3G、4G 甚至 5G 时代里的持续领跑打下了坚实的基础。

高通能有今天的成功与他的创始人雅各布斯有密不可分的关系。受雅
各布斯包容、谦卑的个人风格的影响，高通公司始终秉持开放、自由、创
新的理念，良好的公司文化氛围使得高通被公认为全美最值得为之奋斗终
生的公司之一。同时，公司也致力于与高等教育机构合作，为弥合数字时
代不可避免的数字鸿沟做出不懈的努力。雅各布斯在通信领域拥有 6 项专
利，参与设计了高通公司所有的核心技术体系。他对于市场风向有着灵敏
的嗅觉，成功预测了高通公司面对的未来市场趋势并带领公司高速成长。
1994 年，为表彰其在通信领域做出的巨大贡献，雅各布斯被授予美国国家
科技领域的最高成就奖——国家科技功勋奖。

半导体行业百花齐放

半导体行业是指从事半导体和半导体器件（如集成电路）设计和制造

的公司的集合。1960 年前后，人们逐渐发现半导体器件的制造是一项可行的业务，从此半导体行业在近 20 年内平均每年增长 13% 的市场规模，但是许多嵌入半导体器件的产品的生命周期较短，行业也有着同样高于平均水平的市场波动，因此该行业需要高度的灵活性与创新性，以便不断适应市场的快速变化速度。

雅各布斯所在的高通公司是半导体行业的龙头企业，全球半导体行业主要由来自美国、日本、韩国、荷兰等国家和地区的公司主导。例如，高通公司最早推出的 OmniTRACS 系统是一个双向消息传输和无线定位系统，仅在 1992 年年初，全球就约有 150 家运输公司和 5 万辆卡车安装了 23000 多个该系统的终端，其调度员每天生成 40 万条信息和报告。到 1993 年，雅各布斯被《船主》杂志称为"改变卡车运输的人"。

总结

雅各布斯作为一位千亿集团的创始人，当我们谈论到半导体领域都会提起他成功的经历。回顾他从学生时代再到创业成功的经历，可以看出他拥有以下这些优秀的品质。

1. 灵活变通，高瞻远瞩。意识到自己喜欢什么，不喜欢什么，及时止损，转换专业，又学以致用。雅各布斯在很早的时候就察觉到半导体这一领域的可发展性，兼具管理学与工学复合型人才的优势，为他后来创业打下了坚实的基础。

2. 抓住机遇，迎接挑战。雅各布斯具有企业家应有的敏锐的察觉能力和长远的目光。他先后发现了运输行业和手机通信行业的商机，成功地把握住了机会，充分发挥他的技术优势，并在研发受阻后依然选择坚持，最终取得了成功，实现了对行业的变革。

3. 紧跟时代，技术为王。 雅各布斯工程师出身的技术背景为他在高科技领域开创一个属于他的时代贡献颇多。他创立的高通在芯片、通信、智能手机行业都拥有许多项重要专利，由此砌成了护城河，从而让公司得以不断突破同行的围追堵截，终成一代商业传奇。

4. 突破边界，定义未来。 在同行都墨守成规，奉 TDMA 技术若神明的年代，高通公司另辟蹊径，从零开始研发 CDMA 技术。这条路或许走得很慢、很长，却因为弥补了原有技术的不足反倒成了新时代的道路，成就了公司，也成就了行业。

执着于运用机器学习解决人类问题的
科学家

——记 Coursera、Insitro 公司创始人达芙妮·科勒

达芙妮·科勒（Daphne Koller），斯坦福大学计算机科学系教授与病理学系荣誉教授，获得斯坦福大学 "Rajeev Motwani" 称号。她主要研究如何使用概率模型和机器学习来理解存在大量不确定性的复杂领域，如计算机视觉、计算生物学和医学等。科勒教授发表了 200 多篇文章，涉及人工智能和计算机科学等多领域。为推进教育平等，2012 年她创立了知名的在线教育平台 Coursera，同年入选《时代》周刊百大风云人物。2018 年她创立 Insitro，旨在通过人工智能推动药物发明创新，降低新药研制的成本。

书香门第为其打开机会之门

达芙妮·科勒出身于以色列耶路撒冷的一个知识分子家庭，父母都是

具有博士学位的高级知识分子。童年时，科勒可以经常去大学实验室玩耍、参观。家庭环境的潜移默化下，她以优异的成绩进入世界上最好的大学之一——耶路撒冷的希伯来大学，并在 17 岁时取得这所大学的学士学位，次年取得硕士学位。之后，渴求向知识更进一步的科勒远渡重洋去美国求学。她不负天才的盛名，在 25 岁取得斯坦福大学计算机科学博士学位后，紧接着进入加利福尼亚大学伯克利分校做博士后研究员。

两年后，年仅 26 岁的科勒重返斯坦福大学，成为计算机科学系助理教授，正式开启了非凡的科研之路。她获得了 1998 年 ONR 青年研究者奖，1999 年美国总统早期科学家和工程师奖，2001 年 IJCAI 计算机和思想奖。2004 年，36 岁的她斩获麦克阿瑟天才奖，同时被任命为斯坦福大学本科教学研究员，当选为美国人工智能协会研究员，更被《麻省理工科技评论》评选为"10 位将会改变世界的新兴科学家"。2006 年，科勒晋升为斯坦福大学正教授。随后，她取得 2008 年度 ACM/IFOSIS 奖，于 2011 当选为美国国家工程院院士。

推动教育平等 创立 Coursera

虽然年轻的科勒已经取得了大多数人毕生无法企及的成就，但是她却谦虚地认为这是拜好运所赐。

用她自己的话说，自己肯定是名幸运儿，因为在世界欠发达地区优质的教育资源十分欠缺。例如，在南非，高等教育系统是种族隔离制度实施时期设计的，导致南非教育资源仍然向白人倾斜。即使在美国等一些发达国家，接受高等教育的机会也并不是对所有人都公平。科勒认为，教育是时候该发生重大变化了。

借用普利策奖得主托马斯·洛伦·弗里德曼 (Thomas Loren Friedman) 的话:"当灵感与需求相遇时,创新的火花就会迸发。"科勒开始尝试运用自己的专业知识改革教育。2010 年,她在斯坦福大学课堂上发起并试行了在线教育模式,该模式对后来斯坦福大学向公众提供在线课程起到了模板作用。2011 年,斯坦福大学试探性地将 3 门课程免费放到网上,其中包括科勒的同事——祖籍香港的华人吴恩达(Andrew Ng)教授的"机器学习"课程。他们意外发现该课程的报名人数竟超过 10 万人,学员来自世界各地。

在接受《外滩画报》采访时,科勒谈到,"吴教授平均每年线下听课人数为 400 人——这意味着,如果仅在斯坦福大学的课堂上为 10 万名学生教学,他必须连上 250 年课。"这个数据令科勒和吴恩达震惊,同时让他们意识到,在线学习正在掀起的这场革命,可能将重塑高等教育的版图。于是,2012 年科勒离开了斯坦福大学,与吴恩达共同创立了免费在线教育的网站 Coursera。

在激烈的行业竞争中,Coursera 希望与全世界高等教育机构深度合作,为大众提供大量计算机科学、数据科学等热门领域的优秀课程资源。科勒与吴恩达不仅想为大众提供斯坦福大学的课程,还想提供其他大学的课程。他们不断寻找与其他学校合作的机会,寻找一些合作的可能性。在她和吴恩达的长期努力下,他们与普林斯顿大学、宾夕法尼亚大学和密歇根大学等知名大学签约合作。在成立几个月后,Coursera 已有来自 4 所大学的 43 门课程,同时更多优质课程也逐步上线,一跃成为世界上最大的 MOOC 课程提供者之一。而此时的 MOOC 在全球快速发展,行业中有

Udacity、Udemy、edX 等多家知名在线教育平台,《纽约时报》将 2012 年称作"MOOC 之年"。

Coursera 成立的第一年就获得了惊人的流量,来自 190 个国家的 150 万名学生观看了 1400 万段视频,参加了 600 万次测验。Coursera 在短时间内成功并不是一件稀奇的事情,科勒讲到,"学生们喜欢免费从最好的大学获得最好的内容。"

穿越 MOOC 低潮,Coursera 终取巨大成功

虽然成立之初的 Coursera 并没有营利计划,但依旧吸引了无数投资者的目光。他们觉得 Coursera 走在正确的赛道上,投资者约翰·多尔(John Doerr)赞同道,"传统高等教育服务的成本太高,导致许多人望而却步"。同时,他建议科勒和吴恩达咨询经济学家里克·莱文(Rick Levin)来探索出一条商业化的道路。此后,Coursera 逐步开始商业化尝试,设立"招聘服务""证书服务""付费课程"等收费项目。

2014 年,莱文开始担任 Coursera 公司首席执行官。此时,MOOC 市场遇冷,大家预计的教育变革时代并没有来到,高等教育也没有发生大的改变,市场上甚至出现了"Dead MOOC"的说法,Coursera 面临转型。同时,2012 年成立的 edX 仍采用非营利模式,无形中对正在向营利模式转变的 Coursera 公司产生了巨大的竞争压力。

然而,Coursera 并没有陷入沉寂。在莱文的领导下,企业韬光养晦,默默潜行。莱文任职的 3 年内,Coursera 的注册用户从 700 万增至 2600 万,有效课程从 150 门增至 2000 门,员工人数从 65 名增加到将

近 300 名。在资本市场上，Coursera 成功完成了 C 轮和 D 轮融资，总计获得 1.2 亿美元。它开启了职业化探索的大门，与许多业界知名企业合作。2015 年，Coursera 已经与全球 500 家公司进行了合作，将专项课程升级为更加注重实际应用和工作能力提升的课程。

2017 年，Coursera 获得了 6400 万美元的 D 轮融资后，杰夫·马吉翁卡尔达（Jeff Maggioncalda）接任 Coursera 的 CEO 职位。此时，Coursera 已拥有了成熟的商业模式，成为一家以营利为目的的优秀商业公司，开始向更高的发展目标迈进。2020 年新冠疫情的暴发，使得在线教育行业迅猛发展，Coursera 的注册人数同比增长了 5 倍。截至 2020 年 7 月，Coursera 完成了 A 轮到 F 轮的融资，总共融资 4.43 亿美元，成功进入"独角兽"俱乐部。2021 年 3 月，Coursera 向美国证券交易委员会提交招股书，计划在纽交所上市，筹资 1 亿美元新资金。从 2012 年成立至 2021 年 10 月，Coursera 的 10+ 轮融资总额超过了 4.46 亿美元。

探索机器学习与生物制药的结合点

在 Coursera 步入正轨后，科勒开始了新的征程，作为人工智能与机器学习领域的著名专家，她把目光移向了生物制药。2016 年，她离开 Coursera，进入谷歌健康研发部门负责信息处理工作。

早在 2012 年，研究公司桑福德伯恩斯坦的研究人员研究发现，自 1950 年以来的 60 年间，美国食品药品监督管理局批准新药的研发成本每 9 年就会翻一番，研发新药的门槛越来越高。科勒意识到，虽然医学已经取得了令人难以置信的进步，但药物的发明和开发变得越来越困难和昂贵，许多疾病还没有有效的治疗方法。

在科勒看来，机器学习算法能够解决一些人类难以解决的问题。那么如何通过机器学习彻底改变研发药物的方式？她尝试运用机器学习算法优化制药流程，降低制药成本。基于在机器学习领域的长期研究，以及对生物学领域的长期观察，她决定利用现代生物学工具，为机器学习提供高质量大型数据集，充分发挥现代计算方法的优势。

2018 年，基于在谷歌健康研发部门的工作经验及运用机器学习改善生物制药的想法，科勒创立了 Insitro。Insitro 是"in silico"（计算机模拟）与"in vitro"（生物活体外）两个词的缩写，寓意 Insitro 旨在利用机器学习和高通量生物学来改变药物研发方式。

当然，Insitro 并非最早将机器学习与生物制药相结合的企业。2016 年，美国强生公司曾将处于试验中的小分子化合物转交给一家人工智能企业，希望借助"机器智能"加速新药研发。2017 年，英国葛兰素史克公司与人工智能创业公司 Exscientia 合作，利用大数据和机器学习开发创新小分子药物。2018 年，丹麦诺和诺德公司重组研发中心以增强 AI 竞争力，加速治疗严重慢性病药品管线的扩展和多样化。不过，Insitro 相比于其他企业，侧重于生成高质量数据集，改善生物医学领域现有数据在数量、质量和适用性方面的局限性。尽管注重数据的打造，但科勒对 Insitro 的定位并不是单纯的数据供给和分析的服务型企业，而是创新药研发企业。

Insitro 成立后，很快就获得了投资机构及知名药企的青睐。2019 年，Insitro 获得了包括 GV、安德森·霍洛维茨等著名投资机构的投资，在 A 轮融资中顺利筹集了 1 亿美元。同年，Insitro 与 Gilead Sciences 达成战略研发合作。Gilead Sciences 为 Insitro 提供 1500 万美元的资金，用于研发非酒精型脂肪型肝炎（NASH）的治疗方法。Gilead Sciences 的团队提供了 NASH 领域的生物学研究成果和大量的临床试验样品，Insitro 则协助 Gilead Sciences 确定 NASH 药物靶标。

目前，NASH 领域仍是所有生物制药公司必争之地，但还没有一种治疗该疾病的药物获得批准。然而，Insitro 与 Gilead 已经在 NASH 的医药研发方面取得重大突破，Insitro 公司借此成为首届《福布斯》杂志 50 家最具前途的 AI 企业榜单中的一员。Insitro 成立的 3 年内，已经取得了如此巨大的成就，吸引了许多大型公司的收购想法。但是科勒表示，Insitro 将保持公司独立发展，不会接受收购或者并购。

2020 年，Insitro 完成了由安德森·霍洛维茨牵头的 1.43 亿美元的 B 轮融资。同时，安德森·霍洛维茨的合伙人维杰·潘德（Vijay Pande）博士加入 Insitro 董事会。同年，为进一步加强自身在数据方面的实力，Insitro 收购了 Haystack Science，一家寻求从 DNA 编码库（DELs）获取数据从而为药物研发提供信息的公司。

2021 年 3 月 15 日，Insitro 在 C 轮融资中获得 4 亿美元的资本注入，这笔资金将主要用于推进新药研发及与 Gilead Sciences 和 Bristol-Myers Squibb（BMS）等制药巨头的合作。此后，Insitro 与 BMS 达成了 5 年合作意向，BMS 预付 5000 万美元，委托 Insitro 进行靶点识别并运用机器学习技术开发肌萎缩侧索硬化和额颞痴呆的预测模型，在成功研发出模型后 BMS 公司将再支付 Insitro 公司 2000 万美元。未来，Insitro 将持续扩展新的行业合作伙伴，并在研发价值链中建立其他基于机器学习的功能，加速药物的开发。

总结

　　创业家的成功模式分为两种：一种是在商业模式上创新，发掘出新的需求，抓住用户痛点；另一种是以科技为武器，大巧不工，直截了当地用科学进步拓宽人类探索世界的边界，创造出新的需求。科勒能分别走通这两条道路，取得如此成就，或许以下 3 点能够解释一二。

　　1. 心怀天下。 尽管她成长在良好的环境中，得到了许多人难以获得的机会，但是她心怀感恩，惦念着缺少教育机会的人们，想要推进教育公平，始终不忘回馈社会。正是心怀天下的想法，促使她创立了 Coursera，让更多人获得优质教育，实现了自我价值跟社会价值的统一。

　　2. 嗅觉灵敏。 善于将专业知识与社会问题相结合，锻造了科勒发现机会的能力。2012 年后，MOOC 这种新颖的教育方式在全球传播，Coursera 正是掀起了 MOOC 的浪潮的成员之一。之后，Insitro 也在机器学习概念正火热时期创立。想要成功，自身过硬的本领与机会缺一不可。大鹏一日同风起，敏锐的嗅觉让她总能发现机会，成为那只最早扶摇直上九万里的大鹏。

　　3. 敢于迎接挑战。 面对无数挑战，科勒从不畏惧，而且敢于跳出舒适区冒险。面对挑战时，很多人会很快放弃，但科勒积极迎接挑战并坚持下来，最终获取成功。Coursera 创立早期，寻求大学合作免费提供在线教育很困难，但是科勒没有放弃也没有选择回到教师岗位上，而是勇敢地探索新业务并最终取得了成功，让无数人得到了接受良好教育的机会。

不专注于理论的工程师不是好的创业者

——记 MathWorks 公司创始人克里夫·巴里·莫勒尔

克里夫·巴里·莫勒尔（Cleve Barry Moler），美国数学家、计算机科学家，美国国家工程院院士，MATLAB 语言创立者，软件公司 Mathwork 首席科学家。莫勒尔曾在密歇根大学、斯坦福大学和新墨西哥大学担任数学和计算机科学教授近 20 年。莫勒尔教授的研究领域主要为数值分析，他参与编撰了 4 本数值分析方法的教科书，曾于 2007—2008 年担任工业与应用数学学会（SIAM）主席。莫勒尔教授于 1997 年获选美国国家工程院院士，2012 年获得 IEEE 计算机学会计算机先驱奖，2014 年获得约翰·冯·诺依曼奖。

"理工脑"的跨学科研究

克里夫·巴里·莫勒尔出身于一个记者之家，父母都是报社记者。他在犹他州的盐湖城长大，这是一个风景秀美、民风淳朴的美国西部城市。

莫勒尔从小就是一个学业非常突出的优等生。他很早就对科学和数学产生了浓厚的兴趣，学习之余，他喜欢钻研和科学相关的事物，例如研究收音机的工作原理。1957 年，也就是在世界上第一颗人造卫星发射成功之前，他进入位于洛杉矶的加利福尼亚理工学院读本科。

比起做记者的父母，莫勒尔显然是一个典型的"理工脑"。但是父母对于写作和文学的兴趣也深深影响了莫勒尔——他在大学期间曾担任校报的编辑。

虽然莫勒尔最终选择的主修科目是数学，但是他对科学的热爱远远超出了单一学科的范畴，物理、化学、电子学等学科都深深吸引着他。计算机先驱人物约翰·斯托特（John Stott）曾来到加利福尼亚理工学院任教，莫勒尔从他的课程中学习了电子计算和数值分析的基础知识。莫勒尔在这门课程中表现非常出色，他也因此发现了自己对计算机编程的兴趣和天赋。大学期间，莫勒尔充分展现出了跨学科的学习能力和对传播科学技术知识的深刻理解，这也成为他日后整个职业生涯的起点。

1961 年，大学毕业的莫勒尔决定到斯坦福大学继续攻读数学专业的博士学位。虽然学业发展顺利，但是当时的莫勒尔已经明白，自己并不是传统意义上的数学家——他的特长并不是理论数学研究，而是跨学科的，特别是有关数学和计算机的跨学科研究。

从减轻学生作业负担开始

1965 年，莫勒尔在斯坦福大学获得了博士学位后，继而前往瑞士苏黎世联邦理工学院（ETH）开展博士后研究工作。ETH 为莫勒尔的研究提供了非常好的平台，在这里，他与数学家莱斯利·福克斯（Leslie Fox）等一起设计了一种新的数学方法，这为他今后的学术发展打下基础。

回到美国后，莫勒尔在密歇根大学安娜堡分校数学系担任助理教授，教数值分析课程，另外一个职责是组织数值分析的年度暑期课程。参加这个暑期课程的学生大多来自航空航天和汽车领域公司的研究团队，授课教师包括数值分析领域的领军人物。在暑期课程的推动下，一个以数值分析研究为主题的社交中心渐渐形成，不同年龄的科学家和研究员们可以在此自由交流。

在 1972 年之前，莫勒尔一直留在密歇根大学，后来又到新墨西哥大学任职。在密歇根大学和新墨西哥大学任职期间，他的研究兴趣逐渐从数值分析转向数学软件——当时，和软件、计算相关的领域，都被认为是"非主流""不重要""被人轻视"的领域。不过莫勒尔显然并不认同这种说法。他在新墨西哥大学待了 12 年，先是在数学系任职，然后又担任了计算机科学系的主任，期间还作为交流学者回到母校斯坦福大学。

20 世纪 70 年代中期，莫勒尔在新墨西哥大学任教期间，为了减轻学生完成数值计算作业的编程负担，他设计了不需要过多依赖 Fortran 的 LINPACK、EISPACK 及 Fortran 数值计算包。

MATLAB 最初的诞生要追溯到 1979 年。其实，第一个 MATLAB（"Matrix Laboratory"的简称）并不是一种真正的编程语言，而是在 20 世纪 70 年代末莫勒尔用 Fortran 语言编写的一个建立在 LINPACK 和 EISPACK 矩阵软件库的十几个子程序之上的交互式矩阵计算器。这个计算器只有 71 个保留字和内置函数，只能通过修改 Fortran 源代码和重新编译来进行扩展。在编写最初的 MATLAB 时，莫勒尔教授正在度过教授专属的"休假年",当他回到岗位,就把 MATLAB 作为教学工具首次投入使用。

大学扶持技术商业化

刚开始,斯坦福大学的计算机科学家们对这一门新的语言表示不屑。但学习电气工程的同学发现,MATLAB 应用在控制理论和信号处理中极其便捷有效,所以有些学生就把这门编程语言带到了他们工作的公司。

第一批商业化的 MATLAB 是由斯坦福大学电气工程系所属的孵化公司推出的。其中一个名叫矩阵 X 的产品获得了相当大的成功。个人计算机的出现和应用为科学家和工程师提供了新的思路,他们发现交互式计算机可以作为日常工作的一个有用的工具。

到 20 世纪 80 年代末,已有几百份 MATLAB 出售给大学供学生使用。该软件的普及得益于各领域专家和研究人员为完成专门的数学任务而创建的工具箱。许多工具箱是由斯坦福大学学生开发的,他们在学术界使用 MATLAB,然后将该软件传入各个企业。

遇见对的合伙人

说到 MATLAB 的商业化历程及 MathWorks 的创立,就不得不提到莫勒尔的合伙人杰克·利特尔(Jack Little)。利特尔是 MathWorks 共同创始人,并担任总裁。他是该公司旗舰产品 MATLAB 的早期版本、信号处理工具箱和控制系统工具箱的共同作者和主要设计师。利特尔拥有麻省理工学院的电子工程和计算机科学学士学位，以及斯坦福大学的电子工程硕士学位。作为 IEEE Fellow 和马萨诸塞州技术领导委员会理事，他撰写并发表了多篇关于技术计算、基于模型的设计、企业家精神和软件行业问题的文章。

1983 年，利特尔在一次会议上结识了莫勒尔，利特尔热情地提议一起合作开发一个商业版的 MATLAB，在当时刚刚开始流行的 IBM PC 上使用。

1984 年，利特尔和莫勒尔合伙创建了 MathWorks，用以实现 MATLAB 的商业化并继续开发。这一年，在拉斯维加斯举行的自动控制领域会议上 MathWorks 首次将 MATLAB 作为商业产品发布。

1985 年，商业版的 MATLAB 取得了第一笔销售业绩，当时麻省理工学院的尼克·特雷费森（Nick Trefethen）购买了 10 份副本，由麻省理工学院出资并用于研究。公司随后走上正轨，推出了一个个新版本，销售业绩也一再创造新高。

技术发展持续不断

1984 年，当 MATLAB 最初成为一种商业产品时，只能在 IBM PC 和克隆机上使用；适用于 UNIX 工作站和苹果 Macintosh 的版本也很快被发布。随着时间的推移，MATLAB 被重新编写，逐渐可用于 DEC、VAX、SUN Microsystems 创建的早期操作系统，以及安装 UNIX 系统的 PC。第一个 MATLAB 编译器是由斯蒂芬·约翰逊（Stephen Johnson）在 20 世纪 90 年代开发的。

除原本的矩阵计算功能外，1984 年版本的 MATLAB 还包括快速傅里叶变换等功能。MATLAB 的功能体系逐步完善：控制系统工具箱于 1985 年发布；信号处理工具箱和对常微分方程数值解法的内置支持于 1987 年发布；1992 年引入第一个重要的新数据结构——稀疏矩阵；图像处理工具箱和符号数学工具箱都是在 1993 年推出的；20 世纪 90 年代末，一些新的数据类型和数据结构，包括单精度浮点、各种整数和逻辑类型、单元格数组、结构和对象被引入。2000 年，MathWorks 在 MATLAB 6 中增加了一个基于 Fortran 的线性代数库，取代了该软件原来用 C 语言编写的 LINPACK 和 EISPACK 子程序。MATLAB 的并行计算工具箱在 2004 年超级计算会议上发布，2010 年又在其中增加了对 GPU（Graphics Processing Unit，图形处理单元）的支持。

MATLAB 计算环境的增强在近几年的发展中占主导地位，包括对桌面的扩展、对对象和图形系统的重大改进、对并行计算和 GPU 的支持，以及支持实时编辑器——将程序、描述性文本、输出和图形结合到一个互动的、格式化的文件中。目前，MATLAB 已成为一个集算法开发、数据分析、可视化和数值计算于一体的编程环境，被称为"工程师和科学家的语言"。

除 MATLAB 外，MathWorks 现在还开发和销售 Simulink，这个软件是一个模块化建模环境，面向多域和嵌入式工程系统的仿真和基于模型的设计，主要针对数据分析、图像处理等专门的任务。除此以外，MathWorks 还提供 100 多种可供选用的产品。

创业初期，厚积薄发

1984 年 MathWorks 成立初期，莫勒尔并没有参与到日常运营当中，只是享有公司的部分股权。1985 年，莫勒尔在看到计算机行业的飞速发展之后，决定离开学术界，全职在英特尔任职。英特尔当时正在创建一家制造超级计算机的子公司，用大量并行工作的微处理器制造强大的计算机器。

莫勒尔回忆说，当时他所在的团队最主要的发现是，为超级计算机编写软件的难度远远大于大家的预期。他花了很多时间，在科学界推广大规模并行计算的想法。他管理团队的方式，更像是管理一个学术研究部门，而不是工业软件开发团队。

两年半后，他离开巨头英特尔，加入了硅谷初创公司 Easy——当时的 Easy 是行业里最热门、资金最雄厚的新兴计算机公司之一。Easy 的目标是利用超级计算机技术和并行向量架构生产一个极高性能的个人工作站。可惜的是，尽管公司已经构建起一个由顶级计算机科学家组成的明星团队，最初的蓝图却没能实现。

1989 年，50 岁的莫勒尔全职返回 MathWorks。如今，莫勒尔在 MathWorks 担任首席科学家，负责领导公司产品在数学技术方面的功能开发工作。莫勒尔于 2011 年获得西德尼·费尔恩巴赫奖（Sidney Fernbach Award），以"表彰他对线性代数、数学软件和计算科学的工具的基本贡献"。次年"由于提高了数学软件的质量，使其更容易获得，并创造了 MATLAB"，莫勒尔获得计算机先驱奖（Computer Pioneer Award）。

公司发展战略独特

自 MathWorks 成立以来，公司每年均实现盈利。莫勒尔和利特尔在取得了商业成功之后，并没有选择让公司上市，而是持续私人持股。MathWorks 有四大主要商业战略方向。

第一是扎根教育。MathWorks 在全球投入了超过三分之一的人力及其他资源在教育行业，为全球超过 6500 家大学提供校园版软件及 24 小时技术服务，并支持各种学生竞赛。

第二是深耕行业。同汽车、通信、航空航天及新能源领域进行合作。

第三是深度支持。通过与客户之间的深度合作，帮助客户建立控制系统，进行算法设计和原型开发。

第四是广泛合作。MathWorks 在全球有超过 500 家的合作伙伴，他们基于 MATLAB 的生态环境开发产品。

目前，MathWorks 在全球设有 34 个分支机构，员工总数超过 5000 人，但只提供两个主要的产品系列：MATLAB 和 Simulink。MATLAB 主导了数学软件市场，大多数用户是工业界的科学家和工程师，尤其是来自汽车和航空公司的行业专家。

数值分析发展迅猛

莫勒尔一直以来所研究的数值分析属于数学的一个分支，是一门研究分析用计算机求解数学计算问题的数值计算方法和理论的学科，以计算机求解数学问题的理论和方法为研究对象。数值分析是计算数学的主体部分。数值分析依其待求解的问题不同，分为不同的领域，包括函数求值、求解方程、求解特征值、最优化、积分计算、微分方程近似计算等。

数值分析的目的是设计及分析一些计算的方式，可针对一些问题得到近似但足够精确的结果。例如，计算太空船的轨迹需要求出常微分方程的数值解、对冲基金会利用各种数值分析的工具来计算股票的市值及其变异程度、保险公司会利用数值软件进行精算分析。由于其在不同领域都有广泛应用，数值分析的理论发展及其计算工具的应用正吸引着更多数学工作者和算法研究人员参与其中。

最先进的复杂数值分析是极其耗时也易出错的，需要高度熟练的分析人员使用具有各种内置统计和数据分析方法及测试库的工具，除了 MATALB 外，还有 SAS、SPSS、Mathematica、R 语言、Excel 和 SciPy 生态系统（Python 的数值和科学扩展）等。这些编程语言和计算工具，在大数据时代正在飞快发展。

总结

在将近 40 年的时间里，MathWorks 每年都实现盈利，MATLAB 至今无法被任何竞品替代，思其原因，不外有三。

1. 不忘初心。莫勒尔在学术界和工业界都成绩斐然且获奖无数，但都没有离开他对数学及其在工程方面应用的初心。

2. 牢记使命。专注于数值分析，专注于技术发展，莫勒尔在 40 余年的学术和创业生涯中一直秉承为教育事业做奉献的精神。

3. 为客户服务。无论是 1984 年的 MATLAB 第一版，还是如今被广泛应用于航天、汽车、金融等各种研究领域的 MATLAB 最新版，在莫勒尔的学术指导下 MathWorks 一直秉承为使用者服务的深度支持与合作的精神，把实现客户对于计算内容的目标作为核心商业战略。

成为医疗行业巨擘的三院院士

——记 Moderna 公司创始人罗伯特·兰格尔

罗伯特·兰格尔（Robert Langer），生物工程学家，麻省理工学院大卫·H. 科赫研究所教授（David H. Koch Institute Professor），长期从事医学和生物技术领域研究工作，被认为是再生医学组织工程的奠基人，被誉为"医药界的爱迪生"。兰格尔教授已发表论文超过 1500 篇，是历史上论文被引用次数最多的工程师，在全球拥有超过 1400 个已发布和正在申请的专利，其中部分专利已被授权或分发给 300 多家制药、化学、生物技术和医疗设备公司。兰格尔教授曾获超过 220 个奖项，同时获得美国国家科学奖章和国家技术与创新奖章。此外，兰格尔教授创办了 Enzytech、AIR、Momenta，以及 Moderna 等公司。

是高光时刻，也是人生低谷

1948 年，罗伯特·兰格尔出生于纽约。童年时，他很喜欢化学，经常自己摸索着做实验，在 11 岁时就亲手合成了橡胶和塑料。

22 岁的兰格尔获得康奈尔大学化学工程系学士学位，26 岁获得麻省理工学院化学博士学位。在获得博士学位之后，兰格尔经历了人生逆境，他在很长一段时间里都饱受挫折和打击。当时，兰格尔坚定地想扎根医学界，但由于其专业不符，在找工作时屡屡被拒绝。他始终坚定自己的选择，终于有幸得到了哈佛大学教授兼波士顿儿童医院的外科主任朱达·福克曼（Judah Folkman）的青睐，成为福克曼教授实验室的一名博士后。在这个医院里，兰格尔是唯一一个工程师出身的工作者，因为没有太多医学方面的知识储备，工作属实艰辛。但是，这个选择成为兰格尔的人生转折点，注定让他走上一条传奇之路。

最开始，兰格尔在实验室的主要工作是协助福克曼教授探索一种非常规治疗癌症的方法——通过分离能抑制血管生长的化合物，阻止癌细胞新生血管的生成，从而抑制癌细胞的生长和扩散。兰格尔试图研究出一种能够准确定位病灶的生物相容性聚合物。这种生物相容性聚合物在到达特定位置后将药物分子缓慢释放，以实现抑制癌细胞中血管生长的目的。对于这一设想，学界主流持怀疑态度，许多人认为让大分子穿过固体聚合物几乎是不可能的，因为通过注射或吸入的大分子进入体内后往往会被直接消化分解，很难找到一个可行的输送系统。

在对学界主流的质疑进行思考之后，兰格尔想到通过非炎症性的合成聚合物系统来控制抑制剂的输送。这一聚合物系统可以直接定位肿瘤，将抑制剂准确输送到对应器官或组织，实现定点释放。经过千百次的尝试和摸索，他最终证明了自己这一设想的可行性，成功研发出有效的多孔聚合物系统，这一聚合物系统能够包裹和封装血管合成抑制剂并控制其定点释放。同时，他还证实了这种潜在的血管生成抑制剂对癌细胞血管生长的持续抑制作用。这一发现就是如今更为先进的药物输送技术的前身。通过对持续抑制作用的研究，利用阻止癌细胞血管生长的技术来抑制肿瘤的增长和扩散已经逐渐成为对抗癌症的常用手段。现在市场上的很多血管生成抑制剂，如 Avastin、Nexavar、Votrient 等都是在兰格尔研发的合成聚合物系统的基础上进行研发和创新后的产物。

有了可观的研究成果并不意味着兰格尔的职业生涯一马平川。事实上，这只是其漫漫求索路的开始。虽然兰格尔在非传统的癌症治疗方法上取得了突破性进展，但这一建设性成果申请专利权的过程却十分坎坷。在专利申请屡屡受挫的同时，兰格尔完成博士后工作后申请教职也处处碰壁，他向美国国立卫生研究院提交的研究基金申请也被驳回。

面对生活和现实的压力，兰格尔选择了暂时的妥协，临时在麻省理工学院营养系找到了一份收入微薄的工作。后来，麻省理工学院化学工程系向他抛出的橄榄枝使得兰格尔全身心投入再生医学领域组织工程研究，并成立了兰格尔实验室。至今，这位新兴领域的奠基人仍领导着该实验室。

兰格尔的研究往往处于时代前沿，总是超过当时学界主流的认知水平和见解，所以兰格尔刚投身于医学的很多年里，幸运女神都未曾眷顾他，不仅大学研究基金申请频频被拒，而且鲜少与大公司达成合作，一度面临失去饭碗的危机。资金和平台的支持是科研成果落地的前提，而兰格尔早年的研究进展受现实经济因素所限，常常难以推进。

但他凭借着心底的那份热爱与坚持，一路上克服了各种现实的阻力和研究的困难，为创新方法攻克癌症写下了浓墨重彩的一笔。如今，兰格尔已经集美国国家科学院、国家工程院和国家医学院三院院士于一身，职业生涯中获得了包括美国国家科学奖章在内的 220 多个奖项。纵观历史长河，兰格尔是论文被引用次数最多的工程师，他将毕生精力投身于自己所热爱的领域，突破学界原有的认知边界，贡献了开拓性的思路和设想，在日常的理论探索和实验试错中不断拓展科学研究的深度和广度，发表论文超过1500 篇，被引用次数超过 32 万次。

成果首次商业化与 Moderna 的创立

兰格尔的学术研究始终走在学界的最前端，虽然他在科研方面一直小有成就，却很难实现自己的科研成果转化。由于兰格尔的研究对于当时的学界和业界来说比较超前，他的研究思路和成果稍显晦涩难懂，对于当时的人们来说，比较难理解和想象这些研究成果具体有何应用。兰格尔也渐渐发现自己的研究成果并未获得应有的重视和认可，其价值未得到充分发掘和利用。于是，他想到凭借自己的力量来使科研成果落地并实现产业化，这样就可以实现他利用研究成果造福社会的抱负和初衷。

创办公司的第一道关卡就是资金。深思熟虑后，兰格尔选择通过向一家制药公司转让专利来获得创业的"第一桶金"。有了这笔初始资金，兰格尔开始创立自己的公司，逐渐步入了正轨，并自此一发不可收拾。

兰格尔和同事一起创立的第一家公司名叫 Enzytech，这家公司专攻研发可用于向 I 型糖尿病患者提供口服剂量的胰岛素。1987 年，兰格尔的团队成功开发了用于治疗糖尿病等疾病的药物释放产品。因为糖尿病患者人数众多，公司面向的用户和市场需求量很大，这一研究受到了一家大型制药公司的青睐。

在 Enzytech 被收购后，兰格尔又成立了第二家公司 Neomorphics，主要生产用于组织生长的生物相容性材料。有了一定创业经验，兰格尔接下来几家公司的创办相对顺利起来。1992 年成立的 Focal 专攻用于密封剂和预防手术粘连的可降解生物材料；1993 年，兰格尔创办了两家新企业 Enzymed 和 Acusphere，主要产品为使用多孔微球技术的成像剂……成立了多家公司后，兰格尔就与投资人有了固定且密切的合作关系，他也在此基础上摸索出一条适合且可行的科研成果商业化之路。

不过，最有价值的还是生物技术公司 Moderna。Moderna 成立于 2010 年，致力于研发 mRNA 作为治疗一系列疾病的创新疗法，使用 mRNA 让患者体内的细胞成为产生药物的"体内工厂"。目前，Moderna 正在进行 23 项临床试验，不仅针对新冠疫情，还针对癌症、心脏病和罕见病。所有的一切都依赖于 mRNA 和纳米技术。兰格尔认为他对 Moderna 的投入是迄今为止最有利可图的，他始终相信 Moderna 会成功。兰格尔说："不仅因为对 Moderna 技术平台的承诺，我还对 Moderna 敬业的领导团队与员工同样印象深刻，所以从公司成立以来，我从未出售过 Moderna 的股票。"

2020 年，Moderna 的股价迎来多次飙升，11 月 Moderna 宣布其在 COVID-19 疫苗的第三阶段实验中收集了足够的数据，并提交到独立委员会进行分析。消息一出，Moderna 当天股价上涨近 7%。2022 年 2 月，Moderna 公司发布消息，他们正在启动 3 个新项目来拓展自己的 mRNA 管线。这则公告表明 Moderna 公司正在利用在新冠 mRNA 疫苗上积累的经验来推动整个公司 mRNA 管线扩展。2022 年 3 月 Moderna 发表声明，将向 92 个易受疫情影响的低收入和中等收入国家提供生产 mRNA 新冠疫苗的技术，只要这些国家仅在本国内使用该技术，公司就不会使用专利权来阻止这些国家进行 mRNA 疫苗生产。对于这 92 个国家之外的其他国家，Moderna 公司愿意以商业合作的方式将其 COVID-19 疫苗技术许可给这些国家的制造商，这意味着此类合作是有偿的，即收取一定的特许权使用费。

兰格尔持有 Moderna 3% 的股份，这部分股份的价值已经超过了 10 亿美元，他的总净资产也因此达到了 35 亿美元。据《福布斯》估计，兰格尔的财富主要包括他持有的 Moderna 的股票及一些生物技术初创企业的股份，如 Frequency Therapeutics、Lyra Therapeutics 和兰格尔实验室的博士后创办的 SQZ Biotechologies 等。

在兰格尔及团队的共同努力下，科研成果和产业落地之间的转化构成了一个良性循环。具体来说，兰格尔将研究成果不断转化，通过创办公司来实现其研究成果产业化，在公司做出一定成果后被大公司收购，再用这笔资金继续开展新的研究，之后再成立公司。按照这种商业逻辑和运营模式，兰格尔已累积拥有 1400 多项专利，这些专利授权给生物技术和制药公司的次数累计已达 400 多次。

资本助力科创

兰格尔参与创立了超过 40 余家生物科技初创公司，其中有 20 多家是与风险投资公司 Polaris Venture Partners 合作创建的。Polaris Venture Partners 是一家位于波士顿的风投企业，投资重心在医疗保健和科技行业的公司，投资对象涵盖从初创到盈利各个阶段的企业。兰格尔常常会和 Polaris Venture Partners 的特里·麦奎尔（Terry McGuire）分享自己的科研成果与想法，如果麦奎尔认可了他的成果或想法，觉得这一成果可以转化为可盈利的产品，或者这是一个适应市场需求、可落地的思路，就会给他或他的学生提供资金。兰格尔和学生的很多公司都有非常好的发展和经营表现，其中有一部分在纳斯达克上市或被强生等巨头收购。

创办成功，模式至上

兰格尔作为现代生物医学工程的奠基人和领军人，不仅在科技创新方面高产，创业思路也很有自己的想法。从 20 世纪 80 年代创办第一家公司开始，兰格尔一直遵循着一脉相承的创业策略。尽管市场行情瞬息万变，投资人的偏好和主流赛道也变幻莫测，兰格尔始终以不变应万变，不会受外界环境所困而动摇自己的原则。通过多年来创办和经营公司经验的积累，兰格尔对于投资者的心态，以及对方所期望得到的利益有了清晰而深刻的洞察和理解，所以兰格尔对于吸纳投资、将自己的企业做大做强都有着十足的把握。

科研工作者在高手如云的商界如鱼得水，得益于其独特的理念和原则。兰格尔认为合理的分工协作对于公司运作至关重要，要在用人方面下功夫，充分发挥每个人才的特长和优势。兰格尔作为创始人，很注重吸纳社会上的专业型人才，或者发掘自己身边的人来管理公司，负责日常事务的执行和调度。这样一来，他自己也有时间和精力关注最前沿的课题，思考新的研究方向。让每个人在自己擅长的领域发光发热，这是兰格尔成为创业者中常青树的诀窍。兰格尔兼具科技巨头和商业大鳄的双重身份，事实上，他在科研和创业之间找到了平衡，通过创业转化科研成果实现了良性循环，让他的两重身份相得益彰，所以在商界和学术界都实现了不凡的建树。

生物医学工程行业及研究现状

兰格尔所在的生物医学工程领域是一个很新的学科，在二战后才逐渐开始发展，在近几十年实现了很大的突破和进展，也吸纳了越来越多的投资和关注。目前在生物医学工程技术方面比较知名的公司有专攻肾脏疾病的 Fresenius Medical Care，在结构性心脏病方面实现突破的 Edwards Lifesciences，以及医疗科技领军企业 Medtronic。

生物医学工程是一门生物、医学和工程多学科交叉的边缘学科，其主要任务是运用工程学原理解决生命科学和医学问题。具体地说，生物医学工程是为了改善人类健康，在医学和生物学领域结合物理学、化学、数学和计算机科学，进而运用工程学原理和方法促进医疗卫生发展的一门学科。

生物医学工程在国际上作为一个学科出现，始于 20 世纪 50 年代，特别是随着宇航技术的进步、人类实现了登月计划以来，生物医学工程有了快速的发展。1976 年，世界第一家生物技术公司——Genentech 在美国诞生，标志着生物工程产业由此诞生，并且拉开了世界范围内的生物工程产业革命的序幕。1982 年，人类史上第一个基因工程药物——基因重组人胰岛素问世。

生物医药产业链的上游为基础研究的开展，通常是由独立医学实验室，即第三方检测中心完成，有部分医院亦设有独立实验室，可承担一部分医药外包的项目。中游为生物医药制造，包含疫苗、血液制品、诊断试剂及单克隆抗体等产品的生产。下游为消费终端，包括医疗机构（含医院、基层医疗卫生机构、专业公共卫生机构）及医药零售终端（包括实体药店和电商平台）。

目前，生物医学工程产业是全球发展最快、贸易往来最活跃的产业之一。生物医学工程学除了具有很好的社会效益外，还有很好的经济效益，前景非常广阔，是目前各国争相发展的前沿技术之一。

总结

无论是作为科研工作者，还是企业家，兰格尔都名声大噪，这是极其罕见的。名声越来越大，身边的资源随之增多，创立公司的发展路线也日渐成熟。思考其学术创业两开花的原因，大概是兰格尔教授一直关注着以下 3 个方面。

1. 人才培养的支持。越来越多优秀学生和博士后慕名而来，使得如今的兰格尔实验室成为世界最大的生物工程实验室。

2. 技术成果的完善。先进且完备的技术成果促使更多投资人愿意为他提供源源不断的研究资金和创业投资。

3. 良性循环的形成。优秀学生越多，科研力量就越强，商业价值就越大，愿意投资的人就越多，于是形成一个学术与资金相互推动的正向循环。

光场摄影技术的先行者

——记 Lytro 公司创始人吴义仁

吴义仁（Yi-Ren Ng），计算机科学家，加利福尼亚大学伯克利分校电气工程和计算机科学系教授。2001—2006 年，吴义仁先后获得斯坦福大学数学和计算科学学士学位、计算机科学硕士学位与博士学位。吴义仁主要从事计算机视觉、光场成像技术、人类视觉和人工智能领域的研究工作。2006 年，他创立了家用级光场照相机公司 Lytro，担任首席执行官和执行主席。2011 年，吴义仁入选《硅谷日报》40 位 40 岁以下杰出人士，2012 年入选《麻省理工科技评论》"35 岁以下科技创新 35 人"名单和 Fast 公司的 100 位最具创意的商界人士。目前，吴义仁已获得多项荣誉，如 HIPA 摄影研究奖、PMDA 技术成就奖、RIT 影像名人堂、皇家摄影学会的塞尔温奖等。

深耕前沿领域，踏上创业道路

吴义仁出身于马来西亚的一个华裔家庭。9 岁时，他们全家移民到了澳大利亚。之后，在澳大利亚当地的学校里，他一路从小学读到高中。

1997 年，吴义仁申请去斯坦福大学攻读数学和计算科学专业，并在 2001 年获得学士学位。之后，他专注于计算机科学领域。在 2002 年顺利获得斯坦福大学计算机科学硕士学位后，他选择继续在本校读博，师从全球计算机动画技术领域的知名教授帕特里克·汉拉汉，主要研究用于计算机游戏或电影制作的光场技术。2003 年，吴义仁在给朋友的女儿拍摄照片时，发现现有的照相机很难拍摄出让人满意的照片，他决定转向研究光场技术在照相机领域的应用。

早在 1990 年，斯坦福大学勒沃伊团队已经提出了光场双平面模型，为光场理论的广泛应用奠定了重要的理论基础。后来，基于光场双平面模型，斯坦福大学勒沃伊团队先后研制出了用于记录光场的单照相机扫描台与阵列式光场照相机。其中，阵列式光场照相机是由 100 台照相机组成的阵列，用于捕获真实世界的动态场景，还可以透视树叶或人群等。

基于勒沃伊团队的研究成果，吴义仁将目光投向光场成像技术在家用级照相机领域的应用。如何让"光场照相机"变得更加轻便呢？吴义仁想到了"将 100 台照相机缩小为 1 台照相机"的设计理念。他保留了原有光场照相机的诸多功能，并找到了能让光场照相机缩小到一般照相机尺寸的方法，随后，他打造了一台原型家用级光场照相机。吴义仁所在的图形实验室将这部原型机以他的名字命名，称为"仁的照相机"。吴义仁也将研发家用级光场照相机的硬件、软件问题等写进了博士毕业论文。2006 年，吴义仁成功获得美国计算机协会博士论文奖。紧接着，他又与光场摄影机创始人马克·勒沃伊、马克·霍洛维茨一起发表论文 *Light Field Microscopy*，圆满完成了博士阶段的学习。

博士期间的研究成果让吴义仁有了进一步推进家用级光场照相机原理研究的动力，实现家用级光场照相机在真实场景的应用。他希望将家用级光场照相机做得更加精良并把该产品推向市场。但是，考虑到自己从未从事过与商业相关的工作，他并不确定是否可以成功创业。无意中，他遇见了 K9 Ventures 的创始人及 CFO 马努·库马尔（Manu Kumar）。吴义仁与库马尔反复探讨了家用级光场照相机的商业可行性，逐渐坚定了以家用级光场照相机为核心技术来创办公司的决心。

2006 年 3 月 21 日，斯坦福大学计算机科学系举办了成立 40 周年的庆祝活动，邀请了众多教授、企业家发表演讲，这其中不乏兼具两种身份的杰出人士。听完那些触动心弦的演讲后，吴义仁立即决定创办属于自己的公司——Refocus Imaging。库马尔在听到这个决定后，兴奋地交给他一张支票。Refocus Imaging 就这样得到了第一笔投资。其实，早在与吴义仁不断的交流中，库马尔已经下定决心支持他了，用库马尔的话讲，"我已经把钱转到了支票账户上，时刻准备支持吴义仁创业。"

创业初期，专注研发

虽然在科研方面颇有建树，但是想要把科研成果转化成商业产品，对于当时的吴义仁来说，可能并不是一件容易的事情。

成立初期，Refocus Imaging 是一个仅由 4 个人组成的小团队，并没有决定要进入哪个细分行业。于是，吴义仁与库马尔不断地琢磨将家用级光场照相机原理应用在安全、防务、手机、镜头适配器等场景。同时，他们开始向风投公司兜售自己的想法，遗憾的是，可能因为商业计划不够成熟,几乎所有的风投公司都拒绝了他们。但是这些拒绝并没有让他们放弃。最终,在斯坦福大学计算机科学教授、硅谷知名投资人拉吉夫·莫特瓦尼(Rajeev Motwani)的引荐下,风投公司 Greylock 决定为吴义仁的想法下注。2007 年,Greylock 公司向 Refocus Imaging 公司投资了 25 万美元。

彼时,照相机行业是一个相对传统甚至陈旧的行业,数码照相机、胶卷照相机长期占据市场,许久未有引人注目的创新产品。吴义仁团队意识到,把光场照相机带入消费级数码产品市场,或许是个不错的主意。他们当机立断,决定在家用光场照相机的原型机基础上,研发出真正具有实用性的新型照相机。

传统的照相机行业非常注重分辨率的提升。2004—2006 年,单反照相机制造商佳能研发出了近 10 款不同分辨率的镜头。但在吴义仁看来,照相机的分辨率并不是 Refocus Imaging 公司产品的最大卖点。Refocus Imaging 需要更加专注于研究出将光场照相机特点和已有的数码照相机操作方式相结合的照相机,打造出和现有光场照相机相同,但不需要聚焦且操作简单的新型照相机。

同时,Refocus Imaging 公司还积极创新照相机与计算机、互联网的联动模式。吴义仁设想将照相机通过 Micro USB 接口充电和计算机进行连接,以便在计算机上查看照片及连续调焦;或者通过网络将照相机与服务器连接,使用者可以在网站上查看或分享图像。

产品上市，一举成名天下知

Refocus Imaging 公司新颖的研发理念获得了资本市场的青睐，吸引了投资者的关注。2011 年 5 月，Refocus Imaging 宣布获得来自 Greylock Partners、Anderson Horowitz 等机构投资的 5000 万美元 A 轮投资。同年，Refocus Imaging 改名为 Lytro，公司进入快速发展的阶段。

随后，Lytro 推出了第一款产品 Lytro 光场照相机。初代 Lytro 光场照相机与市面上大多数形状方正的照相机不同，采用了柱形外观，一端是镜头、另一端是屏幕，而且仅有两个操作按钮。即使没有专业人员的指导，用户也能快速摸索出照相机触摸屏的操作方式。

这款照相机一上市就获得了惊人的反响，引得各大主流媒体争相进行报道。《纽约时报》记者史蒂夫·洛尔（Steve Lohr）在报道中称"Lytro 照相机从多角度捕捉的光线数据量远远超过传统照相机。"《华尔街日报》记者唐·克拉克（Don Clark）报道"由于照片是拍摄后聚焦的，用户不必在拍摄前花费时间聚焦，他们也不必担心最终失焦问题。"

鲜花和掌声落到了吴义仁和 Lytro 身上。2013 年，吴义仁获得得了英国皇家摄影学会颁发的塞尔温奖，该奖项旨在表彰年龄在 35 岁以下且在成像研究领域具有重要贡献的人。

苹果公司的创始人兼 CEO 乔布斯也曾邀请吴义仁到家中演示 Lytro 的技术，并且希望与 Lytro 公司达成合作。遗憾的是，Lytro 公司与苹果公司的合作因乔布斯的去世而没有达成。2013 年 12 月，North Bridge Venture Partners 和已参与 Lytro 第一、第二轮融资的 Greylock

Partners 等风投机构，共同为 Lytro 投资 4000 万美元。

Lytro 决定运用这些资金进一步推动家用消费级光场照相机的研发，提升光场摄影在家用照相机中的地位，力争掀起下一次交互式图像捕获和共享的新浪潮。

产品开发失控，风波骤起

2014 年 7 月，Lytro 公司推出了第二代产品 Lytro Illum。然而，本以为交互式图像捕获和共享的新技术将为公司带来增长点的吴义仁却没有意识到，新技术的应用也降低了照相机的使用性能。Lytro Illum 实际拍照的有效像素有限，成像速度非常缓慢，抓拍时非常容易错失最佳时刻。

而此时，交互式图像捕获和共享的新浪潮正在掀起，智能手机悄悄抢夺了照相机市场。三星、苹果、华为、小米等智能手机层出不穷，各品牌纷纷加大了摄影功能的研发力度，使之成为手机卖点。相比传统照相机，智能手机的设计更加便携化、人性化，这加速了照相机市场份额的萎缩。依据美国照相机与影像产品协会的统计数据显示，2014 年全球数码照相机的出货量只有 4340 万台，较上一年减少近 2000 万台。

照相机市场竞争骤然激烈，而 Lytro 新推出的产品具有明显的缺陷，这一度让公司陷入困境。面对这样的困境，吴义仁团队并没有放弃照相机行业，而是试图通过转型来拯救公司。2015 年，Lytro 开始投身于 VR 照相机行业，改造并推出了 Lytro Immerge VR 照相机；2016 年，它收购了 VR 动画公司 Limitless。但这些措施都没有使它重振辉煌。最终，谷歌于 2018 年收购了 Lytro。Lytro 在声明中说："我们很高兴看到，Lytro 团队未来的新机遇。我们非常感谢所有支持我们的人，希望可以在未来遇见。"

在谷歌公司收购了 Lytro 后，吴义仁退出了商业项目，在熟悉的校园中继续专注于计算机摄像领域的学术研究。2019 年，他获得了吉姆和唐娜·格雷计算机科学本科教学教师奖，荣获了赫尔曼学院奖学金，发表了关于摄影成像的论文 *Video from stills: Lensless imaging with rolling shutter*。

时至今日，他仍然奋战在计算机摄影的教学和科研一线。他在伯克利分校教授的课程"CS294-Computational Color"，被认为是该校质量最好的课程之一，涵盖了相关领域近 1 ~ 2 年最前沿的知识，被学生称为"飞往前沿领域的航班"。

光场照相机行业及研究现状

光场成像是计算光学成像领域的一个重要分支。著名的物理学家迈克尔·法拉第（Michael Faraday）在其一篇名为 *Thoughts on Ray Vibrations* 的文章中，首次提出了"光场应当被诠释为场"的概念。詹姆斯·麦克斯韦（James Maxwell）在光场假设提出的 28 年后，初步建立了光场的数学模型，带动了 20 世纪上半叶光场理论的发展。

1992 年，阿德尔森（Adelson）等人将光场理论应用到计算机视觉并提出全光场理论。1996 年，勒沃伊提出光场渲染理论及成像公式，将光场进行参数化。2005 年，跟随勒沃伊教授攻读博士学位的吴义仁发明了第一台手持光场照相机。

吴义仁创办的 Lytro 被收购后，带动了光场照相机行业的发展。后来，越来越多的公司，包括苹果、Raytrix GmbH、佳能等，都循着 Lytro 的思路，研发光场技术在日常场景中的应用。目前，美国硅谷的科技巨头如谷歌、Facebook、Magic Leap 等争相布局和储备光场技术，有些甚至已经推出了模板。

光场技术应用场景百花齐放。例如，苹果在 2019 年时研发出了搭载光场照相机的 Apple Watch 并申请了专利；Raytrix GmbH 制造的光场照相机已经上市销售，既可用于分子生物、化工制药等科研领域，也可以用于电影、电视剧、大型综艺节目的拍摄。光场技术在照明工程、光场渲染、重光照、重聚焦摄像、合成孔径成像、3D 显示、安防监控等场合应用广泛，未来将迎来广阔的发展空间。

总结

吴义仁不仅在科研上寻求不断突破、开拓创新，而且能及时将研究成果商业化。回顾其从学生时代到创立 Lytro 的经历，吴义仁教授的学业和事业的发展历程可以带给我们以下几点启示。

1. 慧眼独具，勇于创新。当看到传统照相机技术陈旧，像素不令人满意后，吴义仁眼光独到，开创了光场照相机在日常生活中的应用。与传统照相机技术的区别，使光场照相机在市场上迅速崭露头角。虽然，光场照相机技术的创新应用进展并不顺利，但吴义仁勇于创新的精神却让很多学者及投资者认识并开始深入关注这一领域。

2. 脚踏实地，专注研发。创业初期，吴义仁一直专注于研发，脚踏实地做好每一步，使光场照相机推向市场后，立即获得了关注度。而面对市场的竞争及研发的压力，后期 Lytro 急于求成，失去研发技术的恒心和专注度，推出产品的性能大不如以前，让企业遭受滑铁卢。

3. 努力寻求资本合作。资金对于技术成果商业化至关重要，吴义仁积极与各大风投公司联系，重视资本的支持，努力寻求与资本的合作，最终在创业的 12 年中获得数轮融资，使得 Lytro 将技术成果转变为商业成果的构想获得了很大成功。

宽带数字通信领域先驱

——记博通公司创始人亨利·萨缪里

亨利·萨缪里（Henry Samueli），美国应用数学工程师、科学家，加利福尼亚大学洛杉矶分校（UCLA）电气和计算机工程系教授，美国艺术与科学院院士，美国国家工程院院士，研究领域主要为半导体。萨缪里是芯片制造商博通（Broadcom）的联合创始人，并曾担任博通的首席技术官。博通于 2016 被 Avago Technology 以 370 亿美元收购，萨缪里在 2018 年卸任首席技术官，现在担任董事会主席。他曾被授予总统奖章、IEEE 电路和系统协会工业先锋奖，以及 UCLA 工程和应用科学学院年度校友奖。

从自制收音机开始

亨利·萨缪里出身于洛杉矶的一个犹太家庭。小时候，每当他有空闲，就会跑去自家经营的酒水零售店里帮忙。七年级时，萨缪里"建造"了一台 Heathkit AM/FM 短波收音机。当收音机插上电流时，美妙的音乐瞬间传了出来，年幼的萨缪里暗自下定决心要成为一名工程师，要弄清楚无线电与手里这台收音机是如何工作的。

高中毕业后，因家庭原因，萨缪里选择到离家较近且学费相对较低的 UCLA 的工程学院学习。在这里，他攻读了学士、硕士和博士学位。20 世纪 70 年代中期，他的研究方向开始偏向于工程中快速发展的细分领域——数字信号处理。毕业后，萨缪里在 TRW 公司电子和技术部的工程与管理岗任职。这是一个有大量机会研究数字信号处理机会的岗位，他在短短几年后就成为该领域的专家。在业界工作 5 年后，萨缪里与妻子苏珊商量后决定回到 UCLA 当一名助理教授。

是师生，也是合伙人

1985 年，萨缪里回到 UCLA 后继续进行对宽带通信电路和数字信号处理的研究。他与他的博士生亨利·T. 尼古拉斯（Henry T. Nicholas）构想出了宽带通信芯片的数字信号处理架构，并设计了世界上第一个数字交互式电视芯片。1991 年，师生二人联合在加利福尼亚州雷多东海滩的一座公寓里创立了无晶圆厂半导体公司——博通。也是从这个小公寓开始，博通逐渐成长为通信和网络设备芯片的最大生产商之一。萨缪里与尼古拉斯一起构建了世界上第一个数字电缆机顶盒调制解调器芯片组，以此作为数字盒子的电缆信号接收器。萨缪里曾提到，他们尝试用非常普通的技术来构建高性能无线电和通信电路。即使当时业内人士都认为这是不可能完成的工作，但是他依然与尼古拉斯一同尝试着各种可能性。萨缪里自己都不禁感叹道"我们确实改变了世界。"

萨缪里和尼古拉斯很早就把两人在博通的职责划分清楚了。萨缪里是首席技术官，尼古拉斯担任首席执行官。他们雇用了经验丰富的专业人员来从事他们没有足够经验的工作，如财务、人力资源和市场营销等工作。随着公司的发展，公司聘请了经验更丰富的领导者斯科特·麦格雷戈（Scott McGregor）担任首席执行官。

技术与资本共同推动公司发展

萨缪里说："我们（博通）是宽带数字通信领域的先驱。放眼我的职业道路，如果没有在 UCLA 接受电子工程教育，我个人的职业发展是不可能成功的。"的确，与大多数技术密集型产业一样，半导体行业也有着相当高的技术门槛。萨缪里在 UCLA 的工作让他保持着对宽带通信电路和数字信号处理的前沿研究的热忱。同时，扎实的专业基础是其在创业道路上的突出优势。"工程师因具备独一无二的解决问题的技能而成为伟大的专业人士。如果在本科阶段接受理工科的专业训练，那么可以将这种训练应用于任何领域，这几乎可以保证（职业道路上的）成功。"

博通于 20 世纪 60 年代推出首款商用发光二极管（LED）点阵显示器，开发了突破性的磷砷化镓（GaAsP）LED。这些发明被应用在多种场景下，例如手持设备的字母数字显示器、停车灯和标牌等。

1998 年 4 月 17 日，博通注册股票代码 BRCM 并以 24 美元的开盘价开启首次公开募股，筹集到 8400 万美元。2016 年 2 月，博通被总部位于新加坡的芯片公司 Avago 以 370 亿美元收购，博通与 Avago 合并后保留了"博通"这一响亮的招牌，但是股票代码选择了 Avago 的 AVGO。

在资本的助力下，博通也收购了多家公司，例如 2011 年以 37 亿美元收购 NetLogic Microsystems、2016 年以 59 亿美元收购 Brocade Communications Systems、2019 年以 107 亿美元收购 NortonLifeLock。

创业之路插曲不断

创业之路当然不是一帆风顺的，在博通不断发展壮大的同时，也面临着更多的风险与挑战。其中最著名的就属博通与它的商业竞争对手高通之间的专利纠纷。2007 年 6 月，美国国际贸易委员会禁止进口使用高通公司的特定微芯片的新型号手机，因为发现高通公司使用的微芯片侵犯了博通持有的专利。同年 10 月，委员会做出了最终认定，高通侵犯博通的专利，随后委员会做出了终裁。2009 年 4 月 26 日，博通与高通之间就该专利长达四年的法律争议才达成和解。

感恩之心不可无

如今，《福布斯》估计萨缪里的身价超过 60 亿美元。他不仅是一位科学家、企业家，也是一位著名的慈善家。博通的成功为萨缪里提供了更多机会去帮助非营利组织。他与他的妻子共同加入了 Giving Pledge，该团队由许多慈善家组成，他们都承诺在有生之年捐赠他们的大部分财产。

萨缪里的成功离不开 UCLA 的培养和教育。2000 年，萨缪里向 UCLA 捐赠了 3000 万美元，工程学院因此以他的名字命名。由于有一些曾帮助萨缪里共同促进博通发展的老同事工作调动至加利福尼亚大学欧文分校，萨缪里基金会在 2017 年向加利福尼亚大学欧文分校提供了 2 亿美元的捐赠，这笔捐款被用于建造以萨缪里与他妻子名字命名的一所专注于跨学科综合健康研究的健康科学学院。2019 年，萨缪里基金会再次向 UCLA 捐赠 1 亿美元，这也是该校有史以来接收到的数额最大的一笔捐赠款，同时学校表示该捐款将用于扩大学院建设并雇佣更多的教师。

萨缪里从不匿名捐赠，因为他与他的妻子认为引人注目的慈善事业能够给他人树立榜样，激励他人参与慈善事业，是应该引以为豪的。作为一名成功的企业家、工程师，萨缪里始终记得自己的社会责任，在成功后也不忘回报社会。

半导体领域精彩呈现

半导体行业属于世界上最重要的行业之一，如今在人工智能、高性能计算、5G、物联网与自治系统等新兴技术中发挥着关键的促进作用。

早在 20 世纪 80 年代之前，半导体行业是垂直整合的，也就是说，半导体公司拥有自己的硅片制造设备，自己开发工艺技术来制造芯片，自己进行芯片的组装和测试。

早期，IDM（Integrated Device Manufacturer，集成设备制造商）的生产能力过剩，许多小公司可以只进行芯片设计而将生产委托给 IDM，为无工厂商业模式的诞生奠定了基础。后来，随着台积电的成立，代工行业逐渐兴起。代工厂成为无晶圆厂模式的基石，为无晶圆厂公司提供了一个非竞争性的制造伙伴。主流 IDM 向完全无晶圆厂模式的转变验证了无晶圆厂制造模式的成功，如今包括苹果、英飞凌和赛普拉斯半导体在内的大多数主流IDM 都把外包芯片制造作为一项重要的制造战略。因此，随着行业的不断变革，无晶圆厂半导体公司不断地发展和普及起来，而博通就是这样一家无晶圆厂半导体公司，为计算和网络设备、数字娱乐和宽带接入产品及移动设备的制造商提供业界最广泛且一流的片上系统和软件解决方案。

从全球市场的角度来看，美国在半导体行业的研发与资本性支出始终保持着较高水平，因此美国在半导体行业全球市场份额中一直保持着领先地位。美国目前在逻辑芯片领域与模拟芯片领域占领先地位，内存芯片领域与分立芯片领域领先的国家（地区）分别是韩国与欧洲。目前，比较知名的企业有英特尔、三星、德州仪器和台积电等。

总结

时势造英雄，也是英雄造时势。萨缪里既在无线电通信领域取得了重大的理论突破，也成功指引博通公司实现了学术成果的商业化。萨缪里以下 4 点成功经验值得我们思考。

1. 胸怀大志，坚定理念。小时候的电气工程师的梦想，为他在日后改变无线电通信市场埋下了种子。在创新研究中，即使被否定，萨缪里也坚持用非常普通的技术来构建高性能无线电和通信电路，尝试各种可能性来实现目标。

2. 眼光独到，富前瞻性。萨缪里在大学中深耕数字信号处理领域的经历，为他积累了丰富的学术成果与资源，这是科学创新的第一步，为以后的技术创新和技术商业化奠定了良好的基础，也必然奠定博通创立的基石。

3. 丰富实战，凯旋归校。业界归来再教书的萨缪里，充分整合了实战资源和理论资源，彼时，他内心已然深知数学和科学可以改变世界。他全方位深耕半导体行业，不论是学术理论还是实战经验的积累，均在助力萨缪里及其团队将科学技术成果商业化。

4. 感恩母校，回馈社会。科技创新创业是一个综合复杂的系统，大学和企业是主战场，这是毋庸置疑的，学校的良好教育与培养是创业的隐性资本，再结合相应的商业化和法律方面的运作，才使得科技成果转化成实际生产力。

致力于科研成果商业化的冶金学家

——记 Desktop Metal 公司创始人克里斯托弗·舒赫

克里斯托弗·舒赫（Christopher Schuh），冶金学家，麻省理工学院材料科学与工程系冶金学教授、前系主任，主要从事结构冶金学研究。1997 年，舒赫教授获得美国伊利诺伊大学厄巴纳 – 香槟分校材料科学与工程学士学位，4 年后获得美国西北大学材料科学与工程博士学位。截至 2021 年年底，他已累计发表了 300 多篇论文，申请数 10 项专利，获得美国矿物、金属与材料学会的罗伯特·兰辛·哈代（Robert Lansing Hardy）奖章等荣誉。2011 年，舒赫教授被评为麻省理工学院任麦克维卡尔研究员（MacVicar Fellow）。舒赫教授与他人共同创立了多家冶金公司，包括 Xtalic、Desktop Metal 和 Veloxint 等公司。

初登科研殿堂

相比大多数步入大学后才能确定专业方向的青年人，舒赫在步入大学之前，就已经确定了自己对于材料科学的兴趣。在本科时期，他选择将材料科学作为自己的专业，涉猎广泛，积累了大量的学科基础知识。

舒赫在材料科学学术研究领域的发展相对比较顺利，一步一个脚印不断提升自己的学术能力，也彰显了自己在材料科学领域的天赋和能力。1997 年，舒赫以优异的成绩取得伊利诺伊大学厄巴纳 - 香槟分校材料科学与工程学士学位，之后赴西北大学深造，从事材料科学相关的研究，尤其专注于理论部分的拓展和延伸，2001 年，舒赫顺利获得材料科学与工程博士学位。

2002 年，舒赫获得劳伦斯利弗莫尔国家实验室博士后奖学金后，加入麻省理工学院材料科学与工程系。在博士后阶段，舒赫将研究重点集中在金属物质领域，包括金属加工、金属微观结构等，并结合力学相关理论进行探索，始终走在学术研究的最前沿。他对先进结构材料（包括无定形金属和纳米晶体金属）的结构与性能之间的关系进行了综合实验和理论研究，在 2003 年成为麻省理工学院获得美国青年科学家与工程师总统奖的 4 名科学家之一。2005 年，舒赫成功从助理教授晋升为副教授。

一帆风顺的研究经历并没有让舒赫就此停留在学术界的舒适圈中。2005 年，舒赫开始思考材料在商业领域的应用——他开始了创业之路。同年，他与麻省理工学院的前研究人员艾伦·隆德（Alan Lund）共同创办了麻省理工学院的合作企业 Xtalic 及麻省理工学院孵化的轻量化解决方案公司 Veloxint，旨在将麻省理工学院实验室的科研成果商业化。此后，舒赫将一系列研究成果运用在工业领域中，极大地推动了工业发展，迎来了科研成果商业化的新阶段。

创业的灵感——保障工人的身体健康

20 世纪末，铬作为工业用品涂层，广泛运用在工业部件和装饰物品上，如汽车保险杠等。然而，使用含有 6 价铬的涂料进行涂装时散发出的有害烟雾将大大增加长期暴露在烟雾中的工人的患癌概率。面对这个问题，舒赫一直在思考，如何能找到危害性小、硬度高，且与铬涂层一样保持光泽度、防腐的金属涂层呢？是否可以运用材料科学的理论，通过改进生产工艺，发现可替代铬涂层的材料？

为了解决这个问题，舒赫跟他的学生安德鲁·德托尔（Andrew Detor）共同设计的新工艺与新产品应运而生，他们在钨基体中加入镍纳米晶粒，形成一种可以替代铬的合金——镍钨合金。它在室温下长期保持稳定，比铬硬度更高、更稳定，在加热时具有很强的分解性。2007—2008 年，舒赫团队的科研成果在 Xtalic 的运营下成功落地，第一代纳米结构涂料实现商业化。2009 年，凭借发现镍钨合金——这一材料科学领域的杰出成果，舒赫获得了终身教职，还获得了伊利诺伊大学厄巴纳 - 香槟分校 2009 年青年校友奖。

比发现镍钨合金更具有意义的是舒赫团队设计的新电镀工艺。谁也不会想到，电镀工艺对于纳米结构合金取代金属涂层具有更加深远的意义，让镍钨合金取代铬作为金属涂层仅仅是电镀工艺的初步应用。后来，从机器部件到汽车零件乃至电子产品，电镀工艺被广泛应用，改善了涂层作业危险的工作环境，提高了工作效率，降低了制造商成本，为人们带来了福音。特别对于便携式电子产品的连接器（电源线、耳机和其他配件的插孔），电镀工艺将镍钨合金涂层运用在金层和铜层之间，提高了电子元件的耐腐蚀性，同时允许电子制造商使用更薄的金层，从而显著降低成本。

后来，Xtalic 围绕这一电镀工艺，不断发展，探索电镀工艺在不同工业场景中的应用。在 2018 年，Xtalic 开发出一款可将电动汽车充电器连接头寿命延长 40 倍的新涂层产品。传统的 Ag-Ni-Cu 结构的连接头，在充电 250 次之后就会磨损。而 Xtalic 用 XTRONIC 和 LUNA 纳米合金替换了原先结构，增强了连接头的硬度、耐久性、耐腐蚀性与耐高温性，可循环充电高达 1 万次而不产生磨损，更能够在 150 ℃或更高温度下工作。

此外，Xtalic 还在研发可用于改善电动汽车续航里程和其他性能的纳米结构铝合金涂层 XTALIUMTM。在这种具有显著抗腐蚀性的涂层保护下，汽车组件的内部材料可以从铝合金换成重量更轻、成本更低的镁合金，更加轻量化。

至今为止，Xtalic 的涂层产品已在全球范围内生产了超过 100 亿个电连接器。如此辉煌的成就毫无疑问离不开舒赫的贡献。作为联合创始人兼首席科学家，他每周都会与 Xtalic 领导层会面并指导团队进行产品设计与研发。

"明星教授"团队引来优质的合作

随着产学研融合水平的不断提升，麻省理工学院"明星教授"舒赫的团队不断扩大，合作者的水平也越来越高。2015 年，基于舒赫在纳米晶体金属领域的新研究，麻省理工学院材料科学与工程学院蒋业明教授、同校 MBA 校友里克·富洛普（Ric Fulop），与他共同商讨进入 3D 打印市场的商业计划。

3D 打印市场正在迅速成长，除了专业 3D 打印厂商之外，各行各业的优秀企业纷纷进入这一领域，包括零售、传统制造、汽车、航空、金融、建筑、电子等众多经济支柱产业的企业。其中，Autodesk、亚马逊、Stratasys、3D Systems 等是最具影响力的大型企业，而 Formlabs、CreoPop、Shapeways 和 Sculpteo 等 3D 打印初创企业的表现也很抢眼。如此激烈的行业竞争，并没有让舒赫团队放弃进入 3D 打印领域。

就这样，舒赫和另一位麻省理工学院机械系的明星教授约翰·哈特（John Hart）等 7 人联合创立了 Desktop Metal，专注于金属材料 3D 打印技术的开发。Desktop Metal 创立后的两年内将多项独立发明结合在一起，构建了 Desktop Metal 的多款核心产品，包括 Studio 系统、高速工业级打印机 Production 系统和新型打印材料系统。其中，2017 年推出的 Studio 系统，是桌面级 3D 金属打印机，采用了类似熔融沉积的成型技术，号称全球最快的批量生产打印机。但是，3D 打印的工艺并不复杂，3D 打印本身的技术门槛也不高，同时有很多已经进驻这一领域的公司，所以这个行业真正的门槛是打印材料。

事实上，舒赫团队早已在打印材料方面做好布局。早在 2005 年，他们就已经在默默开始研究 3D 打印材料。之后舒赫创立的 Veloxint 公司更是专注于开发粉末冶金技术，并对其商业化，主要是将舒赫在麻省理工学院实验室设计的定制纳米晶合金制成的机器部件商业化，并结合当时的需求投放市场，使机械拥有解决极端需求的特殊性能。2018 年，Veloxint 被布雷迪工业公司收购，但 Veloxint 仍然持续开发 Desktop Metal 生产系统所需要的材料来推动创新。

星光熠熠的创始团队、在桌子上就可以进行金属 3D 打印的美妙构想和雄厚的技术支撑，让 Desktop Metal 在资本市场获得了青睐。2018 年，Desktop Metal 收到福特与未来基金的投资，分析师对 Desktop Metal 的估值为 11 亿美元。2019 年，Desktop Metal 获得了由创投机构 Koch Disruptive Technologies 领投，金额高达到 1.6 亿美元的 E 轮融资。从创业至 2019 年，Desktop Metal 累计获得投资金额 4.38 亿美元。2020 年 12 月，Desktop Metal 在纽约证券交易所上市。

不忘投身于教育

在创业的同时，舒赫仍然对教学工作保持着极高的热情。2011 年，舒赫因卓越的课堂教学质量，被选为麦克维卡尔研究员，并获得拉尔夫·R. 蒂托尔教育奖（Ralph R. Teetor Educational Award）。同年，舒赫被任命为麻省理工学院材料科学与工程系主任。

在担任系主任后的几年里，舒赫在学术科研领域仍保持着高产量和高质量的输出。2012 年，舒赫和其他同事共同开发了一种生产纳米晶体的方法，由高强度的微小晶粒形成合金。2013 年，舒赫的研究团队研发了一种新方法，可以使微小的陶瓷物体变得灵活并拥有能够保持形状的记忆性。同时，舒赫在院系管理方面也是硕果累累。在他的领导下，材料科学与工程系在本科和研究生水平上都享有世界一流的排名，其教职员工人数增加了约 20%。不仅如此，在麻省理工学院贡献度总排名中舒赫位于前 0.4%。

纳米金属粉体材料行业现状

无论是电镀工艺，还是 3D 打印技术，均离不开纳米金属粉体。纳米金属粉体是纳米材料的一个重要分支。纳米金属粉体属于零维纳米材料，其材料的电子结构不同于化学成分相同的金属粒子，具有与宏观物体和单个原子不同的特性。

1963 年，日本名古屋大学上田良二（Uyeda Ryozi）教授首创气体冷凝法制备超微金属纳米粒子，自此全球金属粉体材料行业开始迅速发展。目前，中国是全球最大的纳米金属粉体市场，占有大约 30% 的市场份额，之后是日本和北美市场，共占有约 40% 的份额。全球主要的纳米金属粉末生产厂商有昭荣化学工业株式会社、AMES、UMCOR 和 Heraeus 等，全球前四大厂商共占有超过 45% 的市场份额。

纳米金属粉体也是高端制造业的关键性基础材料。金属纳米粉体材料已经广泛应用于冶金、机械、化工、电子、国防、核技术、航空航天等领域。舒赫创立的 Xtalic 实现了纳米金属粉体在电子、汽车等多行业的应用，创立 Veloxint 始终围绕 3D 打印领域的纳米金属粉体材料。未来，随着纳米金属粉体材料的应用范围和应用价值不断提高，市场规模将不断扩大。2020 年，全球纳米金属粉体材料市场规模已经达到 22 亿美元，预计2026 年将达到 47 亿美元，年复合增长率为 11.3%。

总结

舒赫一直行走在材料科学领域的前沿，不仅在科研上寻求不断突破，而且能及时将学术成果推向市场应用。究其根本，不难发现舒赫始终秉承以下 3 点理念。

1. 找到正确的方向。寻找到正确的方向并非易事，人们在青年时期大多是迷茫的，认知需要在实践中获得，在实践中提升。舒赫亦是边学习边研究，逐渐确立了自己对金属材料方向深耕的决心，确立了改变传统冶金工艺的方向，为日后的杰出贡献奠定基础。

2. 深耕热爱的领域。舒赫在确定了对材料科学的热忱后，坚持着一步一个脚印不断提升自己的学术素养，他的天赋和能力与热爱相辅相成，热爱是他对这个领域持续钻研的动力，也是不断鼓励他持续进行探索并保持好奇心的源泉，成就了他在材料科学领域的伟大贡献。

3. 扩大技术应用行业。舒赫联合创办的第一个公司 Xtalic 出发点是降低工人的患癌风险。随着 Xtalic 产品的愈发成熟，技术的不断更迭，舒赫不断探索纳米晶体金属的应用。从最初电镀工艺的研发到对 3D 打印的摸索，均透露出他想要不断扩大纳米晶体金属技术应用范围的决心。在不断创新纳米晶体金属技术应用的过程中，舒赫不断冒出新想法，并一一付诸实践。

智能投资顾问行业中的诺贝尔奖得主

——记资产定价模型奠基者、Financial Engines 创始人威廉·福赛斯·夏普

威廉·福赛斯·夏普（William Forsyth Sharpe），著名经济学家，诺贝尔经济学奖获得者，斯坦福大学商学院金融学荣誉教授，Financial Engines 创始人。1955 年，夏普在加利福尼亚大学洛杉矶分校取得了经济学学士学位，并于 1956 年和 1961 年在该学校取得经济学硕士和博士学位。夏普教授曾获得沃顿－雅各布斯·利维量化金融创新奖、美国工商管理学院联合会商学教育突出贡献奖等多项重磅荣誉。夏普教授是资产定价模型（CAPM）奠基者，资产定价理论中的"夏普比率 (Sharpe Ratio)"以其名字命名。由于其在资产定价理论方面的突出贡献，夏普与默顿·米勒（Merton Miller）和哈里·马科维茨（Harry Markowitz）共同获得 1990 年诺贝尔经济学奖。

家庭熏陶，求学不止

1934 年 6 月 16 日，夏普在美国马萨诸塞州的坎布里奇市出生。由于

第二次世界大战的爆发，夏普一家先搬到了得克萨斯州，然后又搬到加利福尼亚州。

夏普的母亲非常希望儿子将来能够成为一名医生，于是在 1951 年，夏普前往加利福尼亚大学伯克利分校主修医学。但夏普看到血会感到非常不适，所以他决定走上另一个专业方向，去"治疗"经济问题。因此，他在一年后转到加利福尼亚大学洛杉矶分校（UCLA）学习企业管理专业，并于 1955 年获得经济学学士学位。在 UCLA 的学习经历为夏普成为金融学和经济学科研领域的佼佼者奠定了基础。

1956 年，本科毕业次年，夏普在母校 UCLA 获得了经济学硕士学位。在学习期间，他有幸成为金融学教授弗雷德·韦斯顿（Fred Weston）的研究助理，并从韦斯顿教授那里学到了很多专业知识。韦斯顿教授推荐夏普去研读哈里·马科维茨的著作，鼓励他去尝试挑战一些可能对金融学领域有改革性贡献的研究课题。硕士毕业之后，夏普进入美国陆军服役。服役结束后，夏普于 1957 年加入了兰德公司（RAND Corporation），与此同时，他在 UCLA 继续攻读博士学位。兰德公司是美国最重要的综合性战略研究机构，以研究军事尖端科学技术和重大军事战略而著称，逐渐发展成为一个研究政治、军事、经济、社会等各方面的综合性智库。在夏普加入时，兰德公司团队的开拓性研究工作主要集中在计算机科学、博弈论、线性规划、动态规划和应用经济学领域。在兰德公司，夏普见到了之前拜读著作的作者马科维茨。1960 年，在完成了学校的考试后，夏普开始考虑博士毕业设计的开题。在韦斯顿教授的建议下，他向同样在兰德公司工作的马科维茨寻求帮助。当时，马科维茨已经提出了投资组合理论。这篇文章的内容对 CAPM 的诞生影响深远。在提出投资组合理论后，马科维茨还想尝试一种更简化的模型来实现投资组合最优选择。这是因为在他的均值－方差框架中，协方差矩阵的参数较多，实操可行性有限，若能简化成一个单因子模型来描述风险和收益之间的关系，在实操中会更有效。夏普的研究动机正源于此。从那时起，马科维茨和夏普就围绕"基于证券之间关系简化模型的投资组合分析"这一研究方向开始了学术讨论与合作。

1961 年博士毕业后，夏普相继在华盛顿大学、加利福尼亚大学尔湾分校任教。在这期间，夏普整理总结了金融研究领域中的规范和实证研究内容，并出版了一本名为《投资组合理论和资本市场》的书。1970 年，夏普应邀来到斯坦福大学就职。

20 世纪 70 年代，夏普的大部分研究集中在资本市场均衡及其对投资者证券组合选择的影响这一领域。夏普与戈登·亚历山大（Gordon Alexander）合作将投资学方面的理论和实证知识归纳在《投资学》一书中，作为专业课教材供大学生和研究生学习。1978 年，《投资学》第一版上市，该书之后也经过了几版更新。这本书是投资学的一部经典名著，被世界各国许多大学作为高年级本科生、研究生和 MBA 的基础教材。1989 年，夏普与亚历山大合作出版了另一本书《投资学基础》，这本书详细介绍了各种金融工具及其应用，得到了学者的广泛好评。

巧遇知音，开启创业

夏普的科研成果，例如资产定价模型等，能够用来模拟、预测一个投资组合在一段时期内的表现，深受机构投资者的青睐。同时，夏普也常为机构投资者提供咨询服务。在斯坦福大学的一次咖啡会活动上，夏普认识了法学院教授约瑟夫·格伦德费斯特（Joseph Grundfest），两人聊得十分投缘。夏普告诉格伦德费斯特，他希望借助互联网的力量，让普通投资者也能从他的科研成果中受益。当时，美国约有 3000 万人为退休计划投资了超过 1 万亿美元，若能把投资技术进行推广，将更好地帮助大众获得更多收益。于是，两位教授萌生了创立以个人投资者为服务对象，以低成本、高质量的投资为目标的网上投资咨询服务平台的想法。

为此，他们会见了风险投资法律集团的联合创始人克雷格·约翰逊（Craig Johnson），他专门在硅谷帮助创业者完成律师事务。在了解两位教授的想法后，约翰逊也决定参与这项计划，帮助他们建立系统的公司框架，以专业知识和技术为核心来服务大众。

1996 年，夏普与格伦德费斯特、约翰逊共同成立了 Financial Engines，并聘请了杰夫·马吉翁卡尔达（Jeff Maggioncalda）担任公司首席执行官。当时马吉翁卡尔达恰好在斯坦福大学完成了 MBA 的学习，他此前在 Cornerstone Research 担任分析师。6 个月后，他们完成了第一轮融资，获得了由硅谷两家风险投资公司 Foundation Capital 和 New Enterprise Associates 领投的 450 万美元。Financial Engines 的服务于 1998 年 10 月正式上线，总部位于美国加利福尼亚州。就这样，Financial Engines 成为全球第一家线上投资顾问公司。

技术商业化，想法货币化

Financial Engines 的主营业务是帮助客户管理个人退休账户。1998

年 Financial Engines 正式面世后，便瞄准了美国庞大的退休金管理市场，推出了第一款产品——智能投资顾问的雏形"Online Advice"，同时也获得了他们的第一位客户 Alza Pharmaceuticals——一家以药物缓释胶布技术知名的技术研发公司。同时，Financial Engines 与安永会计师事务所、美国第三大投资管理公司道富环球顾问公司及美国最大的员工福利咨询公司 Hewitt Associates 结盟。此后，Financial Engines 与多家大型企业签约，并将战略联盟扩大到全球包括美林在内的一些世界知名金融管理咨询公司，走上了财富管理的创新之路。"Online Advice"平台能够依据客户提供的基础信息，利用蒙特卡洛模型等计算模型进行模拟预测，帮助客户了解在不同经济状况下退休金额的变化。

Financial Engines 认为，好的投资建议并不在于成功地预测下一个热门股票或基金，市场上也不存在对每个投资者都适用的通解。真正有效的投资建议应是在全面了解客户需求后进行具体分析，并应用金融专业知识帮助客户实现目标，达到"众口可调"的效果。

早期阶段，Financial Engines 的业务模式较为单一，仅提供预测现有投资的未来表现、401(k) 计划 [1] 投资建议及自动监控投资这 3 项服务。公司主要盈利来源是向客户收取咨询费，针对不同资金规模的客户设定不同的咨询费标准，管理费、交易费及其他交易成本另行支付。此外，如果客户选择参与专业管理计划，Financial Engines 也会额外收取会员费。

---

[1] 401(k) 计划也称 401(k) 条款，始于 20 世纪 80 年代初，是一种由雇员、雇主共同缴费建立起来的完全基金式的养老保险制度。

模式更新，成功上市

对于未来的投资顾问业务，夏普坚定地认为需要"很好的软件"来帮助实施退休计划，这中间没有人工顾问是行不通的，他觉得效率最高的方式是人工与机器的结合。因此，与传统的投资咨询公司不同，Financial Engines 采用计算"引擎"与人工顾问相结合的方式，实现投资组合管理的部分自动化。Financial Engines 因此被公认为硅谷的第一家机器人顾问公司。2004 年，Financial Engines 正式推出了专业管理业务，这是智能投顾史上第一次类似"人机混合"模式的尝试。正是利用这一项半自动化技术，Financial Engines 的几百名投资顾问就可以满足超过百万客户的服务需求，顾问与客户的比例远远优于传统的金融投资咨询服务公司。

在智能投顾行业发展井喷的 2010 年，Financial Engines 在纳斯达克上市，获得了 1.27 亿美元的融资。2011 年，Financial Engines 再接再厉，推出了新业务"收益佳"（Income+）作为专业管理业务的一种扩展，该业务将客户的投资组合维系在增值与保本之间，既能避免退休收入遭受重大损失的风险，同时又不会错过增值的机会。2013 年 Financial Engines 增加了个人退休账户管理服务，并在次年引入社会保障索赔服务。2016 年，Financial Engines 收购了另一家投资咨询公司 The Mutual Fund Store。在此之后，Financial Engines 完全转向"人机混合"的业务模式，之前的智能投顾技术则退居幕后，成为辅助财富顾问和客户进行投资的工具。

并购交易，强强联手

2018年4月30日，Financial Engines 宣布接受 Edelman Financial 的收购，当日中午12点，其股价涨幅超过了32%，当天的股票交易量也达到了历史峰值，足以看出市场对此次收购持非常乐观的态度。Edelman Financial 是一家独立理财规划公司，由 Hellman & Friedman 直接控股，自成立以来荣获了100多个涵盖金融、商业、社区、慈善领域的奖项。Edelman Financial 为个人和家庭提供理财规划和投资管理服务，如退休计划服务、金融普惠教育、个人理财计划等。

对 Edelman Financial 而言，收购 Financial Engines 是为了完善其数字化进程并实现公司业务整合。Financial Engines 的技术将完善 Edelman Financial 的服务框架，形成更为完善的金融生态系统。这样一来，Edelman Financial 将不再局限于第三方提供的个人退休账户解决方案。Financial Engines 遍布全美的网点、智能投顾技术及财富顾问专家团队将与 Edelman Financial 原本在金融普惠教育方面的业务相契合，为这部分客户群体提供更深层的金融投资服务，加速业务融合与增长。

对 Financial Engines 而言，Edelman Financial 的溢价收购对于股东是有较强的吸引力的。同时，Edelman Financial 强大的客户关系网也能增强 Financial Engines 的客户交互体验，为"以技术出道"的 Financial Engines 提供更多的客户沟通渠道，加强平台"以客户为本"的发展路线。

2018年7月19日，Edelman Financial 与 Financial Engines 正式完成整合，Financial Engines 从纳斯达克退市，并于2018年11月6

日更名为 Edelman Financial Engines，成为 Hellman & Friedman 旗下子公司。

目前，Edelman Financial Engines 在全美拥有 150 多个营业网点、300 余名专业的财富顾问，上百万名客户，管理资产达 2000 亿美元。此外，Edelman Financial Engines 的业务种类在公司合并后更加齐全，覆盖了传统的财富管理服务、金融教育业务、广播电台、书籍期刊等，2020 年的强劲财务业绩显示了该公司的实力和韧性。

智能投顾，蓬勃发展

智能投顾这一概念由同样有退休金管理服务的机器人投资顾问公司 Betterment 首次提出。从 2010 年到 2014 年，该行业以稳定的速度增长。2015 年，随着行业领袖们开始迎头赶上，出现了一波初创企业和收购潮。

Financial Engines 的智能投资顾问产品被称作机器人顾问。这是一种在线财富管理服务，依据投资者个人的风险偏好与理财目标，结合现代资产组合理论，借助后台算法构建投资者差异化的投资组合，并持续跟踪市场变化，通过用户友好型界面展示给客户。

许多传统机构开始向智能投顾这个新兴领域进军。美国智能投顾行业的管理规模从 2015 年的 500 余亿美元发展到 2020 年的约 1 万亿美元，五年的时间增长了近 20 倍，有研究预计，到 2025 年，这一数值将达到 2.5 万亿美元，发展空间仍然巨大。

总结

作为金融学术界的大牛，夏普不仅在学术上取得了令人钦佩的成果，同时也将相关成果运用到实际交易中，推动了退休金管理和智能投顾的进一步发展。而夏普之所以能取得如此的成就，有以下几个原因。

1. 知识为民，服务大众。在研究有了成果后，夏普通过写书的方式，既总结和梳理了知识，又为学生们带来了丰富的学习资源。在获得了诺贝尔奖之后，他又想通过创业的方式将自己的投资技术分享给大众，用知识服务大众，用知识创造社会价值。

2. 持续思考，坚持创业。夏普的人生没有退休的信号，持续潜心研究，关注社会问题。瞄准美国庞大的退休金管理市场，成功创办 Financial Engines，其产品促进退休金持续创收。

3. 目光长远，模式创新。不止步于 Financial Engines 的初期成功，夏普带领 Financial Engines 进行模式创新，使人工顾问与软件结合，大大提高了投资咨询效率，为企业的长远发展打下深厚根基。

商业经验丰富的生物学家

——记 LeukoSite、Scholar Rock、Morphic Therapeutic 公司创始人蒂莫西·斯普林格

蒂莫西·斯普林格（Timothy Springer），著名生物学家，哈佛医学院生物化学和分子药理学莱瑟姆家庭教授（Latham Family Professor）。他率先发现免疫系统黏附分子，是细胞生物学和免疫学领域的领军人物，获得了包括克拉福德奖（Crafoord Prize）、美国免疫学家学会功勋生涯奖、美国血液学会斯特拉顿奖章（Stratton Medal）在内的众多奖项。他还是一位创业经历丰富、投资眼光独到的实干家，创办了 LeukoSite、Scholar Rock、Morphic Therapeutic 等公司，投资了 Selecta Biosciences 等公司。

科研之树硕果累累

1949 年，蒂莫西·斯普林格出生在美国加利福尼亚州萨克拉门托的一

个小镇上。小时候，因为花粉过敏，他常常需要进行"脱敏"治疗，这让他对免疫学产生了浓厚的兴趣。

高中毕业后，斯普林格顺利考入耶鲁大学，学习免疫学专业。一年后，他加入了美国志愿服务队，旨在帮助低收入的城乡社区开设新的、急需的服务项目。这段经历让他决定转学到加利福尼亚大学伯克利分校学习人类学与社会学专业。学习了一年人类学与社会学后，他发现自己还是喜欢生物化学，于是在大三时他又转专业到生物化学。在导师丹科什兰（DanKoshland）教授的谆谆教导下，他对蛋白质构象变化产生了极大热情。

1971 年，斯普林格获得加利福尼亚大学生物化学荣誉学士学位。之后，他以优异的成绩申请到哈佛大学攻读生物化学和分子生物学博士学位，并在 1976 年顺利毕业。在哈佛大学学习时，他发现，相比于当时最热门的 DNA、RNA 和蛋白质领域，鲜有学者研究蛋白质在组织器官中的组合及信号传递。而对蛋白质功能，特别是抗体的深入研究，有助于医疗技术的进步。

博士毕业后，他进入英国剑桥大学诺贝尔生理学或医学奖获得者塞萨尔·米尔斯坦 (César Milstein) 的实验室做博士后，深入研究单克隆抗体。在米尔斯坦教授的指导下，斯普林格制造了单克隆抗体，意识到它们在医疗检测中的巨大应用前景。

1977 年，斯普林格进入哈佛医学院，开始了迄今为止长达 40 多年的研究及教职工作。在哈佛医学院期间，他组建实验室，专注于研究生物基础领域分子机制，定义了许多现在已知的细胞黏附分子，发现了第一个免疫系统的细胞－细胞识别分子（LFA-1、CD2、LFA-3、ICAM-1、

ICAM-2 和 ICAM-3）、生物学中第一对类似 - 不同的黏附分子（LFA-1:ICAM-1 和 CD2:LFA-3）、以 及 intergrins 的 第 一 家 族（LFA-1、Mac-1 和 p150、p95）。

斯普林格自 1986 年以来发表的论文中有 4 篇被引用超过 1000 次。在 1990 年至 1996 年，他发表了 8 篇重磅论文，总共有近 90 篇论文，每篇论文的引用次数均超过 100 次，是最具影响力的生物医学科学家之一。

从科研中找寻到商机

长期沉浸在生物领域，斯普林格培养出了敏锐的行业直觉。他认为，1990 年实验室发现的白细胞渗出三步范式，具有治愈疾病、保护身体健康的巨大潜力。但是，细胞分子的研究十分复杂，继续推进需要大量的资金支持，而实验室无法继续支持，因此，他决定要创办一家公司。

1992 年，斯普林格创办了生物科技公司 LeukoSite，致力于将关于"白细胞是如何从血液中流出的"的研究成果运用到治疗银屑病、多发性硬化症、溃疡性结肠炎、克罗恩病和癌症等多种自身免疫性疾病中。公司成立之初，他制定了一份商业计划，建立了一个顶级的科学顾问委员会，启动了整合激素受体药物开发项目。数年后，LeukoSite 成功研发了治疗溃疡性结肠炎和克罗恩病的药物 Entyvio(vedolizumab)，这一创造性成果轰动一时。

自 LeukoSite 公司成立，斯普林格实验室和 LeukoSite 公司研发了多种新药：2003 年，研发了治疗银屑病的药物 Raptiva(依法珠单抗)；2008 年，研发了自体骨髓移植治疗非霍奇金淋巴瘤或多发性骨髓瘤的药物 Mozobil；2014 年，研发了治疗溃疡性结肠炎和克罗恩病的药物 Entyvio，这些药物为人类对抗疾病做出了巨大贡献。

1999 年，Millennium Pharmaceuticals 以 6.35 亿美元的股票收购了 LeukoSite。而在 2006 年，武田制药再次收购了 Millennium Pharmaceuticals。此后，LeukoSite 公司研发的 Entyvio 成为武田制药最畅销的药物，被授权在 60 多个国家销售，2019 年营收近 30 亿美元。

高歌猛进的创业之路

斯普林格创立的 LeukoSite 大获成功，他开始思考自己下半生想做什么，他想环球航行。但最终，他认为环球航行可以等，但是科研不能等，科学研究是他毕生热爱的事业。于是，他继续投身于生物化学领域，开始了新领域的探索。

斯普林格认识到，运用高分辨的 X 射线晶体结构分析 TGF-β1 母体的方法，可以用来分析 TGF-β 超家族成员。基于对母体激活机制的理解，他决定建立一个平台，研究差异化产品，为严重疾病的治疗提供革命性的方法。2012 年，63 岁的斯普林格创立了 Scholar Rock，旨在基于超细胞水平生长因子活化信号，选择调节细胞组织内生长因子信号活跃度，从而达到治疗相关疾病的目的。

Scholar Rock 成立不久后，斯普林格发现全球制药公司都关注着一种叫做肌他汀的蛋白质，这种蛋白质可以限制肌肉生长，甚至会引起患者肌肉萎缩，研发限制肌他汀的药品具有重要意义。于是，Scholar Rock 开始开发一种名为 SRK-015 的药物，用以限制肌他汀。Scholar Rock 将 5600 万美元的一轮融资全部用于 SRK-015 的后续研究与临床试验。

先进的生物研究技术，不同凡响的发展目标，让 Scholar Rock 拥有巨大的投资潜力。2018 年，Scholar Rock 获得 Invus 领投的 C 轮融资 4700 万美元。同年，Scholar Rock 的脊髓性肌肉萎缩候选药物开始进入临床阶段。当时，全球范围内针对脊髓性肌肉萎缩症的已上市和临床阶段的在研药物只有 10 款，其中 6 款药物的靶点为 SMN 基因，而 Scholar Rock 公司研发的 SRK-015 是全球唯一的靶点为 TGF-β 的药品，它被美国 FDA 授予首创新药的荣誉。

2021 年 4 月 6 日，Scholar Rock 披露了脊髓性肌肉萎缩候选药物 latentmyostatin 的选择性抑制剂 Apitegromab 的 12 个月临床试验数据，结果与 6 个月临床试验数据一致，这极大地证明了该药物的有效性。

在 Scholar Rock 步入正轨的同时，2015 年斯普林格创办了 Morphic Therapeutic，致力于开发新的免疫学、纤维化、肿瘤和心血管疾病疗法技术，并为用户提供整联蛋白解决方案。具体而言，Morphic Therapeutic 主要开发用于溃疡性结肠炎静脉注射 Entyvio 的口服小分子药品，以及用于治疗纤维化的不同整合素的小分子抑制剂。

新药的研发不仅让斯普林格在商业领域获得巨大的成就，也为他的个人经历添上辉煌的一笔。2004 年斯普林格获得克拉福德奖，2014 年获得美国免疫学家学会功勋生涯奖和美国血液学会斯特拉顿奖章，2019 年获得了被誉为加拿大"诺贝尔奖"的盖尔德纳奖（Gairdner Award）。

令人惊叹的投资眼光

斯普林格在物理、化学和生物方面的学习，在分子、抗体、试管细胞、单分子和结构生物学等领域 50 年的深耕与探索，以及在商业领域的心得体会，让他对生物领域的投资具有一定的"直觉"。

2008 年，斯普林格投资了 Selecta Biosciences，2010 年投资了 Moderna，2013 年投资了 Editas Medicine。其中，mRNA 的技术领军企业 Moderna 让斯普林格身价暴涨，这家生物科技公司的股价 2020 年暴涨 152%，使斯普林格当初在该公司投入的 500 万美元变成了 8 亿多美元，回报率高达 15900%。Moderna 是美国首家启动新冠病毒疫苗人体实验的公司。2020 年 5 月，美国 FDA 快速追踪了 Moderna 的 COVID-19 候选疫苗，推动了该公司开发新冠疫苗的进程。2020 年 12 月，Moderna 生产的第一批疫苗在美国获得认证，获准在加拿大使用；2021 年 1 月，获准在欧盟及英国使用。疫情让 Moderna 的股价已上涨近两倍，也让斯普林格晋升为亿万富豪。加上其他财富，斯普林格的净资产已超过 10 亿美元，成为美国最富有的学者之一。

虽然斯普林格在商业及投资领域取得了巨大的成就，但他始终没有忘记科学家这一身份，并将自己在商业及投资领域取得的成就归功于自己在生物科学领域的深耕，持续致力于推动整个蛋白质科学领域的发展。

达则兼济天下

长期在生物科学领域的学习及研究，让他了解到，生物医学学术界的研究受资金的影响比较大。美国国立卫生研究院和国家科学基金会为资助研究设定了世界顶级的标准，而美国国家卫生研究院的同行评审制度更是极为严苛。因此，获得资助非常困难，根据治疗领域的不同，目前仅有

5% ~ 10% 的研究申请可以获得资助。

斯普林格认为，获得资助、发表论文和学术界晋升方面的压力是导致医学研究成果难以产业化应用的部分原因。结果导向型的资金资助导致科研人员不愿深耕某一研究方向，在面临阻力时更倾向于直接抛弃假设，更换到其他容易做出成果的方向，这是目前医学学术界存在的一大问题。美国国立卫生研究院应该关注研究人员不断推进一个领域的发展和进步，不断为临床突破奠定坚实的基础，并基于研究人员对医疗领域的贡献进行评估和权衡，而不是将论文发表作为评估研究人员的重要指标。

在这种背景下，斯普林格与安德鲁·克鲁斯（Andrew Kruse）在2017年共同成立了独立非营利组织蛋白质创新研究所，旨在对各种各样的蛋白质进行深入的研究，填平基因组学与治疗药物之间的鸿沟，为难以治愈的疾病找到更好的药物。IPI采用创新性开放式研发模式，即人类蛋白质库和作用于这些蛋白质的抗体库全部对外公开分享，由学术界和工业界合作者们共同进行研究。

财富并没有让斯普林格困扰，他依旧每天骑自行车去位于马萨诸塞州剑桥市的实验室做研究。正如斯普林格所说的："我喜欢积极投身投资，我也喜欢积极支持慈善事业""我成立研究所的初衷除了协助研制可靠的新抗体，还在于助力全世界的科学家探索生物学的奥秘，而且我相信研究所开发的新技术有助于更多的科学发现。学术界很难实现这类科学研究。"

生物制药行业的发展

1982年，FDA批准了第一个基因重组生物制品，生物医药行业序幕揭开并高速发展。进入 21 世纪，全球生物医药行业异军突起。根据 Frost & Sullivan 的数据，2016—2021 年全球生物医药市场年均复合增长率为 3.9%，美国、欧洲、日本等国家和地区处于主导地位。

生物医药行业主要细分为抗体药物、小分子药物、核酸药物等领域。斯普林格创办的公司主要集中在抗体药物领域，是生物制药的一个重要方面，主要包括单克隆抗体、双特异性抗体及抗体药物偶联物等。其中，单克隆抗体是研发最早、研究最为深入的抗体药，具有较高的安全性与有效性。根据 Frost & Sullivan 的报告，2018 年全球单克隆抗体市场规模占全球生物药和整体医药市场规模分别为 55.3% 和 11.4%。

近 10 年来，全球抗体药物市场规模保持 10% 以上的增速，2021 年首次突破 2000 亿美元，相比 2020 年增长 16.5%。截至 2022 年 2 月，FDA 累计批准 109 款抗体药物，包括 12 款抗体偶联药物、4 款双抗药物和 93 款单抗药物。PD-1/PD-L1 药物、抗体 Fc 融合蛋白药物等市场前景广阔，多特异性抗体、抗体偶联药物正逐步进入全新发展阶段。

总结

纵观斯普林格的成功道路，他实现了探索最前沿科学的梦想，也创造了庞大的商业版图，沿途繁花似锦，美不胜收。而促使他取得成就的原因可以归结为以下几点。

1. 敢于尝试。 敢于尝试的精神让斯普林格在涉足不同领域后，确定了内心所好，不畏困难，选择蛋白质在组织器官中的组合及信号传递这一鲜有学者研究的领域，用自己丰富的研究成果推动了医疗技术的发展。在年轻时，可以多做一些尝试，对不同道路都可以闯一闯。实践是检验真理的唯一标准，只有试过后方知内心的想法。

2. 量变引起质变。斯普林格的投资眼光独到，这源于 50 余年的积累与探索，让他了解了企业的细节，看得到企业的发展前景。不断的积累，量变引起质变，斯普林格具备了在生物领域投资的"直觉"，所以他敢于一次次对有潜力的初创企业下重注。

3. 不忘初心。在科研中发展商业，又以商业反哺科研，从科研出发，又回归到科研。亿万富翁斯普林格能够取得今日之辉煌，离不开他对于科研的坚守。即使在获得如此巨额财富后，他仍然远离高消费的生活方式，热心慈善，身体力行地为学界提供支持。这便是不忘初心，方得始终。

实践"机器人汽车"梦想的德国计算机科学家

——记 Udacity、Kitty Hawk 公司创始人
塞巴斯蒂安·特伦

塞巴斯蒂安·特伦（Sebastian Thrun），美国国家工程院院士，德国国家科学院院士，发明家、教育家、计算机科学家、企业家。特伦在 1988 年获得德国希尔德斯海姆大学的计算机科学、经济学和医学 3 个学士学位，1993 年获得德国波恩大学计算机科学硕士学位，1995 年获得波恩大学博士学位。特伦曾担任卡内基·梅隆大学副教授、斯坦福大学计算机科学系与佐治亚理工学院的兼职教授，致力于机器人、人工智能、教育、人机交互和医疗设备的研究，发表了约 380 篇论文，出版了 11 本著作。在商业领域，特伦曾担任谷歌的副总裁兼研究员，主持谷歌的自动驾驶汽车、谷歌 X 和谷歌眼镜等项目。特伦曾获马克斯·普朗克研究奖、布劳恩施魏格研究奖。

从小镇走出的机器人天才

特伦于 1967 年出生于国际知名的刃具制造中心德国索林根（当时属

于西德）。出生在"婴儿潮"时期的特伦，与其他同时代的德国青年一样具有叛逆精神，走在反对种族歧视运动、妇女解放运动及反帝国主义的最前线。

与其他同时代青年一样，特伦也想让周围的人都听从自己的命令。但他发现自己身边竟没有听从他的人，这让特伦深感挫败。不久，特伦发现计算机会听从他的命令，编写的程序会做出预期的反应，他开始痴迷于为TI-57计算机编程。TI-57计算机不仅减轻了特伦青少年时期的挫败感，也让他深陷计算机科学的世界。由于长期钻研计算机编程，熟练的编程技巧让学生时代的特伦出尽了风头，他设计的机器人赢得多项科学竞赛，多次出现在电视报道中。

1988年，21岁的特伦同时获得希尔德斯海姆大学的计算机科学、经济学和医学3个学士学位。1993年，他获得了波恩大学计算机科学硕士学位并在波恩大学继续攻读博士。博士期间，特伦开发了许多自主机器人系统，并在导师阿明·克雷默斯（Armin Cremers）教授的引导下启动了研究地图学习与高速导航的犀牛项目。1995年，特伦顺利获得博士学位，展现出在计算科学领域异于常人的科研能力。

打造多个成功的机器人项目

早在20世纪末，计算机领域的发展如火如荼，而美国作为当时世界上科技最发达的国家，吸引了世界各地的优秀青年学者。

刚获得博士学位的特伦也加入了这些优秀青年的队伍当中，加入卡内基·梅隆大学计算机科学系研究团队，但远渡重洋的他并没有停止犀牛项目的研究工作。1997 年，特伦基于犀牛项目的研究成果，在沃尔夫拉姆·伯加德（Wolfram Burgard）和迪特·福克斯（Dieter Fox）帮助下，共同研发出了世界上第一个导游机器人，该机器人应用在德国波恩博物馆。1998 年，他们将第一代导游机器人升级换代，应用在美国国家历史博物馆。

成功发明导游机器人的同年，特伦成为卡内基·梅隆大学机器人学习实验室的助理教授和联合主任，参与创立了学校自动化学习与探索领域硕士学位项目。2001 年，特伦晋升为卡内基·梅隆大学计算机科学与机器人副教授。2002 年，特伦与他的同事威廉·惠特克（William Whittaker）一起开发了地雷测绘机器人。在卡内基·梅隆大学任职期间，他还发明了皮特护士机器人，为宾夕法尼亚州匹兹堡附近的一家疗养院制造了一个互动式人形机器人。

化身谷歌无人驾驶汽车之父

2003 年，特伦离开卡内基·梅隆大学，成为斯坦福大学副教授，开始重点从事机器人汽车研发。2004 年，特伦被任命为斯坦福大学人工智能实验室主任。

当时，美国为了推动军事领域的自动驾驶技术发展，授权美国国防部高级研究计划局举办了无人驾驶挑战赛。在观看了第一届无人驾驶挑战赛后，特伦对无人驾驶挑战赛产生了浓厚的兴趣。

特伦于是带领学生，将一辆悍马改造为自动驾驶汽车"Stanley"，并借此报名参加了 2005 年第二届无人驾驶挑战赛。在这场挑战赛中，

Stanley 实现了自动驾驶 6 个多小时,夺得挑战赛冠军。由于在挑战赛中惊人的表现,Stanley 后来在美国国家历史博物馆中进行展出。

2007 年,特伦带领团队再次参加无人驾驶挑战赛,他们研发出的机器人汽车"少年"在比赛中获得第二名的成绩。此次比赛中,特伦结识了谷歌创始人劳伦斯·佩奇(Lawrence Page)。两人同是斯坦福大学的校友,而且有很多相似的地方,于是迅速成为好友。特伦最好的朋友死于一场车祸,因此研发出一辆自动驾驶的汽车,给予驾驶者更高的安全保障,成为他心中一直以来的梦想。在特伦向佩奇透露了自己的心声后,佩奇表示愿意帮助他实现内心的想法。

2008 年,在谷歌的邀请下,特伦申请了学术休假,并带领学生加入谷歌,进行谷歌无人驾驶汽车研究工作组,内部代号"Project Chauffeur"。2011 年,特伦放弃了他在斯坦福大学的职位,正式全职加入谷歌,成为谷歌研究员。在正式加入谷歌后,他与谷歌创始人佩奇和谢尔盖·布林(Sergey Brin)共同建立起了一个秘密研究部门:谷歌 X。谷歌 X 在特伦的领导下,开启了自动驾驶项目,研发了"街景车"(Waymo)及谷歌Loon 等。特伦本人也因此被称为"无人车之父"。

谷歌也给予了特伦非常高的评价:"作为谷歌 X 和无人驾驶汽车项目的联合创始人,特伦极大地推动了计算机科学和机器人技术的发展,为无人驾驶技术的发展铺平了道路。"

投身 MOOC 行业 创建 Udacity

2011 年,在加入谷歌的同时,特伦看到了萨尔曼·可汗(Salman

Khan）创立的可汗学院，感受到 MOOC 行业的巨大潜力及这种全新的教育模式传播知识的力量。因此，他与自己的学生共同创立了一家营利性教育公司 Udacity。

Udacity 成立的初期是 MOOC 热潮兴起的时期。当时，市场上已经存在大量的 MOOC 企业和平台，包括 Udemy、Cousera 等，以及类似 edX 这种由麻省理工学院与哈佛大学创立的非营利性教育平台。因此，Udacity 想从行业中脱颖而出，并不是一件容易的事情。

起初，Udacity 定位为与大学合作，提供在线科技课程的 MOOC 平台。早期发展中，Udacity 与大学合作的模式取得了一定成效。特伦在斯坦福大学的课程"CS 373：机器人汽车编程"作为 Udacity 提供的首批课程之一，吸引了 190 个国家的 160000 名学生，最小的 10 岁，最大的 70 岁。

后来，随着业务逐渐推进，他们发现这一模式太具挑战性，而且成本高昂。Udacity 便转型为一家面向成人的职业教育平台，致力于以科技教育推动职业发展。Udacity 联合科技公司一起，依据实际工作技能要求设计相应课程。2014 年 6 月，Udacity 与有 IT 人才需求的科技企业共同研发了 Nanodegrees 课程（类似"微专业"），旨在向科技企业输送人才，同时为找工作的人提供需要的专业技能。迎合市场的课程体系，让 Udacity 获得了资本市场的青睐。同年，Udacity 获得了 3500 万美元的融资，企业业务进一步扩张。

很快，特伦开始追寻更远大的目标，将教育事业向全球普及。2014 年 9 月，他退出谷歌 X，专注于担任 Udacity 首席执行官。特伦本人对这段经历深有感触，用他自己的话讲："我没想到自己会成为一家公司的在线讲师或首席执行官，成为一个想要使教育公平化的企业创始人。我只是突然意识到教学对世界的影响将比学术领域的影响更大时，觉得有些事情必须做。"

2017 年，Udacity 与 Facebook 建立了合作伙伴关系。通过 Udacity 平台，Facebook 正式开设互动和培训式课程。同年，Elektrobit 与 Udacity 合作，研发了自动驾驶汽车开发方法与汽车功能安全相关的课程内容。2018 年，Udacity 宣布与谷歌建立新的合作关系，为应届毕业生和中级职业专业人士免费提供职业课程。

2019 年，在线借贷平台 LendingTree 的前首席执行官达尔波尔图（Dalporto）成为 Udacity 新任 CEO。他持续推进 Udacity 与企业、政府机构的合作，寻求新的业务增长点。2020 年，Udacity 建立了许多新的商业关系，包括与美国空军 BESPIN 敏捷开发实验室建立了合作伙伴关系，与埃及信息技术工业发展局签订协议。

2020 年，新冠疫情推动 MOOC 行业迅速发展。2020 年上半年，Udacity 营业收入比往年增长了 260%，公司客户净保留率超过 140%，客户的数量呈 3 倍增长的趋势。在营利能力提升后，2020 年 11 月，由大力神资本担任承销商，Udacity 筹集到了 7500 万美元的债务资金，以进一步推动企业发展。在创立至今大约 10 年内，Udacity 经过了 5 轮融资，估值达到 20 亿美元。

雄心勃勃的"无人飞车"计划

对于特伦本人而言，创立 Udacity 仅是自己事业的一部分。当 2019

年达尔波尔图接任 Udacity 首席执行官时，特伦已经做好了全身心投入"无人飞车"计划的打算。

早在特伦加入谷歌时，他与佩奇讨论了很多，发现彼此对人工智能领域有很多相似的看法。因此，佩奇除了邀请特伦加入谷歌负责谷歌 X 项目，还在 2010 年与他共同创立 Kitty Hawk 公司，共同研究电动汽车。

从无人驾驶挑战赛举办以来，Kitty Hawk 公司成立之初，市场上已经涌现出许多科学家创立的自动驾驶公司，如 Waymo、通用汽车 Cruise、Aurora、Argo AI、Nuro、Zoox 等，后来这些自动驾驶公司基本都成为行业内耳熟能详的大型汽车公司。但是，Kitty Hawk 公司在默默推进一个更加富有创意的想法，研究飞行电动汽车。这家公司一直在低调运行，直到 2016 年市场掀起了电动垂直起降车辆的热潮，才进入大众视野。

2018 年，Kitty Hawk 公司推出新产品 Cora，这是一款双座、电池供电和自动驾驶的飞行出租车。不过，遗憾的是由于美国对无人飞行器的管制，该产品难以在美国上市。2019 年 12 月，Cora 项目被剥离并与波音成立了新的合资企业 Wisk。2020 年 2 月，Wisk 与新西兰政府签署了一项协议，将在新西兰坎特伯雷地区建立并运营空中出租车试点项目，当 Cora 飞行出租车获得新西兰航空机构认证后，就可以进行载客飞行。

目前，飞行出租车的市场并未打开，但行业内很多企业已经开始尝试布局。在行业内有一定积累的企业，开始寻求政府批准，2020 年 12 月，美国已经接受了 Volocopter 的同步适航审定申请。Volocopter 坚信，他们的飞行出租车将在 2023 年获得安全批准。同时，合作发展也成为飞行出租车企业快速打开市场的另一种方式。美国佛蒙特州的 Beta 公司将在 2024 年开始向 UPS 交付其飞机的货运版本，并在 2024 年向 Blade 城市空中交通提供乘客版。但是，飞行出租车的发展仍面临很大的挑战，其中试点成本可能是制约该行业发展的主要因素之一。麦肯锡咨询公司曾在关于飞行出租车的研究报告中提到，试点城市空中飞行出租车的成本可能会是地面无人车的两倍。

当然，与现有进行试点的飞行汽车不同，Kitty Hawk 希望实现无人驾驶。特伦认为，通过运用无人驾驶技术将降低出租车的成本，每英里的运营成本将降至 1 美元以下，会比乘坐优步要便宜。未来，如果 Kitty Hawk 成功说服监管机构，允许无人飞行出租车上市，那这一行业将迎来翻天覆地的巨大变化。

总结

特伦在科研与商业上都取得了巨大的成功，并且在多个领域都做出了非常优秀的成绩，可以归因于以下几点因素。

1. 充满激情。无论是选择学术领域的研究方向，还是商业领域的创业项目，特伦始终坚持选择自己想要做的事情，并持续充满激情。时刻保持激情，忠于内心所爱，忠于内心所想，从无人车到 MOOC 再到飞行出租车，他始终认为自己的选择是正确的、有意义的，始终不畏惧遇见的困难和挑战，始终走在自己的路上。

2. 持续创新。成功的实现需要很多要素，需要坚持不懈的努力，需要持之以恒的工作。而影响成功最重要的条件是持续创新，如果没有持续创新，那么努力和工作只是一次又一次重复错误。在面对 Udacity 的困境时，特伦并没有放弃，而是持续努力，持续创新，寻找 Udacity 的独特，最终取得成功。

3. 深耕专业领域。无论是最早的谷歌无人车，还是后来创立的 Udacity，以及之后的飞行出租车项目。特伦从来没有离开自己的专业领域，而是深耕专业领域，始终围绕着自己既往的研究成果和研究经历不断拓展，在不断拓宽研究和创业边界的同时，让自己的价值与社会价值相契合。

沃顿商学院的创新创业领头人

——Terrapass 公司创始人卡尔·乌尔里希

卡尔·乌尔里希（Karl Ulrich），宾夕法尼亚大学沃顿商学院的运营、信息和决策学教授与管理学教授。乌尔里希教授的主要研究方向为环境问题、产品设计和开发、企业家精神及创新创业。他拥有麻省理工学院机械工程专业的学士、硕士和博士学位，合著了 *Product Design and Development* 教科书。乌尔里希教授曾获得多项教学奖项，包括铁帖奖（Avil Awards）、米勒·谢尔德奖（Miller-Sherrerd Award）及沃顿商学院的卓越教学奖。乌尔里希教授还是 Terrapass 公司的创始人、Xootr 滑板车的设计师。此外，乌尔里希教授作为联合创始人创建了鼓励并支持学生创新创业的 Weiss Tech House。

创业之火，熊熊燃烧

作为宾夕法尼亚大学沃顿商学院的教授，乌尔里希一直致力于在全世界范围内发现并鼓励有创新热情的人才。在沃顿商学院负责创新创业教育时，他曾为寻找创业者而跑去硅谷安营扎寨。2012 年，沃顿商学院在中东地区举办了第一届创新锦标赛，乌尔里希奔赴当地担任评委并指出希望能够借助孵化器等机构和商业友好型政策，促进创新文化扎根中东。

乌尔里希深耕创新创业领域，并且对此有自己独到的见解。他认为，创新文化的培育源于机制，而政府机构的职能就是建立创新机制。以沃顿商学院举办的首届创新锦标赛为例，该锦标赛就相当于建立了一个明确的机制，可以用于识别、评估机会及对其进行投资，创新文化需遵循这一机制，否则很难在一个地区创造出来灿烂繁荣的创新文化。在这一机制中起到关键作用的机构包括创投公司、有商业企划竞赛或者提供基于项目和体验式课程的大学、孵化器类机构等。

乌尔里希一直致力于创新类课程体系的开发和设计。作为沃顿商学院创业与创新副院长，乌尔里希认为一个人在大学的时光是创业的最佳时机，因为有很多测试产品并收集反馈的机会。为了能最大限度服务有创新想法的人才，沃顿商学院通过学术支持提供两种创业途径：一种途径是提供在学校攻读创业创新领域相关硕士学位的机会；另一种是通过孵化器项目来鼓励学生在校期间从事自己的项目，尝试自主创业。乌尔里希支持将创业研究以纳入大学创业生态系统的方式付诸实践，在这种模式下，学生们在创新创业过程中遇到问题，可以咨询学院的教授。

2016 年，MOOC 浪潮袭来，平价的在线课程对昂贵的 MBA 课程造成了极大的冲击，乌尔里希趁此机会研究了在线 MBA 课程的可能性。他认为，MOOC 从根本上讲是一种知识外展，也是大学社会使命的体现。以沃顿商学院为例，有很多公司里的人来到沃顿商学院学习，他们每周要支付 7000 ~ 8000 美元学费。学生必须线下上课出席签到，无法在学习期间工作，这是高层管理人员才能有的特权。对于大多公司基层人员而言，是无法接触到沃顿商学院提供的线下课程的，但是他们可以通过线上平台以低于 1000 美元，甚至 500 美元的费用开展为期一周的在线学习。

正是通过对所处的时代和所处的领域不断地反思，才使得乌尔里希在创新教育问题上始终保持着权威性和前瞻性，成为一位出色的创新课程教授和新时代新领域的创业者。

创立 Terrapass，贯彻执行低碳

2004 年 10 月，乌尔里希创立了自己的公司 Terrapass——美国自愿性碳补偿的领先供应商之一。Terrapass 是一家为个人和企业提供可持续碳排放解决方案和碳补偿产品的社会企业。Terrapass 的产品包括用于抵消汽车排放的 Road Terrapass、用于抵消飞机排放的 Flight Terrapass、用于家庭能源使用的 Home Terrapass、用于组织的 Business Terrapass，以及用于婚礼和其他活动的 Wedding Terrapass。

对于有需求及有意愿承担自身对气候变化的责任的消费者而言，他们可以通过 Terrapass 提供的产品来测算自己一定时间内直接或间接产生的二氧化碳等温室气体的排放总量，并了解抵消这些温室气体所需的经济成本，然后付款给 Terrapass，由 Terrapass 为风力发电等温室气体减排项目提供资金，以支持多种环保项目的方式来帮助消费者抵消自身产生的二氧化碳排放，进而实现二氧化碳的零排放，即碳中和。

Terrapass 资助的降解温室气体和生产可再生能源的项目主要有 4 类：一是农场能源项目，即通过使用厌氧消化器捕获动物粪便分解时产生的甲烷，然后作为燃料发电；二是垃圾填埋气捕获项目，即利用有机废物分解释放的甲烷来生产可再生电力；三是来自风能的清洁能源项目；四是废弃煤矿的甲烷捕获项目。

Terrapass 刚成立第一年，注册会员数量就达到 2400 多名，成功减少了 3600 万磅（1 磅 ≈ 0.45 千克）的二氧化碳排放。目前，Terrapass 已经帮助千余家企业、机构和数十万人承担起他们对气候影响的责任，帮助实施了数十个可再生能源项目和温室气体销毁项目，这些项目相当于总共减少了大气中数十亿吨二氧化碳等温室气体。另外，公司还在尝试接触那些想要为自身对气候变化造成的影响负责的公司和机构以扩大客户群体，如高等院校等。

技术升级，寻求多方合作

Terrapass 的业务不仅面向造成大量污染的传统企业，更面向社会上每一个人。每一年美国居民通勤要行驶上万亿英里的路程，每一段路程都会排放大量的尾气，因此部分企业鼓励员工在家办公或远程办公。但对于那些无法避免通勤的人要怎么办呢？他们是不是可以选择在 Terrapass 上为环保出一份力？

于是，一个问题摆在了乌尔里希的面前：每一位通勤者如何知道自己在路上排放多少二氧化碳，企业如何知道自己在生产过程中大概对环境造成了多少污染？为此，乌尔里希设计了一款"碳足迹计算器"，人们可以在

Terrapass 的官网上得到个人产生的二氧化碳的估计量。随着碳中和的观念逐渐受到人们的重视，Terrapass 也逐渐进入人们的视野。Terrapass 也逐步更新其设计的"碳足迹计算器"，支持测算不同燃料产生的温室气体排放量，以方便消费者了解其使用的交通工具的碳消耗。

在设计了"碳足迹计算器"后，Terrapass 将重点扩大到解决如飞行能源消耗等方面的温室气体排放问题。针对不同的交通方式，Terrapass 推出了不同的碳中和策略，比如针对航班推出相应的碳抵消计划以减少航班排放的二氧化碳。但是客户对航空碳抵消服务的接受率一直不高，许多了解 Terrapass 碳抵消计划的人也会对他们花钱进行碳抵消后的有效性及碳计算器的准确性提出疑问。碳交易市场在个人消费者中名声不佳，许多人认为他们无法实际抵消碳产量。对此，Terrapass 也认同碳交易市场并不完美，仍有待改进的空间，但是无论如何碳抵消是有一定效果的。

Terrapass 在 2007 年 6 月 13 日的 A 轮融资中总共筹集了 580 万美元。2014 年 4 月，Terrapass 将其零售碳补偿业务卖给了 JustGreen。JustGreen 是 Just Energy 公司的一部分，该公司是加拿大一家有竞争力的天然气和电力零售商。JustGreen 收购了 Terrapass 的商业和消费者零售部门，以及 Terrapass 的名称和品牌。碳抵消验证、批发和能源咨询服务并没有在收购范围之内，而是以 Origin Climate 品牌继续独立运作。这次合并和品牌重塑有助于 Terrapass 面向更多的高质量且经过验证的减排项目，同时也将有一个更大的团队来为企业提供实现温室气体减排目标的优质服务。

创业的脚步走向其他行业

Xootr 滑板车

除了教授和创业者这两个身份，乌尔里希还是 Xootr 滑板车的设计师及产品同名公司创始人，该产品是《商业周刊》评选的 21 世纪 50 个最酷的产品之一。Xootr 从 1999 年开始制造成人滑板车，绝大多数产品都是直接在其官方网站上出售给爱好者。20 多年来，随着人们对滑板车的热情的减弱和转移，Xootr 也经历了许多起伏，但自从他们推出第一件产品以来，Xootr 几乎每天都能卖出滑板车。对于一个健康的成年人来说，在平坦的地面上步行半英里大约需要 10 分钟。在 Xootr 滑板车上，他可以在 3 分钟内走同样的距离，这对于人们来说能节省很多时间。对于一般活动范围约半英里的人来说，每周最多可以节省几个小时。

MakerStock 材料制造商

乌尔里希还创办了一站式材料制造商 MakerStock，该公司属于单一来源供应商，可以按需提供按尺寸切割的优质材料，专门生产激光切割器与各种风格和尺寸的数控木材、纸张和塑料。MakerStock 的目标客户范围广泛，大到制造实验室，小到小作坊，甚至是手工 DIY 的个人消费者。

Belle-V Kitchen

乌尔里希是 Belle-V Kitchen 的联合发明家和联合创始人，该公司名取自法语 "La Belle Via"，意为 "美好的生活"。乌尔里希在过去的 20 多年里收集了各种不同的冰淇淋勺，同时他也注意到许多勺子会对人体手腕的自然运动形成阻力，违背了人体工程学，这些设计缺陷使人们很难用这些勺子去吃较硬的冰淇淋，也很难用勺子去挖角落里的冰淇淋。因此乌尔里希与设计家露娜合作创立了 Belle-V Kitchen。露娜以创造颜值高且符合人体工程学的产品而闻名,例如 Oral-B CrossAction 牙刷。

乌尔里希在他的产品开发课上深入阐释了合作设计的新型冰淇淋勺,并通过 Coursera 在线教授给了世界各地的学生。乌尔里希认为他所设计的冰淇淋勺的核心创意在于倾斜和拉长勺子的头部,这可以让使用者保持其手腕伸直,这样的冰淇淋勺也会更易于使用。

碳中和行业的发展

"碳中和"是指通过开发新能源、节能减排及植树造林等形式,抵消人类生产生活行为中产生的二氧化碳或温室气体排放量,实现正负抵消,达到相对"零排放"的过程。碳中和行业主要包含新能源、节能环保及特高压等领域的相关公司,涉及的行业主要为工业与公用事业,在细分的子行业中,主要涉及电力与电气设备、环境与设施服务等。类似 Terrapass 的环境服务公司还有 MOSS.Earth——一家专注于环境服务的气候技术公司。目前,MOSS.Earth 已为亚马孙地区支付超过 1500 万美元,帮助其保护了大约 8 亿棵树木。

碳抵消的概念出现在 20 世纪 80 年代末,当时决策者首次开始努力应对气候变化。自 2000 年后期首次开展自愿碳抵消交易以来,自愿碳抵消项目已帮助减少、隔离或避免超过 435.7 兆吨二氧化碳当量——相当于少消耗超过 10 亿桶石油。这些项目得到了购买碳补偿的公司、个人和政府的支持。

到 2027 年,全球自愿碳抵消市场规模预计将从 2020 年的 3.058 亿美元增至 7.005 亿美元, 2021—2027 年的复合年增长率为 11.7%。根据 BloombergNEF 的情景模拟, 自愿市场情景假设抵消市场与今天的样子相似, 其需求来自具有可持续性目标的公司, 2030 年预计飙升至 10 亿吨二氧化碳当量, 2050 年飙升至 52 亿吨二氧化碳当量——后者相当于当今全球二氧化碳排放量的 10%。未来几年, 预计北美将仍然是主要的自愿碳抵消市场; 工业应用中对碳抵消需求的不断上升, 将推动欧洲市场增长, 英国和德国是欧洲的领先国家; 房屋设备和农业应用中对碳抵消的需求不断增加将促进亚太市场成长; 能源行业越来越多地采用碳抵消将会是中东和非洲的自愿碳抵消市场出现显著增长的主要原因。

总结

纵横能源、材料和运动等多个领域, 乌尔里希始终坚守内心的创新之火, 以自己的实际行动落实对创新的高度推崇。在创业过程中, 乌尔里希从多年的教育生涯中吸收经验, 从日常生活点滴中汲取灵感, 最终取得了如今的成就。他在学术和商业领域的成功离不开以下 3 个因素。

1. 领域交叉, 成就创新。乌尔里希创立的几家公司并不属于一个领域, 甚至可以说基本不相关。乌尔里希在创业时并不局限于一个领域, 相反他将眼光放在不同的领域, 成为多个领域的佼佼者。

2. 注重细节, 坚持创新。乌尔里希作为一名创新创业课的指导老师, 他十分擅长从生活的细节出发寻找创新点, 从日常生活中找到灵感, 对传统的产品进行创新。

3. 保持热爱, 活在当下。在多年教育生涯里, 乌尔里希对创新的热情之火从不曾被时间的洪水浇熄。兴许是因为创新这个课题本身就与时代发展息息相关，乌尔里希本人也是个活在当下、牢牢把握时代浪潮的人。他能敏锐地感知到时代的脉搏并加以反思，将其运用到他所从事的创新创业事业当中，这也是乌尔里希在学术和业界都成功的关键所在。

贯通生物化学的创业家

—— 记 Illumina 和 Quanterix Corp 创始人
大卫·沃尔特

大卫·沃尔特（David Walt），美国生物化学家，国际著名生物传感专家，美国国家工程院、美国国家医学院、美国艺术与科学院院士，现任哈佛大学医学院布莱根妇女医院病理学系教授，怀斯研究所核心成员，霍华德·休斯医学研究所教授。沃尔特教授是 Illumina 和 Quanterix Corp 等多家生物技术公司的创始人。沃尔特教授在光学微孔阵列和单分子领域的主要贡献是率先使用微孔阵列进行单分子检测和分析，这彻底改变了基因和蛋白质组测序的过程。沃尔特教授曾获美国化学会凯特琳·C. 哈赫创业成功奖、生物分析化学拉尔夫·亚当斯奖、美国化学会古斯塔夫·约翰·埃瑟伦奖、光谱化学分析奖、匹兹堡分析化学成就奖。

复合人才，方向明确

1953 年，大卫·沃尔特出生在美国密歇根州的底特律市。6 岁那年，全家从底特律市中心搬到了郊区的新家。沃尔特的新家靠近一个人烟稀少的沼泽，沃尔特经常和周围的伙伴们一起寻找藏在沼泽边的乌龟和青蛙，一起追赶蜻蜓，一起寻觅大自然中各式各样的昆虫。

起初，沃尔特的父母希望他成为一名医生，但在本科学习阶段中，沃尔特发现自己对有机化学非常感兴趣，也取得了十分不错的分数。1974年，沃尔特获得了密歇根大学化学学士学位。沃尔特发现一些化学方法也可以用于解决医学问题，相对于成为一个医生去挨个照顾每一个病人，他更想在化学领域解决群体的问题。本科毕业后，沃尔特来到纽约州立大学石溪分校深造，于1979年获得化学和药学双博士学位。而后，沃尔特前往麻省理工学院乔治·怀特塞兹（George Whitesides）教授的实验室做博士后研究。在他博士后研究期间，诺贝尔化学奖得主沃尔特·吉尔伯特（Walter Gilbert）与弗雷德里克·桑格（Frederick Sanger）发明了新的DNA测序技术。沃尔特幸运地参与了一系列相关的研讨会。在那时他就意识到，一个全新的时代正在来临，一些学科间的壁垒正在消失，自己虽然是一名化学专业博士，但知识面不应该只局限于化学。于是沃尔特在参加化学研讨会的同时，也开始参加生物研讨会，逐渐拓宽自己的研究领域。

1981年，沃尔特离开麻省理工学院，成为塔夫茨大学化学系助理教授。1986年，沃尔特升职为副教授。紧接着，沃尔特在获得3M研究创意奖的同年成为塔夫茨大学化学系主任（1989—1996年）。1995年，沃尔特升职为正教授。2017年，沃尔特教授离开塔夫茨大学，来到哈佛大学医学院任教。目前，他在哈佛医学院的实验室的项目主要是对单酶分子和单纳米颗粒的群体测量单细胞中蛋白质和基因表达的变化，检测癌症和传染病的生物标志物。

新兴技术，开启创业

1992 年，克拉克·斯蒂尔（Clark Still）与迈克尔·威格勒（Michael Wigler）两位科学家在风险投资家拉里·博克（Larry Bock）的帮助下成功创立了一家名叫 Pharmacopeia 的公司。5 年后，在斯克里普斯研究所的讨论会上，斯蒂尔注意到了沃尔特发明的自组装珠子技术，用这项技术创造了被称为"光学鼻"（optical nose）的珠子。"光学鼻"在不同的环境下会变为不同的颜色。实际上，在发明了这项技术并申请专利后，沃尔特对于这项技术的商业化并没有太多兴趣。但在与斯蒂尔的讨论中，沃尔特意识到科学家是需要创业的——科学家在创业后获得的社会融资可以被投入下一阶段的研究中，最终将研究成果转化为对社会有益的产品。如果仅是发表论文，科学家是无法把研究成果带出实验室的，将技术商业化才能更好地回馈社会。于是，沃尔特在斯蒂尔的帮助下，联系上了曾经帮助斯蒂尔团队创立 Pharmacopeia 的博克。

沃尔特的珠子技术可用于制造可扩展的 DNA 列阵。相比于当时只能逐个制造微阵列的基因分析芯片制造商 Affymetrix 而言，博克被沃尔特的可扩展式生产新技术的前景所吸引。之后，博克召集了曾经与他联合创办 Caliper Technologies 的约翰·斯图尔普纳格尔（John Stuelpnagel）、时任 Affymetrix 首席科学家的马克·徐（Mark Chee）和时任 IRORI 量子微化学公司副总裁的安东尼·查尔尼克（Anthony Czarnik）。1998 年 4 月，在以沃尔特开发的技术为主导、风险投资家博克广阔的社会关系为引线的大框架引领下，多位科学家联合正式创立了 Illumina。

公司最初的产品——高密度微孔阵列是协助研究人员以全新的视角探

索 DNA 的技术，创建与健康、疾病和药物反应有关的基因变异图，即人们可以通过 Illumina 的高密度微孔阵列技术分析个人基因，了解他们的祖先来自哪里、是什么基因导致他们易患某种疾病。目前，Illumina 致力于生物信息分析领域，提供有关单核苷酸多态性基因分型、拷贝数变异、基因组测序、DNA 甲基化研究、转录组分析、基因表达谱分析相关的服务。

创立初期，逆境中成长

Illumina 总部设于加利福尼亚州圣迭哥，在巴西、英国、荷兰、中国、新加坡、日本、澳大利亚设有分部。2014 年，Illumina 被《麻省理工技术评论》选为年度 50 家"最聪明"公司的第一位。

Illumina 成立之初，仅有 7 名员工，启动资金约 860 万美元。在加州圣地亚哥的 900 多平方米的厂房内，团队开始研发属于公司的核心技术和知识产权产品。一开始，公司没有任何产品，创始人甚至对于公司要推广的产品概念都不是很清晰。在这个时候，公司把杰伊·弗拉特利（Jay Flatley）招致麾下任 Illumina CEO。弗拉特利具有丰富的商业经验，他在加入 Illumina 以前成功地以 3 亿美元的高价将他的上一家公司 Molecular Dynamics 出售。

Illumina 于 2000 年 7 月在特拉华州重新注册成立，当月 28 日以 16 美元的价格公开上市。Illumina 的首次公开招募筹资达到 1 亿美元。那个时候的基因行业巨头是包括 DNA 测序设备制造商 Applied Biosystems 在内的几家大型企业，Illumina 只能在夹缝中寻求生存。2001 年，Illumina

开始提供单核苷酸多态性基因分型服务。2002 年，Illumina 推出了首个使用 GoldenGate 基因分型技术的系统 Illumina BeadLab。但是，这两个产品一直没有很好的销路。产品研发毕竟是烧钱的，到了 2003 年，投资者们对于公司已经失去了信心，导致股价从 22 美元一路暴跌到 1 美元以下。这一年，沃尔特的搭档、Illumina 的联合创始人、首席科学官安东尼·查尔尼克（Anthony Czarnik）被迫离职，Illumina 进入了低谷。

坚持不懈，创业成功

由于研发成本一直居高不下，发展初期的 Illumina 遇到诸多困难，找不到突破点，在市场上也没有太大影响力。2006 年以后，研发团队经过不懈的努力，终于成功地把当时测试每个基因组的成本从 100 万美元降到了 1000 美元。至此，Illumina 才算是正式在 DNA 测序市场上立足。Illumina 的这一步飞跃得益于当年的一个商业发展决定——收购 Solexa（剑桥大学一家研发 DNA 测序技术的衍生公司）。这次收购为 Illumina 带来了 DNA 集落测序技术，该技术由帕斯卡·梅耶（Pascal Mayer）和洛朗·法里内利（Laurent Farinelli）于 1997 年发明，2004 年被 Solexa 从 Manteia Predictive Medicine 收购。DNA 集落测序技术用于包括全基因组重测序、基因表达分析和 RNA 分析在内的一系列基因分析。2007 年年初，Illumina 拿出 6 亿美元的股票收购了一家拥有实验性 DNA 测序仪的公司。这种 DNA 测序仪能够将 DNA 打断成微小的碎片并重组，然后利用生物信息技术进行破译。

如今，Illumina 已经成为基因组学的全球领导者——一个处于生物学和医学技术交叉点的公司。Illumina 的技术被广泛应用于基础学科研究、政府项目、生物制药和生物技术等领域。

Illumina 并不是沃尔特创立的唯一一家公司。2007 年，沃尔特还创立了支持临床诊断、药物开发和生命科学研究的单分子分析平台 Quanterix，该公司于 2017 年在纳斯达克上市。此后，沃尔特还陆续创立了 Ultivue、Torus Biosystems、Sherlock Biosciences 等一系列公司。沃尔特曾在采访中说到"在我的职业生涯中有许多让人意想不到的结果，但这就是科学。只有持续的创新才能培养出下一代科学家、发明家和企业家。"

作为一名科学家，沃尔特的创新技术彻底改变了遗传和蛋白质组测序的过程；作为一名企业家，沃尔特相继创办了多家公司，用专业技术为生物医药医疗行业做出贡献；作为 Illumina 的战略合作伙伴和 Illumina Venture 的专家顾问，沃尔授一直为同类型技术公司提供支持和帮助。

醉心科研，硕果累累

沃尔特的研究项目之一是采用光纤微阵列来检测和分析单一的酶分子，以提供对酶机制的更好的洞察。沃尔特率先使用微孔阵列进行单分子检测和分析，这项技术彻底改变了遗传和蛋白质组测序的过程，使 DNA 测序和基因分型的成本得以骤降为原来的千分之一。目前，在很多生物或医学研究中，微孔阵列进行单分子检测和分析技术是测序的黄金标准，包括在体外受精前筛查胚胎的遗传缺陷研究、保存 / 冷冻组织中的疾病相关研究、提高农作物的抗病性研究及识别个人的代谢概况以确保药物的正确剂量等。

在另一个项目中，沃尔特的实验室正在研究创建包含数千个微传感器和纳米传感器的高密度传感阵列的极限，并准备用阵列进行高密度的核酸和蛋白质分析。此项工作可应用于用唾液代替血液作为样本进行医疗诊断。阵列还可用于单个细胞和细胞群的活细胞研究，通过整合微流控技术和单分子检测来分析单个细胞。

沃尔特还带领自己的团队开发了一种称为 Simoa 的单分子免疫阵列的检测技术。Quanterix 推出的全自动数字式单分子免疫阵列检测技术平台 Simoa HD-1 分析仪就是基于这项技术开发的超灵敏研究诊断平台。Simoa HD-1 分析仪可以直接对血清和血浆蛋白进行超高灵敏度检测，对蛋白质浓度检测的平均灵敏度是传统技术的 1000 倍，主要应用于肿瘤、感染性疾病等治疗，极大地推动了癌症早期检测，术后的监测和精准用药的技术进展。

放眼国际，生物技术行业蓬勃发展

生物医药产业是国际科技与经济竞争的战略制高点。人工智能、基因技术、免疫治疗等新一轮科技革命正在催生全球生命科学的巨大变革。基因工程、细胞工程、酶工程、发酵工程代表了近 20 年来全球现代生物技术的应用与发展，其中 60% 的生物技术成果集中应用于医药产业，用以开发特色新药或对传统医药进行改良，由此引起了医药产业的重大变革，也日益影响和改变着人们的生产和生活方式。

美国的小型生物制药公司初创时大多与科研单位紧密联系，强大的学术能力起到了明显的推动作用。美国科技劳动力市场的高度流动性、学术研究成果的商业化趋势促使优秀科学家参与企业的研究开发。美国政府根据科学家的申请，最高可出资 100 万美元帮助握有创新生物技术的学者注册成立生物技术公司，以促进该技术的产业化，也就是说，政府投资提高了科学家转型为企业家的成功率。

2020 年是生物医药和医疗行业市场的投资热情被彻底点燃的一年。据美通社报道，食品、农业、医疗等各终端用户对生物技术的应用和产品的需求激增，投资人对生物技术领域的投资也随之不断增加。此外，新冠疫情的突然暴发和蔓延增加了对诸如疫苗、诊断测试、药物等生物技术产品的迫切需求，增加了对于相关技术提升的要求。生物技术领域的技术进步及人工智能、大数据分析等交叉学科的发展也进一步促进了生物医药和医疗行业市场在未来几年的发展。

总结

作为成功创立了 Illumina、Quanterix、Ultivue 和 Torus 等优秀公司的知名企业家，沃尔特始终坚守内心对创新的执着追求，心系社会大众的福祉。他如今的成就，离不开如下的特质。

1. 心之所向，保持热爱。明确喜好，追逐热爱，时刻保持对学术世界的敏锐感知。当沃尔特嗅到学科界限有被打破的趋势时，义无反顾地迈向更广阔的研究方向，为未来学术研究及创业打下坚实的基础。

2. 坚持创新，大胆创新。沃尔特在科研道路上经常获得出乎人意料的结果，这也是他大胆尝试使然，创新精神使他在科研与创业的道路上屡创佳绩。

3. 多次创业，回馈社会。 沃尔特在成功创立 Illumina 后，又陆续创立了 Quanterix、Ultivue、Torus 等企业，坚持创新道路，持续推动研究成果走出实验室，回馈社会。

"智"行新时代的领跑者

——AutoX 创始人肖健雄

肖健雄，机器视觉领域著名的科学家。本科和硕士均毕业于香港科技大学，博士毕业于麻省理工学院。2013—2016 年在普林斯顿大学计算机科学系担任助理教授，创建普林斯顿大学计算机视觉和机器人学实验室并担任主任，是普林斯顿大学计算机视觉研究的领军人物；曾经荣获谷歌教授科研奖，美国国家自然基金研究项目奖等奖项。此外，他于 2016 年在硅谷创办著名无人驾驶公司 AutoX，并担任董事长。2017 年入选由《麻省理工科技评论》评选的"35 岁以下科技创新 35 人"。

身本平凡，立志云天

肖健雄，1983 年出生于广东潮州，跟马化腾、李嘉诚都是老乡。潮州人骨子里都有经商的传统，肖健雄的爷爷奶奶、爸爸妈妈、姐姐都是商人。

但是肖健雄直到 18 岁才有机会看到家乡 32 千米外的大海。所以肖健雄一直都希望能改变传统的交通方式，通过更便捷的交通工具到自己想去的地方，让家乡的孩子们早一点拥抱大海，看看外面的世界。

肖健雄是一个很直观、喜欢视觉的人。2001年，在香港科技大学攻读本科期间，肖健雄因为个人的喜好选择了数学和工程学相结合的计算机视觉。但其实在肖健雄大一、大二的时候，他学的是有关于计算机系统的部分，在学习的过程中，他发现该学科存在很多技术限制，于是在这时，肖健雄决定改变学习方向，在看了一遍香港科技大学教授的研究项目后，肖健雄发现计算机科学与工程学教授权龙的项目——计算机视觉让他最感兴趣，肖健雄决定研究计算机视觉。

脚踏实地，夯实基础

2005年，肖健雄本科毕业后，继续在港科大读研深造，从事三维视觉重建相关研究，他的导师权龙教授是三维视觉领域的学术权威。权教授的研究方向主要是街景地图感知、突破感知层、高清地图扫描、高清三维地图定位这几个方面。肖健雄加入权龙实验室的这一年，权龙教授刚刚拿到谷歌地图的一笔研究费用并选择让肖健雄负责该项目，肖健雄在完成项目的过程中，成功实现了三维街景分析，该研究成果对谷歌无人车的技术起到较大推动作用。

除了谷歌的项目之外，肖健雄跟他导师的团队也在同时进行微软的项目。当时在各种因素限制之下，他们无法使用汽车直接在道路上采集信息，只能依靠已有的数据进行分析，在微软的项目中，肖健雄深入研究了道路感知分析方面的技术。硕士期间的项目经验和导师的教导给予了肖健雄从事计算机视觉相关研究的启蒙。此后他对自动驾驶的研究产生了浓厚的兴趣，在以后的学业方向选择上，他也在逐步向自动驾驶方向靠近。

2009 年，肖健雄进入麻省理工学院攻读博士学位，主要研究计算机视觉的三维视觉领域。读博期间，他接触到有关深度学习的卷积神经网络的概念，这让他对研究方向有了新的想法，他开始琢磨如何将深度学习和三维视觉结合在一起，进行更深入的研究。

2012 年，经过不懈努力，肖健雄首次提出了用深度学习实现三维点云的视觉感知，该方法融合被动感知（摄像头）和主动感知（激光雷达），从而在三维深度学习领域取得了突破性的成果，该学术成果为谷歌、英伟达、Zoox 等著名自动驾驶公司的三维感知奠定了理论基础。肖健雄还在谷歌实习过一段时间，他的论文 *Reconstruct the world's museum* 于 2012 年获得 ECCV 最佳学生论文奖。这是一篇有关室内场景重现的经典论文，利用谷歌街景相机，在博物馆内部拍照，进而重现博物馆的内部三维构造。

坚守本心，有勇有识

2013 年博士毕业后，肖健雄进入普林斯顿大学计算机科学系担任助理教授。他继续深入研究他新开拓的领域——三维深度学习，当时深度学习只是被广泛应用于一维语音数据和二维图像数据领域，但是在三维数据（点云、深度图像、网格）领域，还很少有人涉足。

在普林斯顿大学担任助理教授的 3 年时光里，肖健雄仍然保持着高强度的科研状态。在那里，他负责牵头创办了普林斯顿计算机视觉和机器人实验室，带领团队取得了计算机视觉相关的一系列重要研究成果。2015 年，他们首次提出新的卷积神经网络学习框架 Marvin，这在计算机视觉领域是一个突破性的成果，因为它为三维物体识别奠定了重要研究基础。在计算机视觉领域，肖健雄因为杰出的研究成果，两次获得谷歌教授科研奖，多次获得英特尔研究奖等奖项，这些研究成果很多都被应用到了自动驾驶及机器人领域。

远见卓识，践行理论

2016 年，自动驾驶市场日趋成熟，得到了工业界的广泛关注，成为人工智能应用领域中最炙手可热的一块蛋糕。在自动驾驶的浪潮下，肖健雄这样的学术大牛成了各大企业的争抢对象，例如福特公司这种主机厂商。肖健雄经过了解，感觉大部分公司内部管理体系并不完善，还存在很多问题，下海加入这种公司后，反而容易在很多方面受到掣肘。既然自己已经掌握了自动驾驶领域的核心技术，并且对于行业方向有了一定把握，肖健雄就决定自己创业，这也与他想要改变世界的梦想相契合。

早在 2013 年，肖健雄就有了创业的想法，但一直没有迈出那一步。对于肖健雄来说，此时他才刚刚从 MIT 毕业，在技术层面还达不到通透的程度，也还未真正实际操作过。此外，当时也没有多少人真正相信无人驾驶。

在普林斯顿大学从事了四五十个项目后，肖健雄也积累了更多的实战经验，在自动驾驶的感知、高清三维地图、定位等领域有了更加深入的理解。同时，作为潮汕人，肖健雄骨子里就流淌着经商的血液，在家人支持下，他在高中和大学都曾有过一些创业的想法和尝试。在做学术研究期间，他也一直在思考如何将研究成果产业化。在跟业内的很多朋友了解和交流之后，肖健雄对每一个可能遇到的问题都进行了深入思考，例如商业模式、市场竞争、公司治理等，有了比较充足的把握之后，他决定创办一家自动驾驶技术公司。

肖健雄是一个愿意冒险的人。"作为教授来看，自动驾驶技术只要能够上规模，就能做出大事业"，正是怀着这样的信念，肖健雄辞去在普林斯顿大学的教职，横跨美国来到创业者的天堂——硅谷，真正开启属于他自己的事业。2016 年 10 月，肖健雄正式创办了研究自动驾驶技术的企业 AutoX。当时，AutoX 的竞争对手是产业界的巨头——特斯拉、Uber、谷歌的 Waymo 及各大汽车制造商。

厚积薄发，一鸣惊人

创业之初，肖健雄始终坚持自主研发，并没有耗费大量金钱去购买生产线，他把有限的资金都投入研发团队的建设上面，AutoX 研发团队都是其他大公司不能比拟的顶尖视觉领域人才。另外，他对创业各个环节如质控、工艺、原材料、成本等方面的把控也是精益求精。例如在采购方面，他没有购买价格过高的激光雷达，因其熟知技术理论，他可以清楚地知道低成本的摄像头在信息采集方面也可以达到同样的效果，所以他就果断采用了低成本的摄像头，兼顾了成本与产品质量。

2017 年，33 岁的肖健雄入选了当年《麻省理工科技评论》——"35岁以下科技创新 35 人"，这对肖健雄来说有着非比寻常的意义——因为这是他第一次在商业上得到认可。肖健雄不像一个常规的学院派，但也不是一个传统意义上的商人，在他的身上，可以看到一个学者的严谨，也可以感受到一个创业者的热忱。

AutoX 在创业之初就受到了资本青睐，公司刚成立时，得到了一笔来自丹华资本和真格基金的天使轮投资。公司成立第二年，与中国上汽集团达成战略合作，获得了另一笔战略投资。2019 年年初，公司又引入了东风集团和阿里巴巴的数千万美元的战略投资，当年年底，前海兆宏基金又对公司投资了数千万美元。至此 AutoX 可以不为资金发愁，只专注于实现无人驾驶技术。

坚持创新，追求极致

但是，在硅谷还有一大堆做自动驾驶的公司，入局并不算早的 AutoX 要如何保证自己在竞争中取胜呢？肖健雄决定凭借自己的技术实力独辟蹊径，走纯视觉解决方案之路。2018 年，AutoX 发布了中国第一个 360 度全景视觉感知、高精准多传感器深度融合感知方案 xFusion，该方案能够实现 360 度全景多路环视摄像头与 LIDAR（激光雷达）实时精准融合，是中国无人驾驶领域的首创。

在技术创新方面，AutoX 发布了第五代系统，其搭配的硬件及架构全都是应用的顶级技术配置，包括传感器、摄像头、雷达等。在解决方案方面，公司研发出了车载超算平台 AutoX XCU，其算力完全能够应对更加复杂的路况。

在运营机制方面，AutoX 致力于打造轻资产模式的自动驾驶平台，然后选择与大型车企及成熟运营商进行战略合作，这样就能始终专心保持技术上的领先，建立起更高的商业壁垒。

2021 年 12 月，在广州举办的世界智能汽车大会上，肖健雄对 AutoX 已经取得的多项成就做了进一步的介绍。他说："AutoX 的完全无人驾驶区域现在在世界上是最大的。特别是在深圳，由于政府支持，AutoX 的产品 RoboTaxi 目前已在坪山区做到了全域完全无人驾驶的试运营状态。另外 AutoX 还积累了大量有效的、城市闹市区域的里程。深圳的人口密度在全国城市里面排第一名，也就意味着深圳的路况是全国最复杂的路况，AutoX 通过在深圳进行长达多年的测试，收集了大量的数据，从而不断优化完善其自动驾驶系统。"如今，AutoX 的团队在中国第一个做到了在繁华街区任意指定路线的无人驾驶，在全球实力排名仅次于通用的无人驾驶子公司 Cruise。

AutoX 短期内取得如此巨大的成果，首先归功于肖健雄在相关学术领域的不断深耕与探索，学术出身是他创业的优势。其次在人工智能专家稀缺的硅谷，肖健雄有丰富的人才资源，他与领域内许多顶尖人才是多年的老友，而这些人很多都是来自麻省理工学院、斯坦福大学、普林斯顿大学等世界级自动驾驶研究机构计算机视觉研究领域的博士。正是这样一支豪华的技术团队，才能使 AutoX 利用独创的顶尖全栈无人驾驶技术在 6 个月内打造出原型车。在肖健雄看来，未来实现完全的自动驾驶在技术上已经没有实质障碍，随着其他方面配套的跟进，普及自动驾驶将指日可待，那时候人类的交通生活将被快速颠覆。

自动驾驶行业的发展现状

自动驾驶按照自动化程度从低到高可以分为 L1 ~ L5 五个级别，其依据的标准主要是"开启自动驾驶功能后，驾驶员是否应该处于驾驶状态"。L3 级别以上才是严格意义上的自动驾驶，现在各大厂商追求最理想的状态是完全自动驾驶（L5），在这个程度上，汽车不需要驾驶员操控就可以实现在所有的路况下的全程自主动态驾驶任务，这种汽车也被叫作无人驾驶汽车。

进入 21 世纪，在人工智能的带动下，自动驾驶技术渐趋成熟，各国公司都在布局该领域。据 2021 年加利福尼亚州交通管理局发布的数据显示，中国自动驾驶领域的头部公司在全球自动驾驶竞争格局中已经占据领先地位。头部参与者已逐渐成为国际自动驾驶行业领先选手，AutoX 与小马智行在相关技术领域已经位于前五，紧随美国 Waymo、Cruise 之后。

如今，美国和中国均在自动驾驶领域不断竞争和发力。在技术方面，美国作为人工智能领域的领头羊，在 AI 基础理论、高端芯片、集成电路等领域都有绝对优势，这使其在自动驾驶领域的核心芯片等方面处于领先优势。但是相比而言，中国也存在相对优势，例如 5G 基站、物联网、数据中心等基础设施健全，在国家和各大城市的政策也在支持 LTE-V2X 向5G-V2X 演进，车路协同技术优势较为明显，我国"云 + 车 + 路"技术路线在自动驾驶领域具备弯道超车的机会。在商业方面，美国存在较大人力缺口，企业更倾向于通过人工智能和机械自动化来替代传统人工劳动力，其研究进展更多集中在 Robotaxi 及无人物流领域，近几年美国 Waymo公司在多地布局无人驾驶出租车业务，美国国家公路交通安全管理局也批准了 Nuro 公司率先部署无人送货车。相比之下，中国对人工智能的接受力度较大，更愿意从安全提升、效率提升层面为自动驾驶买单，特殊场景的商业化进展相对更快。

总结

从学术探索到商业实践，肖健雄目睹了自动驾驶从起步到成熟的全程，在自己喜欢的领域，肖健雄坚持做自己喜欢并且擅长的事，并且这也是对社会有价值的事，他克服了种种困难，扛住各种磨砺和挑战，最终达到了事业巅峰。他的成功离不开以下几个因素。

1. 九层之台，起于累土。肖健雄本硕博阶段，在确定了感兴趣的研究方向后，就层层深入地进行计算机视觉相关研究。最终在自己的不懈探索、导师的学术指引及实践的过程中，逐步构建三维视觉和深度学习相结合的知识网络，成为计算机视觉和自动驾驶领域的权威。

2. 寸积铢累，潜心贯注。肖健雄博士毕业后，没有直接进入公司，而是选择进入大学，花更多的时间去沉淀，潜心研究自动驾驶的核心技术，从而可以处于技术上的绝对领先，为日后的创业奠定坚实基础。

3. 足智多谋，勇往直前。肖健雄是一个高瞻远瞩的人。他选择在自动驾驶的风口期，资本大量涌入时才加入自动驾驶产业。并且在面对诸多公司投递的橄榄枝时，坚持自己把握方向才是最高效的方法，最终毅然创立了 AutoX。

4. 降本增效，助力社会。AutoX 的策略一直都是利用较便宜的摄像头进行研究，通过降低成本，让未来的自动驾驶能够满足普通百姓的消费需求。肖健雄希望通过自动驾驶，彻底改变人们的交通出行方式，让偏远地区的人们也有更多机会看看外面的世界。

Ⅲ.

其他国家和地区篇

印度学术创业第一人

——记 Strand Life Sciences、PicoPeta Simputers
公司创始人维杰·钱德鲁

维杰·钱德鲁（Vijay Chandru），学术型企业家，深耕数据科学领域 20 余年，曾任美国普渡大学教授，印度科学学院（IISc）计算机科学教授，现任 IISc、斯坦福大学等大学客座教授。他先后获得印度伯拉科技学院皮拉尼分校电气工程学士学位、美国加利福尼亚大学洛杉矶分校工程系统硕士学位和美国麻省理工学院的运筹学博士学位。钱德鲁教授发表了 70 多篇学术论文，1996 年当选为印度国家科学院和国家工程院院士。钱德鲁教授也是印度学术创业第一人，创立了新一代医疗保健公司 Strand Life Sciences。此外，钱德鲁教授入选《今日印度》2008 年度 50 位改变印度的先驱人物。

传承梦想，贵人相助

对于钱德鲁而言，选择学术道路，是偶然也是必然。钱德鲁与学术道路的结缘始于他无忧无虑的童年生活。钱德鲁的父亲忙于事业、分身乏术，少有时间照顾钱德鲁，因此钱德鲁的童年是在印度金奈跟着爷爷奶奶一起生活的。钱德鲁的爷爷是泰卢固影业（Telugu Cinema）的创始人，也是一位电影导演。钱德鲁的爷爷虽然在娱乐圈工作，却是个老派人物，始终希望他的孙子能走印度传统观念下更为正统的发展道路，从事工程和科学研究。等到钱德鲁八九岁的时候，投身于印度国家建设的父亲短暂地回到金奈跟他一起住了一段时间。正是在那时，父亲的言行和思想对年幼的钱德鲁产生了更为直接的影响。钱德鲁的父亲在从政前是一位动物学家，在印度宣布独立的时候正准备攻读博士学位。然而，国家兴亡匹夫有责，钱德鲁的父亲因此毅然放弃了自己的学术梦想，成为印度的"人民公仆"。父辈的遗憾为年幼的钱德鲁心中埋下了走上学术道路的"种子"——钱德鲁视父亲为榜样和楷模，父子之间有着梦想的羁绊和传承。

到了上大学的年龄，他追随在印度德里长大的堂兄的脚步进入伯拉科技学院皮拉尼分校求学。这对于他来说是第一次"出格"的尝试。当时其实很少有金奈的年轻人大老远跑到德里去学工程学，毕竟金奈是印度第二大软件产业、信息技术产业和基于 IT 技术的外包服务出口中心，若留在金奈，未来发展想来也不会逊色。不过，那个时候的钱德鲁拥有不甘平庸的勇气和决心，决定在离家遥远的德里独立生活，并且在这个仅次于孟买的印度第二大城市接触到了与家乡不同的风土人情。

在求学过程中，他遇到了对于他之后的学术生涯影响巨大的一位老师，钱德鲁当时的系主任奇塔兰詹·米特拉（Chittaranjan Mitra）教授。米特拉教授引导钱德鲁用一种不一样的视角来看待世界，为年轻懵懂的钱德鲁提供了一个不同的规划未来的可能性。据钱德鲁回忆，米特拉教授与麻省理工学院有着紧密联系，并时常邀请斯坦福大学和麻省理工学院等顶级名校的运筹学领域学术大牛们来给学生们开讲座。在这种超高水平的学术碰撞与科研引导下，钱德鲁对运筹学和控制论产生了浓厚的兴趣。自然而然，他想去接受更高水平的教育，学习更前沿的知识。最终，钱德鲁远赴美国，先后在加利福尼亚大学洛杉矶分校和麻省理工学院完成了硕士和博士学位。

理论转化，创新实践

钱德鲁的博士论文是关于组合优化的计算复杂性的相关研究。他提出了 Karmarkar 线性编程的突破性方法，解决了各种图形猜想，这种方法引出了"算法"中许多有趣的基本问题，即有效的算法设计和问题类的难处理性证明。钱德鲁在这方面的工作至今仍然在该领域具有很强的学术性和知识性，他已成为组合优化计算复杂性研究领域公认的权威。

1982 年，钱德鲁作为助理教授在普渡大学开始了他的教学和科研职业发展道路，他以平面和实体几何对象的计算机操作为基础开拓了一个新的研究领域。计算机图形学、实体建模、机器人技术和计算机辅助设计与制造的快速发展推动了钱德鲁的研究成果从理论转化为应用。作为普渡大学工业工程学教授，钱德鲁拥有足够的机会从事智能制造系统的前沿研究及相关应用。

10 年之后，钱德鲁回到他的祖国，加入印度科学学院（IISc）。回到印度后，钱德鲁与 IISc 的同事马诺哈尔（Manohar）和古鲁穆尔蒂（Gurumoorthy）一起建立了印度第一个 3D 打印实验室，推动创建先进的产品设计和原型制作。

创业之路，跌宕起伏

得益于诸多高科技公司的成功创立与良好发展，班加罗尔被誉为"印度的硅谷"，同时也是印度生物科技产业中心，印度国内 60% 的生命科学公司都把总部设在班加罗尔。这种发展势态的强劲动力来源于计算机科学家和生物学家的跨学科合作，其中钱德鲁就是一位对这两个领域都有深入研究的专家。他表示，他期望更多地与社会接触，并利用技术产生影响，推动整个印度生物科技产业中心的发展。钱德鲁在接受采访时说道，"推动我创业的愿景就是在印度创建成功的、世界级的技术创新公司。"

钱德鲁的创业旅程始于 20 世纪 90 年代末，他和 IISc 的 3 位计算机科学专业的同事在计算和生物学的"接口"上开始了跨界探索的旅程。2000年年底，钱德鲁联合同事创立了一家计算机技术公司 Strand Genomics（Strand Life Sciences 的前身）。该公司被认为是印度第一个被认可的学术创业型公司，是印度创新与发展协会的雏形，也是 IISc 孵化的企业。钱德鲁是 Strand Genomics 的主要创始人，并从公司创立之初就作为执行主席领导公司发展。后来，由于 Strand Genomics 的业务逐步涉及生命科学的多个方面，所以公司更名为 Strand Life Sciences。

几乎在同一阶段，1999 年 11 月，钱德鲁联合斯瓦米·马诺哈尔（Swami Manohar）与其他几位印度科学家创立了一个非营利组织 Simputer Trust（Simputer 为 Simple Inexpensive Multilingual People's Computer 的缩写），旨在为农村群众定义和开发低成本的移动计算设备。而后，Simputer Trust 授权了两家制造商以商业目的出售其产品，其中一家是钱德鲁教授创立的 PicoPeta Simputers，该公司被《麻省理工科技评论》杂志评为 2001 年最热门的 7 家学术创业公司之一。

2001 年，作为 Simputer 的发明者之一，钱德鲁获得了德旺·梅塔奖（Dewang Mehta Award），这是印度信息技术创新的最高奖项。虽然 Simputer 的推出被认为是印度本土技术的一个奇迹，但 Simputer 在 21 世纪初期的市场上太超前了，在当时并没有取得商业上的成功。然而，当该产品（后来更名为 Geo Amida）成为 2010 年推出的印度国家唯一身份证项目 Aadhaar 的主要设备之一时，该产品通过了市场的考验。

技术引领，资本护航

钱德鲁于 2000 年创立的 Strand Life Sciences 专注于数据挖掘、预测性建模、计算化学、软件工程、生物信息学和研究生物学，为生命科学研究开发软件并提供基于公司知识产权的定制解决方案。公司愿景是提供知名、快速、高质量和临床可操作的基因组信息，使医生能够为患者提供个性化的治疗。目前该公司在临床基因组学和个性化医疗方面处于领先地位。

Strand Life Sciences 推出了多种分子测试技术，涵盖了整个肿瘤学领域，包括遗传性癌症风险预测、体细胞肿瘤分析和治疗建议，以及基于液体活检的肿瘤监测。除此之外，临床病史与序列测试中发现的分子信息的结合也会点燃研究思想方面的火花，有助于为针对印度（南亚）人的相关疾病的具体医疗标准提供指导信息。钱德鲁称，Strand Life Sciences 的部分测试结果已经被部分癌症医院采纳为医疗标准，相信 Strand Life Sciences 可以迅速建立一个临床基因组学数据库，其规模可以令印度成为未来的肿瘤基因组医学研究的领导者。

在 2013 年，Strand Life Sciences 获得了由 Biomark Capital 投资的 1000 万美元 B 轮融资。在 2018 年，Strand Life Sciences 宣布完成了一笔 6 亿卢比（约合 1300 万美元）的私募股权融资，投资方为 Quadria Capital。

Strand Life Sciences 不仅获得了充裕的融资，也获得了可观的发展机会。2018 年，公司收购了 Healthcare Global Enterprises 旗下医疗科技子公司 Triesta Sciences。据悉，交易的主要目的是要构建一个综合医疗服务平台，为"端到端"专业诊断和基因组研究方面提供支持。2018 年，Strand Life Sciences 旗下就已经有 220 余名工程师、科学家和病理学家，为印度境内超过 1000 家医院和医疗服务机构提供诊断测试服务。

开创合作，共创未来

Strand Life Sciences 于 2007 年开始与多元化的高科技跨国公司安捷伦合作。安捷伦主要致力于通信和生命科学两个领域内产品的研发、生产、销售和技术服务等。2007 年 8 月，Strand Life Sciences 和安捷伦达成协议，Strand Life Sciences 为安捷伦开发满足生物学家需求的 GeneSpring 生物芯片数据分析软件并提供技术支持。后来，由于其他公司的并入和产品的持续更新，GeneSpring GX 被转移到 Strand Life Sciences 的 Avadis 平台。"自 2000 年 Strand Life Sciences 成立以来，一直致力于让科学家有能力利用可视化、分析和建模工具使他们的知识和经验发挥更大的作用。我们设计 Avadis 平台的唯一目的就是在这个数据集成的科学探索时代实现科学智能化。"钱德鲁曾提到。

2010 年，Strand Life Sciences 宣布在美国成立子公司 Strand Scientific Intelligence (Strand SI)，在全球范围内推广其创新的科学智能解决方案。Strand SI 总部位于旧金山湾区，提供基于 Avadis 软件平台的产品和服务。同年 10 月，安捷伦和 Strand SI 宣布将安捷伦 GeneSpring 生物信息学系统扩展到多个生命科学领域，以推动未来的技术创新，并为软件使用和客户支持提供新渠道。

创业之后，开启投资

2016 年，钱德鲁把 Strand Life Sciences CEO 职位的"接力棒"递交给了拉梅什·哈里哈兰（Ramesh Hariharan）教授，从此钱德鲁得以把更多精力放在作为公司顾问和投资者的事业上。他有意识地与科技创新初创企业接触，与他们合作可以向这些企业的负责人传达他在创业中取得的经验。医疗行业是钱德鲁一直以来都十分看好的赛道，钱德鲁认为如果企业家不搞砸自己的公司，在医疗行业，20% 至 30% 的年复合增长率几乎是可以保证的。

钱德鲁在班加罗尔投资了一批值得关注的科技创业公司，这些企业在钱德鲁看来都有独特的潜力。例如针对心血管疾病患者提供先进护理点的 ten3T Healthcare、IISc 的衍生公司 Mimyk Medical Simulation，以及药物开发公司 Aten Porus Lifesciences 等。这些公司不仅使 Strand Life Sciences 具有更好的合作伙伴和行业生态，更使印度医药、科技、生物等领域焕发出新的生命力。

行业发展，相互协调

Strand Life Sciences 涉及生命科学的诸多方面，属于生命科技行业。Strand Life Sciences 目前主要布局的诊断信息服务领域竞争焦点集中在产品与服务本身的优势，如医学诊断的服务水平等；同时该领域的竞争还包括企业的硬实力，包括医学诊断服务的技术优势、创新能力、企业人才优势等。

在保证行业内公平竞争氛围良好的同时，为推动全球疾病诊断事业的发展、提升人类健康水平，世界领先的诊断信息服务提供商 Quest Diagnostics 组建了全球性医学诊断服务领导者联盟 Global Diagnostics Network（GDN）以实现先进诊断信息及技术的全球共享。2019 年，GDN 宣布了该联盟的两位新成员：来自日本的 LSI Medience 及钱德鲁联合创立的 Strand Life Sciences。目前，GDN 的机构成员增加至 10 个。

这些领先的医检机构服务网络总体覆盖全球三分之二人口所在的区域及 90% 以上的医药市场。从 GDN 的创立不难看出，医学诊断服务行业的良性竞争促进了医学诊断服务行业需求、技术、产品与服务的发展，促进该领域服务水平不断优化，服务与技术能力不断提升，总体上促进细分领域更好发展。

总结

钱德鲁在美国开启自己的教学和学术生涯，又回到祖国印度开启了自己学术、创业与投资的并行之路。观其一路征途，也是一路风景。他的成功离不开以下几个因素。

1. 初心不改，不甘平庸。 选择学术，是儿时耳濡目染传承下来的梦想，也是跳出平庸生活的坚定选择。钱德鲁从未甘心随波逐流，而是为了心爱的运筹学和控制论，跳出舒适圈，开启与从前完全不同的生活。打破过往重塑自我的过程想必是充斥着困惑与挑战，但也因此成就了他不平凡的人生。

2. 谋求合作，互利共赢。 Strand Life Sciences 与安捷伦合作同开发设计生物数据分析软件，并在随后尝试将该软件的应用扩展到多个生命科学领域，推动未来的科技创新，并为软件使用和客户支持提供新的渠道，实现了合作共赢。

3. 敢于行动，突破自我。 钱德鲁最初在印度获得了学士学位，之后来到美国相继获得硕士与博士学位并且度过了 10 年教学生涯，最终他回到印度创业。钱德鲁在获得一个阶段的成功后，目光总是看向远处。从学者到创业家再到投资家，他明白只有跳出框架，将理论付诸行动才能突破自我。

打造石墨烯"生态系统"的实干学者

——记 Graphene Square 公司创始人洪炳熙

洪炳熙（Byung Hee Hong），韩国首尔国立大学化学系教授、副院长，先后于 1998 年、2000 年、2002 年在韩国浦项科技大学获得了化学专业学士、硕士和博士学位，主要从事石墨烯制备及其应用研究。他在石墨烯的制备和应用方面申请了 90 多项专利，是《二维材料》期刊的发起人和亚洲区域编辑，创办了专门研究 CVD 法制备大尺寸石墨烯及其商业化的 Graphene Square 和致力于开发新型石墨烯纳米药物以治疗神经退行性疾病的 BioGraphene。此外，他与 4 位诺贝尔奖获得者共同担任欧洲"石墨烯旗舰"项目科学顾问委员会成员，担任英国剑桥石墨烯中心的科学顾问。

醉心科学，在纳米世界里潜心笃行

洪炳熙 1971 年出生于韩国，在韩国浦项科技大学度过了本科、硕士和博士阶段。本硕期间，他攻读物理化学专业；博士期间，师从韩国知名的化学家兼物理学家金光洙，从事纳米科学研究。博士毕业后，他紧接着在浦项科技大学进行了两年的博士后研究。2004 年 3 月，他以博士后的身份前往美国哥伦比亚大学继续深造，在石墨烯领域的知名学者菲利普·金（Philip Kim）的指导下，开始从事碳纳米管研究。

2004 年，石墨烯首次从石墨中被分离出来，引来了众多学者的关注。然而石墨烯制备技术仍处在起步阶段，因此许多科学家将大规模制备石墨烯作为研究方向之一，洪炳熙也不例外。2007 年，洪炳熙回到韩国，进入韩国成均馆大学化学系担任助理教授，从事石墨烯制备研究。在韩国成均馆大学任教期间，洪炳熙领导的团队使用化学气相沉积（CVD）技术，创造性地实现了石墨烯的大规模生产制备，在石墨烯领域引起了轰动。2009 年，他在《自然》期刊上发表的关于 CVD 制备石墨烯的文章成为全球化学领域引用量最多的文章之一，引用量达到 5000 次。

随后，洪炳熙团队继续探索优化石墨烯制备方式。2010 年，洪炳熙领导的研究团队首次提出了通过 R2R（Roll to Roll，卷对卷）方法制备石墨烯的理论，并进行了实验验证。R2R 方法类似于报纸的印刷过程，通过实施连续的 CVD、印刷、剥离、蚀刻、转移等步骤制备石墨烯，最大限度地提高石墨烯生产效率。实验室实现高效率制备石墨烯后，洪炳熙尝试将石墨烯应用于柔性触摸屏，这是石墨烯材料在电子设备中的首次应用。

洪炳熙在大规模制备石墨烯领域的贡献得到诺贝尔委员会的认可，在 2010 年诺贝尔物理学奖公布的前 5 个月，他被邀请出席 2010 年诺贝尔学术研讨会并就石墨烯的大规模制备和实际应用发表了演讲，他的研究成果也在诺贝尔博物馆进行了展出。

抓住商机，将实验室技术带向市场

因在石墨烯制备领域做出重大贡献，2011 年洪炳熙受邀加入韩国国立首尔大学任教，并担任该校化学系副院长。洪炳熙所在的实验室因为其开创的石墨烯大规模制备法也变得远近闻名。很多其他大学的实验室向洪炳熙发来了希望获得石墨烯样品的请求。

起初，洪炳熙无偿地将实验室制备的石墨烯分发给其他索要样品的实验室。然而，随着索要样品的实验室数量增加，样品请求量逐渐超出了洪炳熙实验室的负荷，其实验室的学生也开始"抱怨"为其他实验室提供石墨烯样品占用了他们过多的时间。在这样的背景下，洪炳熙开始思考既然存在这样的市场需求，为什么不成立一家为其他同业研究人员提供石墨烯样品的公司呢？创业的想法就这样产生了。

2012 年，洪炳熙正式成立了 Graphene Square，并从原来的实验室引进了 CVD 这项技术，同时以 250 万美元的价格从曾任教的成均馆大学取得了 40 项相关专利，从此开始专注于生产高质量的石墨烯和 2D 材料的制备设备，致力于向大学、研究机构提供石墨烯产品、生产石墨烯的 CVD 设备及相应的咨询服务。

公司成立之初，韩国政府、首尔大学及成均馆大学提供了很多帮助，但洪炳熙仍面临诸多挑战。首先是工业化石墨烯制备技术不成熟，实验室制备与规模化生产之间存在一定的差异，需要进一步对理论进行验证，同时要提高技术的成熟度。更棘手的问题是，常年待在实验室的洪炳熙不懂商业知识。

创业初期，洪炳熙认为，具有绝对优势的技术是一个公司的强大竞争力。然而，随着公司的成长，洪炳熙带领团队深入市场后才意识到，即使拥有世界上最具有竞争力的技术，但如果创始人不够了解商业、投资、金融、营销等专业知识，在创业和公司管理的路途上也会困难重重。洪炳熙体会到，自己作为公司创始人，由于缺乏商业知识在创业初期带领团队走了许多弯路。后来，每当洪炳熙提到创业初期的心路历程时，他坦言如果能回到过去，他会花更多时间和精力去了解商业方面的知识与信息，这并不是说要成为商业领域的专家，而是要多与专业人士保持沟通与交流。

幸运的是，Graphene Square 吸引了很多志同道合的技术和商业伙伴，其中包括洪炳熙在美国的导师菲利普·金教授、前美国医疗保健改进公司 Primer 首席执行官道格拉斯·古恩（Douglas Guen）、前三星电子化学部门副总裁与 SDI 高级研究工程师张光中（Quang Trung Truong）博士等。他们的加入使 Graphene Square 在经营能力和研发实力两方面都得到了提升，为 Graphene Square 注入了新鲜血液和持续动力。

得益于洪炳熙在石墨烯领域的声誉，Graphene Square 活跃在全球大大小小的石墨烯制备学术交流会议中。2014 年，Graphene Square 赞助了在英国曼彻斯特大学举办的 Graphene Flagship 会议，借此机会向世界各地的石墨烯研究人员展示了 Graphene Square 所制造的高质量石墨烯样品和制造设备；同年，Graphene Square 参加了在美国波士顿举行的 MRS 秋季会议展览，进一步将公司的石墨烯样品推广到世界；2015 年，Graphene Square 也作为参展商参与了美国物理学会的石墨烯展，向物理学界展示了其产品，由此拓宽了其在物理研究机构中的市场。另外，随着公司整体知名度在学界的极大提升，Graphene Square 将 CVD 设备陆续出售给许多知名大学，如美国哥伦比亚大学、英国剑桥大学、英国牛津大学、瑞士苏黎世联邦理工学院等。

锐意进取，开拓事业新蓝海

随着石墨烯制备技术的发展，面向研究机构的石墨烯需求趋于饱和，Graphene Square 将眼光瞄向其他石墨烯应用场景，寻找新的增长点。

2015 年，Graphene Square 在美国开设分公司，成为公司进一步进军美国甚至全球市场的重要桥梁。同年，Graphene Square 被指定为三星电子公司官方石墨烯供应商，并与多家欧美地区的经销商签署合作协议。2016 年，Graphene Square 发布了新的产品，在原有石墨烯的产品上增加了优质石墨烯量子点和 TEM 网格；2017 年，Graphene Square 与韩国的液晶面板的制造商 LG 集团的子公司 LG Display 合作测试概念产品。概念产品正式推出市场后，LG Display 公司全部采用 Graphene Square 提供的石墨烯。

2021 年，Graphene Square 宣布了公开市场发行计划，预计于 2022 年在纳斯达克上市，以推动公司在全球扩张的速度；此外，Graphene Square 积极参与"浦项石墨烯谷建设项目"，将与浦项集团、浦项市政府、浦项产业科学研究院、浦项科技大学等联合在浦项当地建立"产、学、研、管"合作体制，打造石墨烯研究、产业化及相关产业创新的产业生态圈，大力发展石墨烯产业。

未来，公司计划进一步推动石墨烯在其他潜在应用领域的商业化进程，包括将石墨烯应用于电动汽车的透明玻璃加热器以防止结霜、为极紫外

(EUV) 光刻工艺开发薄膜以保护昂贵的 EUV 掩模、应用于可充电电池的集电器以提高电容和充电速度，以及防弹夹克等。

思维转变，将学术与商业融会贯通

将石墨烯制备技术从实验室剥离实现商业化，是洪炳熙从科学家到创业者这一身份转变的一次成功实践。在这个过程中，洪炳熙意识到技术和商业化是完全不同的，他学习并积累了很多在实验室接触不到的商业知识，他的观念也发生了转变。他认为，"基础科学的价值与重要性是不容置疑的，但将技术带入现实生活也很有价值。"带着转变后的思想，洪炳熙不断拓展自己在石墨烯领域的研究思路，不断寻找新的出发点，他探索了石墨烯在通用成像、电子设备等多领域的应用。2013 年他参与发表了论文 *Prospects and Challenges of Graphene in Biomedical Applications*，将石墨烯的应用扩展到生物医学。

有了创立 Graphene Square 的经验，2017 年，在首尔国立大学 Bio-MAX/N-Bio 技术商业化项目支持下，洪炳熙创办了 Bio Graphene，该公司致力于开发治疗神经退行性疾病的新型石墨烯纳米药物。2018 年 Bio Graphene 与 Graphene Square 展开合作，开始大规模生产石墨烯量子点。2020 年，Bio Graphene 在美国洛杉矶成立办事处。

回顾自己的创业经历，洪炳熙感触颇深。他认为，"科研人员不能仅仅停留在实验室中，应致力于将'产学研'三者融为一体。大学和国家研究中心的研究人员应该从基础技术研究出发，在一定程度上进行可行性研究，确认想法的可行性。而产业界应该尝试通过各种工程设计来完成基础技术的工业化，进行产品开发，以实现技术的商业化、市场化。"

洪炳熙走在石墨烯研究的前端，也带动了石墨烯产业的发展。他认为不论是做学术还是创业，都必须要有雄心壮志。科学家不应只生活在学术研究的世界，其他行业中也有很多东西值得学习。

石墨烯制备产业的发展

自 2004 年英国曼彻斯特大学的两位科学家安德烈·盖姆（Andre Geim）和康斯坦丁·诺沃肖洛夫（Konstantin Novoselov）从石墨中剥离出石墨烯后，科学界正式开启了石墨烯研究时代。

大规模生产高质量石墨烯是实现产业化应用的前提。在科学家的努力下，出现了从石墨本身提取石墨烯和从含碳化合物制备石墨烯的两种石墨烯生产技术。其中，CVD 被认为是最有潜力的大规模合成石墨烯制备方法。继 2007 年，洪炳熙率先使用 CVD 技术实现石墨烯规模化合成之后，2009 年，美国得克萨斯大学奥斯汀分校罗德尼·鲁夫（Rodney Ruoff）教授和博士后研究员李雪松博士采用 CVD 技术在铜基底上合成了石墨烯。自此，石墨烯 CVD 合成快速发展，为石墨烯的应用发展奠定基础。

各国高度重视石墨烯产业发展，积极布局石墨烯产业链。例如，美国早在 2008 年开始就已经投入大量的资金用于开展石墨烯相关项目的研究，覆盖了从石墨烯材料制备到半导体器件开发整个产业链；欧盟 2013 年投资 10 亿欧元，推出了"欧洲石墨烯旗舰计划"意在抢占石墨烯产业市场；日韩积极推动石墨烯产学研结合活动，成立了石墨烯技术研发及商业化项目等。

目前，石墨烯应用于电子设备、汽车、复合材料等多个场景。未来，石墨烯有望在健康和医疗领域持续拓展。

总结

因为在石墨烯的制备方面的突出贡献，洪炳熙被誉为"世界第二位石墨烯发明者"。在实验室技术的基础上，洪炳熙还持续致力于产品市场化的尝试。总结他成功的原因，可以归结为以下几点。

1. 醉心科学，在石墨烯世界里潜心笃行。 洪炳熙最初的研究领域是物理化学，后来专注于石墨烯的相关研究。在确定研究方向之后，他醉心研究，不断探索与尝试，层层深入，创造性地开发了 CVD 技术，使石墨烯大规模生产制造成为可能，引发了对石墨烯实际应用的研究。正是步步明确前行的方向，并坚定信念，才使得洪炳熙在学术领域硕果累累，一直走在石墨烯领域大规模生产与实际应用的最前沿。

2. 抓住商机，将实验室技术带向市场。 在看到实验室生产的石墨烯样品供不应求时，洪炳熙敏锐地捕捉到了其中的商机，并成功解决了技术商业化的转型难题，在众多同行教授的帮助下成功将富有价值的石墨烯生产企业发展了起来，由此发展并且拓宽了石墨烯的应用市场，将学术成果成功转化落地。

3. 思维转变，将学术与商业融会贯通。 创业初期艰辛的经历给洪炳熙带来了很大的启发，单凭借技术是无法在市场上取得成功的，成熟的学术成果到实际大规模生产之间存在巨大的转型鸿沟，其中商业、投资、金融、营销等专业知识作用重大。一个优秀的科研工作者不能仅仅停留在实验室中，应致力于将"产学研"三者融为一体。

走在技术前沿的微生物学专家

——记 Microba Life Sciences 公司创始人 菲尔·胡根霍尔茨

菲尔·胡根霍尔茨（Phil Hugenholtz）是澳大利亚昆士兰大学化学及分子生命科学学院的教授，主要从事微生物学研究。他于 1988 年和 1994 年在昆士兰大学相继取得微生物学学士学位和博士学位，之后在美国能源部联合基因组研究所担任研究员。2010 年，他回到澳大利亚，进入昆士兰大学担任教授，组建了澳大利亚生态基因组学中心。他发表了 300 多篇分子微生物生态学论文，于 2006 年获得国际微生物生态学会 (ISME) 青年研究员奖，2017 年当选澳大利亚科学院院士。此外，他创办了对人类肠道微生物组进行全面和精确测量的 Microba Life Sciences，为转变传统医疗诊断和治疗的方式提供了可能性。

始于兴趣，步步深入

胡根霍尔茨与微生物的不解情缘源于少年时期他曾做过的一个在显微

镜下观察湖泊微生物的项目。透过显微镜，他看到了一个完全不同的世界：许多不同种类的生命在湖泊沉积水中蠕动。他对此大为惊讶，原来，向上或向下几个数量级看到的世界是完全不同的，这一次奇妙的经历激发了他对于探索微生物世界的强烈兴趣。从那以后，他便下定决心学习微生物学，探究不同量级的世界。因此，高中毕业后，在选择本科专业时，他毫不犹豫地选择了生物学。

胡根霍尔茨在本科与研究生阶段均取得优异成绩。他在 1989 年取得澳大利亚自然科学方向的最佳本科生毕业论文奖；1992 年取得澳大利亚研究生科研奖。1994 年，博士毕业的胡根霍尔茨来到美国工作。2001 年，他加入了加利福尼亚大学伯克利分校地质学家吉尔·班菲尔德（Jill Banfield）教授的实验室。虽然班菲尔德教授是一名地质学家，但她却对鉴定与地质学研究相关的微生物群落很感兴趣。在实验室，胡根霍尔茨首次运用高通量鸟枪法宏基因组测序研究微生物，证明了对微生物群落的研究可以运用高通量测序技术。

2004 年，胡根霍尔茨进入美国能源部下属的联合基因组研究所，指导微生物生态学和宏基因组研究项目。在联合基因组研究所，借助高通量测序，他带领团队开展了诸多的研究，其中一项是运用高通量测序对白蚁的全部基因进行测序。他们发现，白蚁肠道微生物基因组包含 7100 个遗传密码，肠道主要有密螺旋体与丝状杆菌两类微生物菌群。

密螺旋体对于科学界而言并不陌生，但丝状杆菌是全新的发现。这两类微生物均与牛的瘤胃降解纤维素有一定的关系，并且与木质纤维素酶有着直接的联系，密螺旋体似乎专门从事木质纤维素的分解，而丝状杆菌则参与糖分的发酵过程。这样一来，白蚁完全可以被视为一个移动式的小型生物反应器。这项研究使人们对于白蚁这一物种有了全新的认识，同时这项研究也证实了高通量基因测序技术在微生物研究领域的效率与精准性。

回到澳大利亚，突破微生物研究

从证明微生物群落研究可以运用高通量测序，到运用高通量测序对白蚁肠道微生物基因组测序，胡根霍尔茨逐渐将研究重点转变为探索不需要培养基因的微生物群落。

2010 年，心系祖国的胡根霍尔茨回到澳大利亚，进入母校昆士兰大学担任教授，致力于运用高通量鸟枪法宏基因组测序技术分析微生物的全基因组，利用宏基因组数据改进细菌分类体系的研究。在他的带领下，团队使用 120 个细菌域保守度较高的基因构建细菌树，极大地提高了分类系统的分辨率。

在昆士兰大学，胡根霍尔茨与吉恩·泰森（Gene Tyson）一同创建了澳大利亚生态基因组学中心，二人分别担任中心主任和副主任。他们带领中心 50 多名核心研究人员在基因组的进化框架支持下，在广泛的环境、工程和临床生态系统中开展生态基因组学研究。在运用分子工具对不同的微生物生态系统展开研究分析的过程中，他们意识到，高通量鸟枪法宏基因组测序可以对肠道微生物组进行高分辨率分析。

在此之前，人们已经发现人体内的微生物大部分位于肠道中，肠道微生物组与健康的关系十分密切，是人类健康的前哨。肠道微生物能降解人体无法降解的纤维，产生短链脂肪酸滋养肠道细胞，帮助调节代谢过程，甚至能影响基因表达。然而，由于传统的研究微生物的方法十分落后，将人体肠道微生物分析进行商业化存在较大的难度，以至于没有任何人涉足该领域。

已经运用高通量鸟枪法宏基因组测序研究微生物多年的胡根霍尔茨认识到，提供人类肠道微生物分析服务将是一片蓝海。利用高通量鸟枪法宏基因组测序，获得客户肠道微生物组的高分辨率图像，来帮助客户了解自己的肠道健康，并提供相应的建议，不失为一个好的商业尝试，一个创业的想法就这样萌生了。

察觉商机，实现身份转变

2017 年，胡根霍尔茨与泰森一同创办了 Microba Life Sciences，致力于运用他们在高通量测序和宏基因组微生物基因测序方面的专业知识，探索人类肠道微生物组如何影响健康。

Microba Life Sciences 于 2018 年 7 月开始向公众提供宏基因组肠道微生物组分析产品，推出的第一个产品就是家庭分析工具包 Microba Insight。当客户在线注册后，会收到粪便采样试剂盒，Microba Life Sciences 工作人员在收到样本后，会对样本进行测序，完成生物信息学分析，将测序数据转化为简单易理解的文字和数据报告，由专门的"健康教练"发送给客户，并且给客户提供详细的讲解。

家庭分析工具包 Microba Insight 是第一个使用高通量测序技术进行人体基因及健康状况检测的商业化产品，它可以对客户身体内微生物的所有基因进行测序，测试结果所能反映出的人体健康状况数据达到了前所未有的详尽程度。在该项产品推出后的两个月内，公司就提供了超过 3000

份分析报告，帮助客户了解他们的肠道微生物组并改善他们的健康。公司首席执行官布雷克·威尔斯（Blake Wills）说："工具包使个人能够了解自己独特的肠道微生物组概况，获得肠道中的微生物如何影响其他健康领域的信息，并由专业人员提供基于测试结果的饮食建议。"

此外，Microba Life Sciences 还推出了一个专有技术平台——宏基因组分析平台。借助这一平台，研究人员能够快速识别细菌，并在该平台上研究胃肠道疾病中的细菌感染。Microba Life Sciences 的临床联络经理肯·麦格拉思（Ken McGrath）博士表示："利用公司的宏基因组分析平台，Microba Life Sciences 能够比其他检测机构多发现超过 25% 的微生物，从而获得有助于病情诊断的见解。"鉴于 Microba Life Sciences 是提供全面基因测试工具的领先者，在 2018 年澳大利亚生物科技大会上被评为创新产业卓越"年度新兴公司"。

发展壮大，始终走在领域前端

伴随使用 Microba Insight 的客户群体的迅速扩大，Microba Life Sciences 逐步建立起全球最大的宏基因组肠道微生物组样本数据库及相关的健康和生活方式的数据库。随着数据库的发展，Microba Life Sciences 借助谷歌云平台机器学习和人工智能，对特定微生物和基因之间的关联进行识别，在此基础上分析肠道微生物组及其与精神健康、代谢疾病和肠道疾病之间的关系，致力于转变医疗诊断和治疗方式。

2019 年 3 月，Microba Life Sciences 与 Macrogen 建立起密切的合作体系，以便进入韩国和其他国家的微生物组市场，包括微生物组服务的联合开发和微生物组衍生的诊断、治疗的合作研究。两家公司致力于建立一个高分辨率肠道微生物组数据的全球数据库，用于开发新的诊断方法和治疗方法。同年 9 月，Microba Life Sciences 收到了来自 Macrogen 的 410 万美元战略投资资金，这笔资金用于 Microba Life Sciences 快速扩展平台，帮助 Microba Life Sciences 确立全球领先的微生物组测试公司的地位。

与此同时，Microba Life Sciences 已与许多知名的计算机领域公司合作，提高其计算规模和弹性。Microba Life Sciences 已经与谷歌云、Max Kelsen 合作，将序列运行处理所需时间从 48 小时减少到 12 小时以内。未来，依靠强大计算技术支撑，Microba Life Sciences 将进一步引入时间序列采样，以便客户追踪其肠道微生物组随时间的变化。例如，如果一个人正在节食，他们可以比较不同时间点的数据，分析节食是否随时间改变了他们的肠道微生物组。

2020 年，Microba Life Sciences 参加了在印度海得拉巴举行的 BioAsia 2020 会议。亚洲胃肠病学研究所的创始人认为，印度胃肠道疾病的发病率上升问题，急需创新的解决方案，这为 Microba Life Sciences 进驻印度市场带来了契机。未来，为持续拓展国际市场，Microba Life Sciences 将降低肠道微生物组检测的价格，让更多人可以使用它，同时开发其他重要的人类微生物群落检测服务，例如口腔和皮肤微生物组的检测等。

2021 年 8 月，为降低目前采用药物治疗腹泻型肠易激综合征（IBS-D）的失败率和副作用，Microba Life Sciences 与专注于开发胃肠道疾病药物的生物科技公司开展合作，将利用肠道菌群分析平台研究其治疗方案对 IBS-D 的治疗效果。未来，Microba Life Sciences 将持续运用自身对肠道菌群的精确分析的优势，推出改变人类健康生活的创新方案。

2021 年 12 月，在下一代技术基金资助下，英国纽卡斯尔大学和昆士兰科技大学的研究人员运用 Microba Life Sciences 的技术来分析士兵们的肠道微生物组，研究影响认知表现的人类、微生物和环境之间的相互作用，并为此创造了一个新术语——"认知微生物组"（cognobiome）。该项目运用 Microba Life Sciences 先进的微生物分析和机器学习技术，探索微生物组与大脑之间错综复杂的联系，对于理解微生物组对人类健康的重要性，以及利用微生物组来改善一系列应用结果方面取得了重大进展。

Microba Life Sciences 是胡根霍尔茨将实验室成熟的研究成果商业化的第一次成功尝试，他坚信将微生物图谱与遗传图谱相结合是未来主要的发展方向，了解宿主和微生物组基因型的关系会是个性化医疗发展的基础。在不久的未来，肠道微生物组图谱检测也会像血液检测一样，成为人们每年例行检查的项目之一。

肠道微生物产业的发展

近年来，肠道微生物对人体的潜在功能、应用价值逐渐被重视，肠道微生物成为生物学领域的研究热点之一。同时，随着分子生物学理论逐渐丰富，越来越多的分子生物研究方法被应用至肠道微生物研究，肠道微生物研究快速发展。

自 2006 年各国启动微生物组计划后，由于作为该计划主要构成之一的肠道微生物研究与人体健康息息相关，可用于疾病检测以及药物治疗等领域，逐渐成为微生物学重点研究领域。根据 PubMed 的数据库显示，在人体微生物组学研究中，96%～99%的研究方向集中在胃肠道微生物，2008—2018年间肠道微生物相关文献最多，达到6558篇。其中，肠道微生物与消化代谢、肠道微生物与疾病、肠道微生物与免疫、肠道微生物与精神疾病成为肠道微生物主要应用研究领域。

肠道微生物较快的科研进展，推动了其产业化发展。目前，全球肠道微生物产业拥有7家上市公司，总计超过40家公司，主要集中在美国和英国，各公司都有针对一定数量的适应症。目前，美国肠道微生物产业企业规模较大，有4家上市公司，代表公司有Evelo Biosciences、Seres Therapeutics、uBiome、Blue Turtle Bio、Kallyope等。

近年来，肠道微生物产业也吸引了大量投资者的青睐，疾病诊断和治疗成为投资热土。根据Global Engage的统计数据，2010—2018年，近18亿美元涌入微生物产业，其中微生物治疗占投资额的61%，临床诊断占投资额的18%。据广证恒生预测，微生物治疗领域的全球市场空间在2026年有望达到100亿美元。

总体来看，肠道微生物产业处于产业早期阶段，正在稳定发展中，未来市场容量大、增速快。

总结

胡根霍尔茨是微生物学领域的先行者，亦是发掘利用鸟枪法宏基因组学对肠道微生物组进行高分辨分析这一商业蓝海的创业者，他取得成就的原因可以总结为以下几点。

1. 忠于内心的选择。无论是最初选择研究微生物，还是后来将高通量测量技术与微生物相结合，胡根霍尔茨始终听从自己内心的声音，坚持选择自己感兴趣的方向，选择自身认为对人类社会具有重要价值的方向。他忠于内心的方向，深入探索自己感兴趣的领域，在不断尝试中获得新启发。

2. 潜心研究，打破权威认知。 在微生物研究方面，胡根霍尔茨教授始终走在研究技术的前沿，借助下一代测序技术东风，不断深入探索，在微生物非培养技术领域做出了贡献，彻底改变了我们对微生物生态学和进化的认知。

3. 嗅觉敏锐，察觉商机。 实验室的潜心研究并没有将胡根霍尔茨的思维禁锢，对现象的细微观察培养了胡根霍尔茨敏锐的嗅觉。肠道微生物组与人类的健康息息相关，但是却没有公司提供相应的产品与服务。胡根霍尔茨察觉了这一蓝海市场，跳出实验室的"舒适圈"，成功解锁"新身份"，创办 Microba Life Sciences，致力于了解人类肠道微生物组与健康的互动关系。

引领石墨烯产业化发展的"石墨烯教父"

——记 2D Materials 创始人安东尼奥·卡斯特罗·内托

安东尼奥·卡斯特罗·内托（Antonio Castro Neto），著名材料科学家和凝聚态理论物理学家，因其在石墨烯领域的研究成果获得了世界认可，有"石墨烯教父"之称。他在巴西坎皮纳斯州立大学获得学士和硕士学位，在美国伊利诺伊大学厄巴纳－香槟分校获得博士学位。2000—2010年，他担任波士顿大学物理学教授。2008年，他担任新加坡国立大学物理系教授，创建新加坡石墨烯研究中心（GRC）。卡斯特罗·内托教授撰写了400多篇论文，被引用次数超过6万次。2003年，他被选为美国物理学会会士；2012年，被选为美国科学促进协会会士。他在新加坡创立了 2D Materials、MADE Advanced Materials、Phase Events，以及 Graphene Watts 4家公司。

志存高远，从巴西奔赴美国

安东尼奥·卡斯特罗·内托于1964年出生于巴西巴拉那瓜。童年时期，他痴迷于科学，想要成为一名科学家。1984 年，高中毕业后，卡斯特罗·内托进入巴西坎皮纳斯州立大学物理学系学习。

在坎皮纳斯州立大学求学期间，他遇到了阿米尔·O. 卡尔代拉（Amir O. Caldeira）教授。这位伯乐十分赏识卡斯特罗·内托，他看到了卡斯特罗·内托身上独特的潜质，认为他将来必定会在物理学界做出一番成就。在卡尔代拉教授的指导下，卡斯特罗·内托开始研究粒子物理学并获得了物理学学士学位。之后，他进一步研究凝聚态物理学，获得了物理学硕士学位。

通过本科和硕士阶段学习，他体会到了物理学带来的乐趣。卡斯特罗·内托似乎天生为科学而生，他并没有满足于现状，而是选择在科研道路上继续前进。当时，巴西处于工业化初期，经济发展步入正轨不到五十年，物理学研究条件落后。于是，卡斯特罗·内托决定去资源更丰富的美国进一步深造。

1991 年，他进入美国伊利诺伊大学厄巴纳 – 香槟分校攻读博士学位，师从爱德华多·弗拉德金（Eduardo Fradkin）教授，从事纳米材料和纳米结构的电子特性研究。除此之外，卡斯特罗·内托还对金属、磁体和超导理论进行探索。在他的博士论文中，他对费米子之间的相互作用进行了修正。大胆的主题、新颖的结论，让卡斯特罗·内托在物理学界崭露头角，被大家称为"同届青年学者中的佼佼者"。

1994 年，他进入加利福尼亚大学圣巴巴拉分校理论物理研究所（现卡弗里理论物理研究所）做博士后工作。在马修·弗舍尔（Matthew Fisher）教授的指导下，他开始研究稀土、石墨烯等新兴材料。此时，石墨烯研究方兴未艾，石墨烯分离方法的标准尚未统一，更不用说石墨烯的应用场景研究了。然而，卡斯特罗·内托认为，石墨烯等新兴材料在未来必将有极其广泛的应用空间。因此他决定深入研究石墨烯等新兴材料，推动新兴材料的应用。

崭露头角，奠定石墨烯领域权威地位

1995 年，时任加利福尼亚大学河滨分校校长的雷蒙德·奥尔巴赫（Raymond Orbach）聘请他为助理教授。在加利福尼亚大学河滨分校期间，卡斯特罗·内托发表了 6 篇关于稀土和石墨烯研究的论文，对石墨烯研究领域产生了重要影响。在发表了这些论文后，卡斯特罗·内托名声大噪，物理学领域的学者们纷纷知晓了这位年轻的教授。

2000 年，卡斯特罗·内托进入波士顿大学担任物理学教授，兼任凝聚态理论项目主任。在波士顿大学，卡斯特罗·内托继续专注于石墨烯领域，平均每年发表 10 篇以上关于石墨烯理论方面的文章，并预测了不同实验中石墨烯的现象，如石墨烯中电子性质的空位效应等。后来，他的预测被实验一一证实，物理学界的学者们开始折服于他的才华，逐渐确立了他在石墨烯领域的权威地位。

卡斯特罗·内托在石墨烯领域的影响力不断增加，同时也结识了很多该领域的优秀学者。通过学术会议，他认识了在英国曼彻斯顿大学从事石墨烯等新型材料研究的研究员科斯佳·诺沃肖洛夫（Kostya Novoselov）。诺沃肖洛夫在导师盖姆的带领下，找到了利用胶带黏性分离石墨从而得到石墨烯的方法，并于 2004 年首次从石墨中分离出石墨烯，诺沃肖洛夫凭借此成就获得了 2010 年的诺贝尔奖。出于对同一领域的研究兴趣，诺沃肖洛夫和卡斯特罗·内托相识相知、互相鼓励，成为十分要好的朋友与合作伙伴。

砥砺前行，筹建首个石墨烯研究中心

2008 年，新加坡国立大学邀请卡斯特罗·内托担任物理学教授，并提供 4000 万新加坡元的资金资助他筹建世界上第一个石墨烯研究中心。

两年后，世界上第一个石墨烯研究中心成立，由卡斯特罗·内托担任石墨烯研究中心主任。GRC 旨在构建石墨烯相关的理论模型并开发基于二维晶体的变革性技术。自成立之初，GRC 就获得了广泛关注：2011 年，GRC 获得了新加坡国家研究基金会提供的 1000 万新加坡元资助，用于石墨烯以外的二维晶体的生长研究和商业化研究；之后，GRC 获得了新加坡国家研究基金会提供的 5000 万新加坡元的赠款（由加利福尼亚大学伯克利分校等共同参与出资），用于研究基于二维晶体的新型光伏系统。

2014 年，在新加坡国家基金研究会的支持下，石墨烯研究中心升级成为先进二维材料研究中心，探索石墨烯以外的其他二维晶体在能源、水、食品和环境等不同工业领域的应用。中心由卡斯特罗·内托出任主任，负责确定该中心的研究方向并领导团队研究工作，将为产业界与学术界搭建桥梁，为新一代科学家和工程师做出贡献。

在出任石墨烯研究中心和先进二维材料研究中心主任期间，卡斯特罗·内托逐渐学会了如何做一名管理者，以及如何筹集资金用于科学研究。

厚积薄发，推动石墨烯商业化

2004 年石墨烯被两位英国物理学家通过"撕胶带"的方式获得后，其优越的性能被越来越多的人知晓，并且激发了学术界的科研热情，同时掀起了其应用开发和产业化的浪潮。

卡斯特罗·内托也紧跟浪潮，在先进二维材料中心成立后，设立了工业发展实验室，以便进一步探索现有石墨烯产品如何实现商业化应用，如石墨烯在复合材料、涂层、润滑剂和电池等方面的应用。然而，当实验室从 70 多家不同的供应商购买了 200 多份不同等级的石墨烯样品，并对这些石墨烯样品的特征进行分析后，卡斯特罗·内托等人发现，没有一件石墨烯样品可以支撑工业发展实验室进一步探索石墨烯产品的商业化应用。

卡斯特罗·内托意识到，石墨烯作为一种非常"年轻"的材料，在生产等诸多方面还存在瓶颈，如何实现石墨烯的可控、大量、高品质制备是当前石墨烯产业发展面临的问题。卡斯特罗·内托和工业发展实验室团队转变思路，决定自己生产石墨烯。他们研发出一种成本低、可量产的石墨烯生产方法，将石墨烯的生产率提高到 70%。在经过实验室验证后，卡斯特罗·内托于 2016 年创立了 2D Materials，试图将该方法推向市场。

2017 年在新加坡科学园，2D Materials 建立了第一个中等规模的生产基地。在刚成立的两年中，2D Materials 一直致力于石墨烯量产技术的研发，同时帮助客户研发石墨烯在其他领域中的应用技术。

2019 年 11 月，2D Materials 与巴西矿冶公司签署协议，获得了第一笔投资资金，以加速推动高性能石墨烯的应用，帮助 2D Materials 的技术升级。与巴西矿冶公司的合作是互利互赢的，正如 2D Materials 的首席执行官帕特里克·泰松雷尼（Patrick Teyssonneyre）所说："巴西矿冶公司拥有数十年铌产品的开发经验，可以与石墨烯结合实现在新场景中的应用，如石墨烯在电动汽车的防腐涂料和电池等领域应用。"

在这笔资金的支持下，2019 年，2D Materials 在新加坡建立了第一家石墨烯生产工厂，目前这家工厂可以达到每年 12 吨的产量。若以石墨烯市价 10 美元 / 克估算，这家工厂每年的产值将达到 1.2 亿美元。

2021 年 6 月，2D Materials 宣布与日本贸易公司双日集团、巴西钢铁生产商巴西国家钢铁公司的子公司 Inova Ventures 分别签署投资协议，以促进开发高性能石墨烯产品。同年 7 月，2D Materials 与 Extreme E 达成协议，合作展开研究船的防腐蚀涂层材料，尝试用石墨烯材料代替部分锌，减少人类活动对海洋环境的影响。

2D Materials 公司是卡斯特罗·内托对石墨烯材料商业化的尝试，他认为自己的成功离不开大学所提供的得天独厚的环境优势，如优越的人力资源、创业环境等。校园开放式的管理及对科学技术的支持，是培养具有创新精神企业家的摇篮。

随着石墨烯材料实现量产及现实应用的不断推进，卡斯特罗·内托在石墨烯和二维材料领域的贡献日渐凸显，奠定了他的领军地位，被称为"石墨烯教父"。

积累经验 深耕石墨烯产业

基于创立 2D Materials 积累的丰富经验，遵循着"科学到技术，再到商业"的思路，卡斯特罗·内托在 2017 年联合创办了总部位于新加坡的

MADE Advanced Materials，致力于开发碳和玻璃纤维石墨烯复合材料。

2018 年，卡斯特罗·内托创立了 PHASE Events，以举办科学活动的形式，向教育业界和学术界传递关于纳米材料和纳米技术的知识。

2019 年，他成立了 Graphene Watts，致力于石墨烯锂硫电池的开发和商业化。同时，Graphene Watts 与 2D Materials 在石墨烯储电开发方面达成伙伴关系，利用超性能石墨烯材料来开发锂硫电池。

除了致力于实验室技术商业化，卡斯特罗·内托也十分重视石墨烯产业的健康发展。2018 年，卡斯特罗·内托与在波士顿大学结识的朋友诺沃肖洛夫在全球顶级学术刊物 Advanced Materials 上联合发表了一篇论文，掀起了一场针对全球石墨烯产品的"打假行动"。

他们对全球 60 多家号称生产石墨烯的企业的产品进行分析，结果发现大部分"石墨烯"的材料特性不达标，无法发挥石墨烯材料在产业界的应用潜力，并且大多数公司正在生产的并不是石墨烯，而只是石墨烯微片。因此，他们呼吁需要制定严格的石墨烯表征和生产标准，建立健康可靠的全球石墨烯市场。他们的研究结果给全球石墨烯产业敲响警钟，如果任由石墨烯产品以次充好，对于刚起步的石墨烯应用产业来说将是一场灾难。

对于石墨烯产品的大规模市场化，卡斯特罗·内托认为还有很长的路要走。虽然石墨烯轻薄小巧，灵敏度高，导热性、光学特性、溶解性和熔点都表现优秀，被认为是"智能材料"，在电子、航天军工、生物、新能源、半导体等领域存在巨大的应用潜力，然而，对于普通消费者来说，他们已经习惯了传统材料，想要立即接受石墨烯材料是比较困难的。这意味着，新型材料的商业推广仍有很多工作要做。

石墨烯产业发展状况

美国早在 2008 年就开始在国家层面开展石墨烯相关研究，投资力度较大，石墨烯产业化和应用进程相对较快。当前，美国石墨烯产业布局呈现多元化，并且产业链相对完整，基本覆盖了从制备到产品下游应用的整个环节，科研院所与企业关系较为密切，科技成果转化速率也更快。美国涉足石墨烯的企业不仅有诸如 IBM、英特尔、波音、福特等研发实力强劲的大型企业，还有像美国纳米技术仪器公司、沃尔贝克公司等以石墨烯为其核心业务的中小型企业。同时值得注意的是，美国是当前全球石墨烯领域唯一有军队、国防部高程度支持研发与推广的国家，美国能源部、美国国防部、美国空军科研办公室、美国太空总署等多次出台政策并提供资金支持石墨烯研究。

欧盟的石墨烯研究起步早且系统性强，并将石墨烯研究提升至战略高度，资金支持力度大，基础研究扎实。但是，由于涉足下游应用的企业较少，产业化进程推进较慢。为此，欧盟制定了有史以来规模最大的研究计划——石墨烯旗舰计划，以确定石墨烯从实验室过渡到工业应用的各种途径，以及何时可以将石墨烯应用于不同应用领域。目前，欧盟约有 70 余家公司开展石墨烯的研发、产业化以及应用的推进，不仅包括诺基亚、巴斯夫、拜耳等工业巨头，还有众多小型专业化石墨烯企业。产业分布主要集中在英国、德国、法国、西班牙等地。

日韩两国则注重产学研结合，在政府资金扶持下，依托索尼、三星等日韩本土大企业优秀的技术商业化能力，将大学实验室中的石墨烯创新应用于产业中。其中，日本东北大学、东京大学，韩国成均馆、韩国科学技术院均在石墨烯研究方面拥有较强实力。

中国的石墨烯产业发展充满机遇，中国无论在石墨烯科学研究还是在产业化方面都已经走在世界的前列。截至 2020 年 3 月，中国发表的石墨烯论文数量达到 10.2 万篇，全球占比超三成；截至 2018 年年底，全球石墨烯相关专利申请总数 6.9 万件，其中来自中国的专利数量高达 4.7 万件，占比接近七成。在产业化方面，目前国内石墨烯全产业链布局已经初见雏形，基本覆盖了从制备及应用研究到石墨烯产品生产，直至下游应用的全环节。

目前，国内以华为、小米为代表的产业链下游企业开始在新产品中采用石墨烯散热技术，并对上游石墨烯材料研发企业进行产业投资布局。随着越来越多实力强劲的企业涉足石墨烯产业，未来石墨烯将向高质量、高附加值的方向发展，石墨烯的产业规模增速开始理性放缓，关键核心技术在逐渐取得突破。

总体来说，石墨烯作为一种应用前景广泛的材料，已经在全球掀起了研究与应用热潮，目前呈现多国竞争的格局。但不可否认的是中国与其他国家的石墨烯产业发展上仍然存在差距，在未来仍需要提升制备工艺，发展出龙头企业带动行业进步。

总结

卡斯特罗·内托是二维材料领域深耕多年的科研先驱者，亦是集教书育人、创新创业双重身份于一身的跨界学者。纵观卡斯特罗·内托成功的原因，主要有以下几点。

1. 直觉敏锐，眼光长远。在一开始接触石墨烯材料时，卡斯特罗·内托就认为这是一种在未来具有巨大应用潜力的材料，并进行了多方位的挖掘和深入的理论研究。最终不出卡斯特罗·内托所料，石墨烯展现了强大的产业应用潜力，而卡斯特罗·内托也通过自己在学术界长期深耕，抓住了机遇，打造了世界领先的石墨烯生产与应用企业。

2. 产学研相结合，实现利益最大化。卡斯特罗·内托在创业之后也没有放弃对石墨烯材料的学术研究和应用开发，不断探索石墨烯材料新应用场景，形成了产学研多个方面的互补，促进了从理论知识到商业成果的成功转化，并且在这一过程中形成了石墨烯材料从研究到应用的可持续发展的生态链。

3. 资本助力技术商业化。在创立 4 家公司的过程中，卡斯特罗·内托都主动学习融资和商业管理知识，并且积极寻求与资本进行合作，用资本助力技术商业化。他与诸多制造业公司和风险投资公司签订了合作协议、投资协议，使公司在不同的发展阶段都有资本加持，最终获得成功。

德国新冠疫苗先锋

——记 Ganymed、BioNTech 公司创始人吴沙忻

吴沙忻（Ugur Sahin），土耳其裔德国人，资深医生和医学博士，肿瘤学和免疫学领域专家，德国美因茨约翰内斯 - 古腾堡大学医学中心教授。吴沙忻于 1984—1990 年在德国科隆大学学习医学专业课程；随后，在科隆大学和洪堡大学内科、血液肿瘤与艾滋病中心实习，于 1992 年获得医学博士学位。吴沙忻在个性化癌症免疫治疗领域做出了突破性贡献，曾获卡洛格罗·帕利亚雷洛研究奖、美国临床肿瘤学会优秀奖、德国血液学和肿瘤学学会文森茨·切尔尼奖，以及德国联邦教育及研究部 GoBio 奖等多项荣誉。除此以外，吴沙忻还是 Ganymed 和 BioNTech 两家生物技术公司的创始合伙人，其中 BioNTech 是目前欧洲生物技术行业规模最大的"独角兽"企业。

学生时代，遇见真爱

吴沙忻于 1965 年出生在土耳其。吴沙忻 4 岁时随母亲从土耳其来到

德国科隆，当时他的父亲在福特公司工作。1984 年，他以全班第一名的成绩从科隆一所文法学校毕业，然后进入科隆大学学习医学。本科时的吴沙忻对免疫疗法非常感兴趣。20 岁的时候，吴沙忻就已经开始在实验室工作了。"我们整天都在听课，直到下午 4 点"，吴沙忻讲到，"虽然我的同学们下课后会回家，但我还是会去实验室工作，通常是到晚上 9 点或 10 点，有时到凌晨 4 点。"

从 1991 年起，吴沙忻在科隆大学和洪堡大学内科、血液肿瘤与艾滋病中心实习，次年，他以各项优异的成绩获得医学博士学位，从医学生晋升为一名正式的医生，并继续在实习单位工作。几年后，吴沙忻转到萨尔大学医学中心担任内科助理医师。在萨尔大学，吴沙忻遇见了一位叫做奥兹勒姆·图雷西（Ozlem Tureci）的姑娘，她的父亲是一位从土耳其伊斯坦布尔来到德国的医生，她同样也是一名医学生。图雷西就是后来与吴沙忻一起组建家庭并创办 BioNTech 的人生与事业"合伙人"。2002 年，吴沙忻和图雷西结婚，当时吴沙忻已经在美因茨大学医学中心工作。即便在结婚的那天，两个人仍在实验室里工作了一阵子。他们对科学研究的热情和专注是无与伦比的。两人均是肿瘤学领域的资深专家，他们在相伴而行走过几十年学术生涯的同时，也一起创办了多个生物医药领域的顶尖技术公司，实现了人生目标、学术追求和社会效益的和谐统一。

研究成果引领创业夫妻

在创立 BioNTech 之前，2001 年，吴沙忻和图雷西创办了开发免疫治疗癌症药物的 Ganymed 生物制药公司。Ganymed 在土耳其语中是"通过努力工作获得"的意思。Ganymed 的核心技术就是夫妻二人的研究成果——一种只识别肿瘤细胞表面抗原而对健康组织毫无影响的"理想抗体"。这家公司后来在 2016 年被日本制药公司安斯泰来以 14 亿美元收购。

BioNTech 是 2008 年夫妻二人与美因茨约翰内斯 – 古腾堡大学医学院的名誉医学教授、肿瘤学家克里斯托夫·胡贝尔（Christoph Huber）和具有多年药物研发运营、业务发展及财务管理经验的德克·塞巴斯蒂安（Dirk Sebastian）等共同创立的，最初的开发方向是基于 mRNA 的癌症免疫疗法。吴沙忻从公司创立之初就担任 BioNTech 的首席执行官。这家公司从创立至今一直致力于研发针对癌症等疾病的新型治疗药物，探索建立多方合作的药物研发平台，在癌症的个性化免疫治疗领域居于世界领先地位。公司旨在开发和生产针对特定患者严重疾病的有效免疫疗法，其产品包括基于 mRNA 的治疗药物、嵌合抗原受体的 T 细胞和小分子药物等。

吴沙忻和图雷西研究的 mRNA 疗法属于生物医药技术的前沿创新方向，相关技术一旦获得政府审批并投入实际生产，其市场前景较为广阔。因此，BioNTech 持续不断地获得了顶尖投资集团的青睐，并获得大量资金。这些资金帮助 BioNTech 进一步提升其在 mRNA 治疗剂、工程细胞疗法、抗体和小分子免疫调节剂等领域的研发投入。在 Fidelity 等公司的沟通与组织下，BioNTech 利用自己的技术成果与礼来公司、Genmab 和赛诺菲等生物制药巨头进行产品开发合作，加速了其技术商业化和药物上市的推进速度。

药物转疫苗，抵抗新冠病毒

2020 年年初，吴沙忻获悉新冠疫情暴发的消息，他意识到从抗癌 mRNA 药物到基于 mRNA 的病毒疫苗的转变仅仅是几步之遥。因此，在他的主导下，BioNTech 启动了"光速计划"（Light Speed），公司调派了近 500 名员工着力研究新冠病毒疫苗。2 月底，BioNTech 已经确定了 20 个候选疫苗，并决定对其中 4 个进行临床前试验。3 月份，BioNTech 成功与美国医药巨头辉瑞和中国医药巨头复星医药达成疫苗研发生产合作协议，其推出的新冠疫苗得到了中国、美国和英国等诸多国家和地区的供应许可。截至 2021 年末，BioNTech 已成为欧洲最大的生物技术领域"独角兽"，其在癌症治疗、新冠疫苗生产等领域具有重大的影响和深远的意义。

与其他类型的疫苗相比，BioNTech 公司选择 mRNA 作为疫苗载体是一种更方便且易生产的方法，可以节省开发时间和成本。因此 BioNTech 开发的新冠候选疫苗 BNT162b2 也自然而然成为第一款开始海外上市审批流程的疫苗。其次，由于 mRNA 具有自我佐剂特性，mRNA 新冠疫苗的有效期与同期灭活疫苗相比毫不逊色。更重要的是，吴沙忻夫妇认为：与基于 DNA 的疫苗相比，mRNA 疫苗引起免疫排斥反应的可能性较低，且很容易通过生理代谢途径完全分解，不会对宿主体内稳态造成影响。其生产的新冠疫苗具备显著的安全性和可靠性。

谦逊如一，醉心科研

mRNA 疫苗在世界诸多国家的推广让吴沙忻夫妇身价暴增。据 2020

年德国《星期日世界报》的消息，BioNTech 在纽约纳斯达克的市值由前一年的 46 亿美元暴涨至 257.2 亿美元，吴沙忻夫妇跻身德国最富有的百人之列。然而，虽然出身普通，吴沙忻并没有让巨大的财富改变他本身的生活方式，白手起家创立了两家公司后，仍然生活低调，现在还骑着山地自行车上下班。

BioNTech 的投资者——德国风险投资公司 MIG AG 董事会成员马蒂亚斯·克罗马耶（Matthias Kromayer）在接受路透社采访时表示，尽管吴沙忻取得了如此大的成就，但他从未改变过令人难以置信的谦逊和风度。吴沙忻经常会穿着牛仔裤，带着他标志性的自行车头盔和背包参加商务会议。与吴沙忻合作了 20 余年的德国美因茨大学肿瘤学教授马蒂亚斯·西奥博尔德（Matthias Theobald）说"吴沙忻是一个非常谦虚的人，外表对他来说并不重要。但他非常有抱负，想实现自己的愿望，只有这点是他不够谦虚的地方。"公司的同事们也形容吴沙忻是一个冷静而稳重的人，他对公司的股价没什么兴趣，而是对阅读科学期刊更感兴趣。

秉承着对学术的执着和热爱，2019 年 2 月 14 日，吴沙忻在美因茨参与创办了亥姆霍兹转化肿瘤研究所，旨在研究个体肿瘤的测序和个性化治疗性 mRNA 疫苗的接种。吴沙忻认为将大数据与免疫系统靶向刺激相结合可以激活癌症患者的抗肿瘤细胞，是实现治愈癌症的有效方式。这是吴沙忻在癌症免疫研究领域做出的新一步尝试，相关成果值得期待。

mRNA 免疫疗法的光明前景

从 1990 年 mRNA 疫苗开发的可行性被验证，mRNA 结构研究和其他相关技术就开始迅猛发展。近年来，随着 mRNA 体外合成与递送技术的不断成熟，mRNA 的稳定性和翻译效率大幅提高，mRNA 技术更是飞速进步。新冠疫情的暴发也促使各国加大对 mRNA 技术的研究投入，以 Invus 和 Fidelity 为首的投资机构更是不惜重金投资涉足 mRNA 免疫技术的"独角兽"企业。

在 mRNA 免疫技术领域，Moderna、CureVac 和 BioNTech 一起被称为 mRNA 免疫技术三巨头，他们掌握了 mRNA 免疫的核心技术，致力于开发治疗肿瘤和传染病的免疫药物，并将之推向临床，最终实现商业化。Moderna 主要研究在心血管上布局靶标的 mRNA 免疫技术，力图治愈巨细胞病毒感染和心血管肿瘤等疾病，而 CureVac 的主导项目是利用 RNActive® 技术治疗前列腺癌和非小细胞肺癌。上述两个公司虽然和 BioNTech 公司同处 mRNA 赛道，但他们并不是严格意义上的竞争关系，实际上，BioNTech 公司的 mRNA 技术侧重于对黑色素瘤和多发性骨髓瘤的治疗。由于一种 mRNA 免疫技术通常只能治愈特定的疾病，且 mRNA 免疫技术研发投入巨大。因此，上述公司没有选择在同一特定疾病赛道竞争，而是针对不同疾病开发各自的产品。这样的行为既是从经济利益角度出发的明智之举，也是意图帮助人类治愈更多疾病的行善之举。

短期来看，mRNA 疗法仍然面临许多挑战。生物医学行业缺乏扩大 mRNA 疫苗应用范围的经验和知识、政府监管存在不确定性等因素是当下横亘在 mRNA 疗法前的障碍。然而由于其在灵活性、成本和开发速度方面的优势，mRNA 技术在传染病治疗和个性化药物供给方面具有巨大的优势。随着新冠疫苗的上市和广泛使用，mRNA 技术平台在 2020 年取得重大突破。据华经产业研究院的统计，2020 年全球 mRNA 药物市场规模（不含新冠疫苗）约为 39 亿美元，预计到 2025 年超过 63 亿美元。按照当前 mRNA 疫苗的研发和投产进度，到 2025 年全球 mRNA 药物行业预计将出现超过 690 亿美元的市场增幅，行业前景极为乐观。

总结

吴沙忻教授在人类免疫疗法领域的研究不仅为新冠疫情的防控做出了巨大贡献，更是将人类免疫治疗技术提升到了全新的高度。免疫疗法与传统疗法相比具有显著的理论、成本和技术优势，所以其未来在肿瘤、传染病和罕见疾病的防治方面应用前景极为广阔，人类免疫疗法的技术进步和大规模普及离不开吴沙忻教授在该领域持之以恒的研究和锐意进取的探索。而吴沙忻教授之所以能取得如此令人瞩目的学术和商业成果，离不开他所拥有的这些品质和能力。

1. 坚守理想，矢志不渝。 吴沙忻教授在大学期间就对免疫疗法产生了浓厚的兴趣。他希望利用科学知识推动医学技术进步，希望可以研究出针对癌症等疾病的个性化免疫疗法，这种态度和愿景是他与夫人创立的两家创业公司发展的主要驱动力。

2. 借力资本，顺势而为。 吴沙忻教授在免疫疗法的研发过程中没有只局限于技术领域的研发和突破，而是借力资本，将免疫疗法成功商业化，既实现了个人经济利益，又获取了与国际医药巨头公司合作的机会。正因如此，吴沙忻教授和 BioNTech 公司才能获得更多的学术、技术和资金资源，用于免疫疗法的进一步研发。

3. 前瞻科技，心系大众。 吴沙忻教授选择 mRNA 免疫技术作为自身的研究方向，是对免疫技术未来发展方向的精准把握，也是拯救更多患者免受疾病折磨的行善之举。在第一时间意识到了 mRNA 技术在新冠疫苗研发领域具有重要作用，吴沙忻教授的学术敏感性与科研前瞻性起到了关键的作用。

重新定义道路安全的人工智能专家

——记 Mobileye、OrCam 公司创始人阿姆农·舒阿

阿姆农·舒阿（Amnon Shashua），以色列耶路撒冷希伯来大学计算机科学教授，Mobileye 联合创始人、首席执行官兼首席技术官，便携式人工视觉设备制造商 OrCam 联合创始人兼首席执行官。1985 年，舒阿在以色列特拉维夫大学获得数学和计算机科学学士学位；1989 年，在以色列魏茨曼科学研究所获得计算机科学硕士学位；1993 年，在美国麻省理工学院获得人工智能博士学位。完成学业后舒阿在麻省理工学院人工智能实验室开展博士后工作。截至 2020 年年底，他在机器学习和计算视觉领域已经发表了 100 多篇论文。此外，他曾获 2004 年凯伊创新奖、2005 年朗道精确科学奖、2020 年人工智能领域丹·大卫奖。

抱定志向，深耕成像

舒阿的科学人生被好奇心点亮，并在好奇心的指引下不断前行。舒阿

从小就是一个对身边的一切都充满了好奇心的孩子，他总是喜欢动手做一些科学小实验。从有记忆以来，他的梦想便是成为一名科学家。

1985 年，舒阿在特拉维夫大学获得数学和计算机科学学士学位，并继续攻读计算机科学硕士学位。舒阿硕士阶段的导师西蒙·乌尔曼（Shimon Ullman）教授是魏茨曼科学研究所的人类与机器视觉专家，致力于物体和面部识别研究，在这一领域取得了许多重要突破，其中包括与克里斯托弗·科赫（Christof Koch）一起提出的用于调节选择性空间注意力的哺乳动物视觉系统中视觉显著图理论。"学术之神"的垂青和机遇总是突如其来又莫可名状——就在一次普通又常规的论文翻阅中，舒阿在他导师的一篇论文中发现了一个在当时少有人关注的细节：人的视网膜与计算机十分相似。这也就是说，在某种意义上，人类的眼睛也能进行"计算"。舒阿意识到，人类在某些情况下，就算闭上一只眼睛也能够判断距离。他对这一现象背后的理论十分着迷，下定决心在学术研究上沿着导师的思路在计算机视觉领域深耕，开辟属于自己的道路。

20 世纪 90 年代末，舒阿前往麻省理工学院求学，攻读人工智能博士学位。读博期间，舒阿将精力投入到研究通过多个视角捕捉几何形状进行成像的物体识别技术。该项技术采用的主要方法是计算机图形学的建模方法，这一方法是美国犹他大学研究生马丁·纽厄尔（Martin Newell）开创的。20 世纪 70 年代，计算机图形领域的很多进展都来自犹他大学。然而由于理念过于领先，在推动技术提升及最终实现应用的道路上困难重重。即便是在今天，人工智能要达到"场景理解"的目标也是可望而不可即的。这是因为所谓的"场景理解"要求机器不仅可以识别出所捕捉到的形状是一个人，同时也要能够预测这个人可能的行为。困难从来不是阻挡舒阿前进的因素，他的好奇心已经被调动起来了，并且他坚信自己也不会输给现实的瓶颈，他坚信"飞机不会扇动翅膀，但这并不意味着它不能飞"。就在其他脑科学家与计算机科学家还在争论不休的时候，舒阿带着他简单却坚定的信念，从美国回到了耶路撒冷希伯来大学任教。

攻坚克难，闯荡商海

自1995年舒阿回到以色列担任耶路撒冷希伯来大学教授起，他便开始了他的"双面人生"——同时扮演教授和企业家的角色。在耶路撒冷希伯来大学任教期间，他平均每个月要花50个小时备课。看上去，时间对他来说已经是稀缺品了，兼顾创业几乎是一件不可能完成的事情。然而，对于舒阿来说，这两种角色不仅没有起冲突，反而成为他开启不同阶段人生旅程的任意门。

1995年，舒阿创办了他的第一家公司CogniTens，这是一家为工业应用提供三维光学测量解决方案的供应商。CogniTens的成功创立为舒阿的创业之路积累了经验和第一桶金。

1998年，舒阿受邀去日本做演讲，分享他的学术研究成果。演讲中，他提到仅仅一个单目摄像头在理论上就可以探测到三维空间里的三维物体。从原理上来说，深度信息感知是人类产生立体视觉的前提。人类的左右眼从略微不同的角度观察景物，两个图像之间存在微小的水平差异就是视差，视差与物体所处的位置有关。但舒阿认为，实际上用单只眼睛也可以感知深度信息。这引起了台下来自丰田的工程师们极大的兴趣。在他们看来，舒阿分享的这一学术成果有望实现应用，同时可以借助简单的设备帮助丰田实现加强计算机辅助驾驶的立体视觉技术。

经过几番交流，丰田愿意为这位来自以色列的教授提供 10 万美元的研究基金，资助教授的团队来证实这个理论的可行性。舒阿教授回到以色列后，招来了一批学生和工程师，开启了这个新项目。乘着这个项目的东风，舒阿不仅初步做成了能判断物体距离的单个摄像头的原型相机，还参与了通用汽车的车道偏离系统的投标。舒阿及其团队开发的软件帮助通用汽车以低成本检测周围车辆的驾驶状态从而提升车辆驾驶安全性，因此成功打入了汽车制造商内部，获得了通用汽车提供的 20 万美元项目资金，用于开发下一步的汽车演示软件。

乘着这个好势头，舒阿与自己在商界的朋友齐夫·阿维拉姆（Ziv Aviram）于 1999 年一起创建了 Mobileye——这个名字很形象地表明了公司的目标就是为汽车装上眼睛。阿维拉姆作为 CEO 主要负责对外事务和公司运营，舒阿作为公司董事长及 CTO 把精力主要放在产品研发上。

2010 年，舒阿又与阿维拉姆一起创立了另一家公司 OrCam，该公司为视障人士生产便携式人工视觉设备，使用人工智能和技术来解释视觉世界并将其传输给用户。舒阿认为，如果进展顺利，这可以帮助盲人阅读及识别面孔，将会是一项革命性视觉技术。OrCam 的最新产品 OrCam MyEye 2 已经基本实现了这一革命性的目标，有助于盲人和视力受损者获得一定的生活独立性。

自主研发，筑造壁垒

1999 年，早在谷歌自动驾驶项目开始的 10 年前，舒阿和阿维拉姆就发现视觉技术可以用于提升汽车安全性，并创办了致力于生产协助驾驶员在驾驶过程中保障乘客安全和减少交通事故的视觉系统的公司Mobileye。

舒阿曾提到 Mobileye 发展过程中重要的战略决策之一就是自主研发芯片，这是后来降低量产成本、控制设计自主权的重要基础。

2003 年 9 月，Mobileye 发布 EyeQ 1 芯片，支持前向碰撞警告、车道偏离警告和智能远光灯控制等功能。2004 年 4 月，EyeQ 1 正式开始量产。然而，在产品上线的最初的四年里总共只卖出了 100 万颗，EyeQ 芯片的销量并不可观。

尽管如此，Mobileye 仍坚持连续数年如一日的研发。功夫不负有心人，从 2013 年开始，Mobileye 的芯片出货量呈爆发式增长，2013 年一年的销售就已经达到 130 万颗。2014—2018 年，Mobileye 实现了年均46% 的连续增长。

2014 年 8 月，Mobileye 在美国纳斯达克上市，这是以色列企业有史以来在美国市场上最大的 IPO，筹资约 10 亿美元，公司市值达 53 亿美元，被称为以色列企业有史以来最成功的 IPO，首日涨幅接近 50%。通过近10 年来与全世界大部分汽车厂商的合作，Mobileye 已经收集了不同环境、不同气候、不同道路状况、涵盖 43 个国家的数百万英里的驾驶场景。基于这些数据，Mobileye 得以继续开发它更加领先的核心算法。同时，强大的数据库也是 Mobileye 不可或缺的竞争优势及行业壁垒形成的基础，任何竞争厂商如果想要实现类似的准确度，也需要同样数量级别的数据积累。这对于后者来说，是巨大的挑战，而 Mobileye 早已在基于更大规模的数据库展开下一步的研发了。

舒阿的半辈子几乎都花在了与人工智能打交道上，这给予了他对人工智能对于人类未来的影响非常深刻的认知。在他看来，人工智能并不危险，机器只是可以取代越来越多的重复性工作。人工智能将开始取代一切过于重复的东西。正是出于这一对人工智能的认知和信心，在他领导下的 Mobileye 早早就开始畅想人类交通的未来——装有驾驶辅助系统的自动驾驶汽车。在他看来，驾驶辅助系统可以帮助驾驶员减少事故，防止与行人或其他车辆发生碰撞，在未来将拥有庞大的市场甚至可以让驾驶车辆产生翻天覆地的变化。不过，这样充满想象力又浩大的工程显然仅凭公司的几百个员工是无法完成的，摆在 Mobileye 面前的难题是要巧妙借助行业巨头的力量。

2017 年 3 月，Mobileye 被芯片巨头英特尔以 153 亿美元的价格收购，成为以色列科技公司有史以来最大的一次并购，超过谷歌以 11 亿美元收购导航应用程序公司 Waze，以及苹果以 3.5 亿美元收购制造 3D 传感器的 Primesense。

辅助驾驶系统行业现状

MarketsandMarkets 的市场调研报告显示，全球辅助驾驶系统市场规模预计将从 2020 年的 270 亿美元增长到 2030 年的 830 亿美元，年复合增长率为 11.9%。

联合市场调研报告显示，对安全功能的高要求和对舒适性要求的提高等因素，促进了辅助驾驶系统市场的增长。此外，严格的安全规则和法规预计将推动市场的增长。然而，初始成本高、结构复杂、在恶劣天气条件下效率较低等因素阻碍了辅助驾驶系统的市场规模的增长。但是高级驾驶辅助系统的技术进步和多功能系统的推出，预计将为辅助驾驶系统市场的领导者提供一个显著的增长机会。据 Allied Market Research 的市场前瞻研究，上述因素在其预测期内（2019 年至 2026 年）对全球市场有重大影响。

目前，全球辅助驾驶系统市场呈现集中度较高的势态，头部企业均为传统零部件巨头，如博世、Continental、安波福、采埃孚等。我国辅助驾驶系统企业未来发展可期，业内以初创企业为主，如清智科技、极目智能、佑驾创新等，系统技术发展尚有很大空间。

总结

在智能驾驶芯片研发领域，舒阿以浓厚的学术兴趣作为前行的动力源泉，在学术探索和理论创新过程中突破诸多艰难险阻，带领 Mobileye 取得了辉煌的成就。舒阿的成功离不开如下因素。

1. 不忘初心，坚定不移。 尽管一开始，Mobileye 研发的芯片销量并不可观，但是通过十几年如一日的坚持与坚守，在 Mobileye 不断提高芯片的技术和功能，全面发展业务后，芯片销量呈爆发式增长，Mobileye 也在不断地成长，成为辅助驾驶系统行业的巨头。

2. 求知若渴，踌躇满志。 对于舒阿来说，他接受的所有教育都与计算机科学息息相关，这初步培养了他在人工智能领域的好奇心。不过，他真正的、具体的学术方向却来自图书馆畅游书海时一句看似不经意的简短的话。正是这句话，激发了他对一个当时还没有最优解的现实难题强大的好奇心，由此坚定了他的学术理想。因此，哪怕现实看起来迷雾重重又荆棘密布，他也没有选择放弃，始终怀抱着信心，相信自己一定能迎来柳暗花明的时刻。

3. 高瞻远瞩，锲而不舍。现实里从来不乏有勇有谋的智者，在舒阿选择的这条道路里，也有不少勇士在摸索着寻找出路。舒阿出类拔萃之处在于，他有想法、有远见，却也不缺少在不断实践中碰壁、一次次面对不足时，反复寻求完善方法的坚持。正是在他的领导下，Mobileye 走到了行业的前端。

深耕通信领域的技术大咖

——记 Tejas Networks 公司创始人库马尔·西瓦拉詹

库马尔·西瓦拉詹（Kumar Sivarajan），曾任印度科学研究所电气通信工程系副教授，创办了 Tejas Networks 并担任首席技术官。西瓦拉詹是光网络领域的研究先驱之一，印度国家工程院院士。西瓦拉詹在印度马德拉斯理工学院获得电气工程学士学位，于美国加利福尼亚理工学院获得电气工程硕士和博士学位。西瓦拉詹曾被美国麻省理工学院的印度商业俱乐部授予信息科技领域的"Global Indus Technovator Award"奖项。

深耕电信，成就非凡

西瓦拉詹近 30 年来一直在印度电信研究领域的前沿。学生时代，他以优异的成绩获得了印度马德拉斯理工学院的本科学位，之后又在美国加利福尼亚理工学院获得硕士和博士学位。求学时期的西瓦拉詹做出的成绩就已经十分出彩。在加利福尼亚理工学院，他获得 IEEE 颁发的查尔斯·勒盖特·福特斯库奖学金（Charles LeGeyt Fortescue Fellowship），该奖学金每年只颁发给一名在美国学习电气工程的一年级研究生。毕业后，西瓦拉詹曾任 IBM 托马斯·J. 沃森（Thomas J. Watson）研究中心成员，还担任过印度电信标准发展协会（TSDSI）理事会的第一任主席。TSDSI 是负责制定 5G 标准的全球标准机构 3GPP 的伙伴组织。目前，西瓦拉詹担任印度科学研究所教授。

除了这些社会角色给予的光环，他在学术领域取得的成就同样熠熠生辉。从 1990 年起，西瓦拉詹在 IEEE Transactions 系列的期刊上发表了一系列论文，对光网络结构的研究做出了重要的贡献。当时，光网络刚刚兴起，而西瓦拉詹的工作全面涵盖了光网络设计的各个方面，包括拓扑设计、路由和波长分配。他关于全光网络中的路由和波长分配的开创性论文还获得了 IEEE 通信学会的威廉·R. 贝内特论文奖和 IEEE 的 W.R.G 贝克论文奖。2009 年，西瓦拉詹与人合著出版了畅销书 Optical Networks: A Practical Perspective Review，截至 2021 年该书已再版至第三版。2021 年 11 月，由于在光网络领域的非凡成就和持续贡献，西瓦拉詹成为 IEEE 最高等级会员。

眼光独到，把握脉搏

2000 年，印度裔创业者德什·德什潘德（Desh Deshpande）结识了西瓦拉詹。当时的西瓦拉詹正在印度科学院执教，德什潘德将西瓦拉詹介绍给桑杰·纳亚克（Sanjay Nayak）和阿诺布·罗伊（Arnob Roy）。

纳亚克曾经是世界著名电子代工厂 Synopsys 印度区的主要负责人，还在 ViewLogic 系统公司、Cadence 设计系统公司等担任过要职。罗伊在电信、网络、半导体和电子设计自动化等领域拥有丰富的产品开发经验。这 4 人都充分信任和肯定彼此的能力，并且惊喜地发现他们 4 人恰好能取长补短，因此一拍即合。相识相知短短两个月的时间，他们就于 2000 年 5 月成立了 Tejas Networks。从此，软件大国印度有了属于自己的光通信设备公司，西瓦拉詹选择了在公司担任 CTO 一职。

在一个高科技企业里，CTO 往往是灵魂人物，不仅是技术资源的管理者，更承担着把握公司整体技术发展方向的重任。西瓦拉詹作为通信领域功底深厚、积淀丰厚的大咖，由他来担任 Tejas Networks 的 CTO，无疑撑起了 Tejas Networks 的技术灵魂，为日后公司在行业内不断创新突破、引领业界方向奠定了坚实的基础。

前沿技术，教授引航

Tejas Networks 的主要业务为开发、生产和销售 2.5Gbit/s 速率以下的各类同步数字体系设备，这些设备是传统语音网络技术和最新的数据网络技术的结合，具体来说就是对以太网信号的支持。公司从创始至今一直致力于解决从具有丰富带宽的骨干网到带宽资源不够的网络的瓶颈问题。Tejas Networks 的投资商中包括了著名光网络设备公司 Sycamore 及英特尔公司。

Tejas Networks 是印度最早的科技公司之一。2004 年 9 月，作为印度下一代 SDH/SONET 网络产品的领先供应商，Tejas Networks 宣布赢得了印度通信与 IT 信息部门颁发的优异研发奖。公司 CEO 纳瓦克表示能获得这样的奖项是他们的极大荣誉，也是 Tejas Networks 领先技术的明证。

Tejas Networks 一直专注于高速增长的印度市场。西瓦拉詹表示，在全球许多参与者都关注核心网络的时候，他们已经预见到市场对接入设备和边缘设备的巨大需求，这也是他们能够领先市场的原因：有能力更好地衡量市场需求，在很短的时间内创造出色的产品，最重要的是足够灵活，能够将市场的动态需求融入产品中，从而获得大量的客户互动和支持。

就西瓦拉詹关注的细分市场而言，Tejas Networks 比它的竞争对手表现得要好。在把握市场脉搏并构建迎合它的产品方面，Tejas Networks 一直处于领先地位。此外，Tejas Networks 在短短 4 年内就构建了完整的同步传输模块产品系列，这些产品利用光同步数字体系，支持段层间连接的信息结构。

然而，作为 Tejas Networks 的 CTO，西瓦拉詹也面临着许多挑战。其中最大的挑战是在产品组合的广度和深度方面有效地平衡和管理相互冲突的优先事项。多年来，Tejas Networks 开发了端到端的产品组合，涵盖运营商级光传输（基于 DWDM/PTN/OTN 技术）、光纤宽带（基于 GPON/NG-PON）、固定无线（基于 LTE 4G/5G) 及多千兆以太网 /IP 交换和路由产品。然而，为了在高科技市场中有效竞争，Tejas Networks 还需要在每个产品细分市场中拥有丰富的功能集，同时要考虑到前期投资的营收保证问题。

5G 赋能，公司发展

2019 年印度移动通信大会上，Tejas Networks 首次推出 TJ1600S

和 TJ1600l 开源解耦光交换机。这是针对 5G 移动网络、云和宽带网络进行优化的分组光交换机。

此外，西瓦拉詹在采访中表示，随着 5G 时代的到来，Tejas Networks 正在全面开发光学和无线产品，以满足端到端 5G 基础设施市场的需求。西瓦拉詹在一次采访中提到"我们现有的城域核心网和长途网段光网络产品正在演进，以支持高速 400/600GE 接口，具有多太比特的数据包和 OTN 交换功能。"与此同时，Tejas Networks 正在让光接入和聚合产品支持新的光前传标准，例如 CPRI/eCPRI，以确保它们可以作为从 2G/3G 到 4G/5G 网络部署的多功能和通用移动回传平台。此外，公司也正在设计融合宽带接入和分组传输产品，这些产品集成了 5G 基站和 10G xPON 技术，支持高容量光回程功能，以实现高效的 5G 部署。

Tejas Networks 还通过其在印度电信标准发展协会的工作，积极为全球 5G 标准做出贡献，以确保印度和新兴市场的需求都完全融入即将出台的标准中。

方兴未艾，大势所趋

光通信是采用光纤作为主要的传输媒介来实现用户信息传送的通信技术的总称，具体包括用于运营商电信网络和企业级数据通信建设所需的光纤光缆、光器件/光模块、光主设备等光通信产品，以及光网络的规划、建设和优化等网络服务。当前该领域核心痛点可概括为传输速率低、体积大、成本高、功耗大 4 个方面。

就细分市场来说，数据通信市场对光模块/光器件的刺激远大于其他细分行业。未来几年，随着流量的暴增，包括谷歌、微软、亚马逊、Facebook、阿里巴巴、腾讯、百度等在内的互联网公司将在全球范围内不断新建数据中心来应对这一挑战，数据通信市场的增长将会十分显著，而数据通信市场对光模块／光器件的需求远大于其他细分行业，100GE 以上的高速光模块将迎来发展高峰，市场占比将逐年提升。

短期来看，从光纤光缆和光设备环节出发，行业龙头企业凭借体量优势将业务逐渐延伸至上游光器件、光模块、光芯片等高利润环节；中长期来看，光通信领域的核心价值在于 5G 及数通行业应用，目光长远的企业已经开始积极拥抱 5G 新业态，共同助力光通信市场繁荣。

总结

近 30 年来，西瓦拉詹一直走在印度电信研究领域的前沿。Tejas Networks 团队之所以在光通信领域取得令人瞩目的理论创新及产品突破，这跟西瓦拉詹有着密不可分的关系。西瓦拉詹的 4 个特质值得我们学习。

1. 眼光独到，把握机遇。在大家都在关注核心网络的时候，西瓦拉詹剑走偏锋，不盲目从众，他和团队敏锐地捕捉到市场对接入设备和边缘设备的需求，独到的眼光对他们很有帮助，也是他们能够领先市场、把握市场需求脉搏的重要原因。

2. 紧跟潮流，科技赋能。随着 5G 时代来临，西瓦拉詹带领 Tejas Networks 团队研发设计了一系列产品，以满足 5G 基础设施市场的需求，让 5G 科技赋能公司的发展，紧跟时代的潮流，以提高公司的竞争力和发展潜力，让公司永葆活力，走在时代前列。

3. 深耕细作，不断突破。西瓦拉詹在电信领域拥有超过 30 年的丰富研究经验，在长长一串奖项与荣誉的光环背后，是他对这个行业数十年如一日细细琢磨与研究的辛勤耕耘。他熟知这个行业的过去和现在，因此更能在这个基础上准确判断时代浪潮拍打的方向，从而引领公司开创新时代。

4. 精准定位，尽职尽责。与一般选择技术创业的教授不同，西瓦拉詹并没有选择出任 CEO，而是精准找到了自己在公司的定位——CTO。这固然来源于他深厚的技术实力作底气，却也离不开他对自己与合伙人性格的清醒认知。正因整个团队能精准定位、在各自的岗位上发光发热，才有 Tejas Networks 辉煌的今天。

打破饮食神话的营养学专家

——记 ZOE 公司创始人蒂姆·斯佩克特

蒂姆·斯佩克特（Tim Spector），英国伦敦国王学院遗传流行病学教授，个体化医学和肠道微生物学专家，英国皇家生物学学会和英国医学科学院成员。斯佩克特本科毕业于圣巴塞洛缪医院医学院，获得英国伦敦大学流行病学专业硕士及博士学位。他主要从事常见疾病的研究工作，发表了 700 多篇相关论文。他在 1993 年创立了著名的 Twins UK（英国双胞胎登记处），成为全球人体基因型和表现型信息最丰富的数据库；在 2017 年创建了倡导"个性化饮食"的 ZOE。他出版了《饮食的迷思》《饮食真相》等畅销书，撰写的健康知识博客已经有超过 1000 万人次的阅读量。

从医学到遗传学

1958 年 7 月，斯佩克特出生在英国伦敦北部，自幼在英国生活。高中毕业后，他申请并获得了在圣巴塞洛缪医院医学院攻读学士学位的机会，就此开启医学研究生涯。

在圣巴塞洛缪医院医学院毕业后，他进入比利时布鲁塞尔的一家综合医院工作。然而，这家医院位于比利时的法语区，在那里每一个病人都讲法语。为了使自己快速融入工作环境，他开始学习法语。经过一段时间的学习，天资聪颖的斯佩克特很快可以讲一口流利的法语，在他看来，高效学习法语是源于对新知识的好奇心与渴求。

在比利时医院的工作结束后，斯佩克特进入英国伦敦大学流行病学专业攻读硕士和博士学位，并以风湿病为研究方向。斯佩克特热衷于发现新的事物，探索新的研究方向。在风湿病领域的研究，让天生喜欢新鲜事物的斯佩克特感到厌倦，他想转向研究其他疾病。1992 年，他转向遗传流行病学专业，研究从孤独症到癌症等众多疾病的遗传根源。1993 年，为了研究表观遗传学，斯佩克特建立了 Twins UK（英国双胞胎登记处），现已有10000 多对双胞胎登记在册。斯佩克特利用登记的双胞胎的数据资源，运用不同的方法进行流行病学研究。在斯佩克特看来，双胞胎身体不相同的部分是不寻常的，也是自己研究的重点。在好友黛博拉·哈特（Deborah Hart）看来，斯佩克特擅长于发现新事物，任何新浪潮开始之前，斯佩克特都会发现。

从 Twins UK 建立之初到发展成熟，斯佩克特团队发表了关于 200 种疾病和失调的遗传性的文章，研究主题包括近视、白内障、孤独症、关节炎和肥胖等，甚至还涉及双胞胎的政治观点、幽默感和性取向是否与基因相关等问题。偶然间，Twins UK 所收录的一对双胞胎引起了斯佩克特的注意，这对双胞胎肠道微生物非常不同，饮食也不同。受到这对双胞胎的启发，斯佩克特决定从微生物组开始，推进饮食与肠道健康关系的研究。

肠道菌群的颠覆性发现

2012 年，斯佩克特开展了一项当时全球规模最大的肠道菌群研究"微生物双胞胎项目"，目的在于弄清个体特征及不同的易患疾病是由基因决定的，还是由环境决定的。该项目的研究思路十分清晰，即将同卵双胞胎之间的相似之处和异卵双胞胎之间的相似之处进行对比后，对数据进行计算来解答该问题。

基于这种思路，斯佩克特研究团队与康奈尔大学的露丝·莱伊（Ruth Ley）团队合作，提取了双胞胎研究样本的 DNA，分析了具有高度变异性的 16S 基因（每种细菌都拥有独特的 16S 基因型，可作为区分标志）的序列，区分了不同的菌种。在明确了每个个体体内几千种主要细菌的比例后，斯佩克特团队发现任何两个个体内的细菌都不相同。

斯佩克特在实验结果的基础上将细菌按门分类后，发现人体主要细菌受到饮食和环境的影响均比较大，乳酸菌和双歧杆菌等对饮食、肥胖和疾病产生影响的细菌仅受到部分遗传因素的影响，而受环境因素影响的比重超过 60%。

探索饮食的"迷思"

在一次登山旅行中，斯佩克特感到头晕并去医院进行检查，被诊断为高血压和轻微中风。短短两周内，斯佩克特从一个热爱运动、身体健康的中年人，变成一个需要靠药物维持的病人。这让他重新思考身体健康问题，他不仅想了解怎样可以更长寿、更健康地活着，也想知道如何减少对处方药的依赖，即通过改变饮食而改善健康的方式。

过去三四十年中，营养专家致力于研究食物中的营养，经常会批判食物中含有的某种成分是导致健康问题的元凶，而讽刺的是几乎每一种食物都被各种营养专家批判过。同时，长期以来，人们大多数饮食方案关注的仅是减重，而不是身体健康。除此之外，饮食健康领域也存在一些科学家还无法解释的问题，例如，有些人超重但是没有代谢疾病，而一些人精瘦可内脏脂肪却堆积。

在这种情况下，社会中充斥着许多对于饮食不同的观点，有的人认为脂肪是有害的，应该尽量避免这一成分出现在食物中，也有人觉得高淀粉食品热量过高，会造成肥胖……关于这些说法，斯佩克特将其称为"饮食的迷思"，并着手探索这些迷思背后是否存在科学问题。

此时，斯佩克特想到了早期肠道微生物项目的成果，每个人体内的微生物组都是不同的，这种差异解释了人类对于食物的不同反应，解开了很多谜团，肠道微生物或许是破除诸多现代饮食错误观念的关键。斯佩克特开始重新思考食物、营养、饮食和肥胖的关系，并发现没有哪一种饮食是适合所有人的，每个人都有不同的适合自己的饮食，提出了"个性化饮食"的概念。

提倡个性化饮食的创业之旅

为了让更多的人认识到"个性化饮食"，让人们能够更好地控制自己的健康和幸福，斯佩克特决定以创办公司的方式，帮助人们了解自己对于食物的反应，找到最适合的饮食方案。

2017 年，斯佩克特与具有人工智能背景的乔纳森·沃尔夫（Jonathan Wolf）及具有消费者应用背景的乔治·哈吉乔治乌（George Hadjigeorgiou）共同创办了 ZOE 公司。ZOE 是一家个性化营养公司，致力于利用大数据和机器学习方法，预测人们对不同食物的反应，从而为人们提供饮食建议，改善肠道健康，减少饮食引起的炎症反应。

ZOE 成立后不久，便从公众视线中消失了。在消失的 3 年的时间里，ZOE 在斯佩克特的领导下，开展了包括 PREDICT 计划和 Covid-19 症状在内的多项研究，并在这些研究的基础上，开发了自己独特的产品。其中，PREDICT 计划是目前世界上规模最大的深度营养学研究之一，研究团队由来自麻省总医院、斯坦福大学医学院、哈佛大学陈曾熙公共卫生学院和伦敦国王学院的科学家共同组成，包含一系列严格设计的临床试验。

斯佩克特称，"食物很复杂，人类很复杂，而 PREDICT 计划要做的就是解开饮食与健康之间的黑匣子。"在 PREDICT 计划中，ZOE 使用了高质量饮食评估方法，在兼顾规模和精度的基础上，收集到了比传统营养研究更深化的数据。

2020 年 9 月，ZOE 重回公众视野，推出了它的第一个商业化产品——家庭测试套件。该产品是一个家用测试工具，包括给客户提供手指刺针和血糖监测包，利用 PREDICT 计划微生物组研究数据，为用户提供代谢食物组的分析及个性化报告，说明他们的身体可能会做出怎样的反应，包括对饮食炎症的敏感性。

不同的人会对同样的食物产生不同的反应，斯佩克特希望让越来越多的人接受"个性化饮食"的理念，他说："我们需要更多地探索自己的身体，看看什么真正对我们身体有用，而不是一味地相信教条。"

引领"数字流行病学"新浪潮

当英国暴发新冠疫情时，斯佩克特立即将目光转移到了疫情。

斯佩克特和他的同事克莱尔·史蒂夫斯（Claire Steves）意识到，人们迫切需要一种方法来收集新冠病患的症状，并让研究人员跟踪传播情况。在这一想法的驱动下，ZOE 的科学家团队创建了 COVID Symptom Study 应用程序，该应用程序可以说是世界上最大的公民科学实验。

应用程序发布一周后，在史蒂芬·弗莱（Stephen Fry）一条推文的推动下，就有 100 万人下载了它。第二周，下载数量翻了一番。新冠疫情发生一年多以来，已有 460 万英国人通过 COVID Symptom Study 应用程序记录了他们的症状，大约四分之一的人每天持续主动上报自己的健康状况。

2020 年夏天，ZOE 公司获得了英国卫生和社会保健部 200 万英镑的资助。2021 年 6 月，ZOE 公司又获得了来自英国卫生和社会保健部的 310 万英镑的赠款。

虽然 COVID-19 的到来暂停了 ZOE 公司的主要业务，但斯佩克特却有了新的想法，开始尝试将新冠疫情与营养研究相结合。通过 COVID Symptom Study 程序对采集的数据进行研究，斯佩克特发现饮食质量对应对 COVID-19 至关重要。在控制肥胖和贫困两个因素后，食用超加工食品比例高、蔬菜和水果比例少的人患病的概率比其他人更高，而饮食中含有大量超加工食品的 COVID-19 患者发展成为重症的可能性将增加 20%。

ZOE 推出的 COVID Symptom Study 程序改变了流行病学的研究方式，开创了命名为"数字流行病学"的全新领域。这一领域将分析成千上万人提供的数据，以发现与健康和疾病相关的因素。对于 COVID Symptom Study 程序，斯佩克特称这仅是数字流行病学研究的一小部分。斯佩克特希望持续追踪新冠疫情流行趋势、感染的人群、接种人群以及新冠疫情症状，并通过追踪得到的数据，应对不断变化的形势。

未来，ZOE 将持续借助大数据、人工智能等高科技方法，探索新冠疫情及其他关于人们生命健康的问题。

数字健康产业发展状况

2019 年 10 月，世界卫生组织在《数字健康全球战略（2020—2024）》中明确了数字健康，即开发并利用数字技术普及健康知识及进行相关实践的领域，涵盖物联网、人工智能、大数据等数字技术在健康管理方面的应用。

事实上，早在 2016 年时，各国已经逐步理清和统一了数字健康这一概念。2017 年，美国 FDA 发布未来几年数字健康行动规划，开设专门板块，启动了数字健康产品专门认证通道。2018 年 4 月，欧盟委员会提出了未来几年的数字健康计划。

近年来，医疗健康产业迅速发展，数字健康产业作为其中的一个热点领域，成为医疗健康领域的投资热土。2021 年，全球数字健康领域获得近 2520 亿元人民币的融资，位于医疗细分领域融资金额第二名，较 2020 年增加了约 1185 亿元人民币，同比增长近 89%。同时，受到新冠疫情的影响，数字健康大数据平台成为大众关注的热点，随着监管机构对患者数据透明度的提高，医疗大数据行业资本市场快速发展。2021 年，医疗健康大数据近 50 笔交易中累计完成了超 36 亿美元融资，是 2020 年的 3 倍多。

目前，互联网巨头频繁跨界数字健康产业，苹果收购了做呼吸和睡眠监测方向的两家公司；谷歌收购了 Fitbit 、整合 Deepmind，成立了谷歌健康；亚马逊与摩根大通、伯克希尔哈撒韦成立避风港公司，收购 PillPack，自建了 Amazon Care 诊所。同时，数字健康产业初创公司和"独角兽"企业也蓬勃发展。根据全球知名智库 CB Insights 发布的 2020 年度全球十大最有价值数字健康公司，美国公司在数字健康领域最为活跃，在 10 家公司中占据 6 家，中国有 3 家。具体来看，微医、Templus、水滴、GoodRx、Oscar、23andMe、依图、Babylon、Devoted Health、Zocdoc 成为数字健康产业全球最具有代表性的公司。

总结

从风湿病学到表观遗传学，再到营养学领域，斯佩克特不断重塑自我，并在全新的领域取得突破性进展。总结其成功的原因，可以归结为以下几点。

1. 不惧风险，不断挑战自我。 追求刺激是刻在斯佩克特基因里的东西，无论是最初的风湿病学的研究，还是后来的表观遗传学与营养学领域的层层深入探索，一次次全新研究领域的切换，斯佩克特从不畏惧任何的风险与不确定性，而是坚定跟随自己内心的想法，用丰硕的研究成果证明自己。

2. 善于观察，不被教条所束。 在斯佩克特选择切入表观遗传学领域进行研究时，他没有被遗传学这一领域的思维惯性所困，善于发现研究过程中的异常现象，对遗传学的真谛"基因是唯一重要的东西"提出疑问，踏上了探索饮食真相的道路。在寻求真相路上，面对充满矛盾的信息，斯佩克特并没有直接接纳重点在于减重的饮食观点，而是从"保持健康，减少患现代病"这一角度出发，从肠道菌落这一被忽视的领域寻求新的突破点。

3. 心系大众，志存高远。写多少书、发多少篇论文、有多少引用量等从来都不是斯佩克特潜心研究想要实现的终极目标。而让越来越多的人打破固有观点，重新看待饮食，找到适合自己的个性化饮食方案，更加健康，才是斯佩克特心之所向。怀揣着这一想法，斯佩克特创办了 ZOE，致力于帮助越来越多的人以科学的方法了解自己对于食物的"个性化反应"，并选择真正适合自己的健康饮食方案。

挪威纳米光电子学科技创业引领者

——记 CrayoNano AS 公司创始人海尔格·韦曼

海尔格·韦曼（Helge Weman），纳米电子学与纳米光子学学者，挪威科技大学信息技术与电子工程系教授。韦曼分别于 1983 年和 1988 年获得瑞典林雪平大学理学硕士学位和半导体物理学博士学位。韦曼曾在美国加利福尼亚大学圣巴巴拉分校、日本电报电话公司光电子学实验室、瑞士洛桑联邦理工学院和 IBM 研究实验室等担任职务。2005 年，韦曼加入挪威科技大学，研究方向为 III-V 族半导体纳米线和石墨烯在光电领域的应用。韦曼于 2012 年 6 月创办了 CrayoNano，现担任首席科学官和董事会成员。

纳米光电子行业翘楚

海尔格·韦曼长期致力于纳米电光子学的研究，其主要研究方向集中在纳米级半导体材料的晶体结构重构和晶体生长方法创新等方面。这些研究成果为太阳能电池和 LED 组件降本增效的突破性发展奠定了基础，在纳米电光子学等学术领域影响深远，相关技术应用前景广阔。作为纳米电光子学领域的行业翘楚，韦曼不仅在学术理论上造诣深厚，也善于将理论转化为实际运用，他已成功将纳米级半导体材料的晶体结构重构和生长方法的理论突破性地转化为了实际生产技术。

纳米线是一种极细线形状的一维纳米结构，其结构、形状与位置特点决定了其具有应力释放和应变的特性，是下一代电气和光学半导体元件。在石墨烯衬底 AlGaN 纳米线外延生长技术的研究运用方面，通过在纳米线生长过程中对原子进行操纵，韦曼及其团队成功控制了纳米线生长过程中晶体结构的变化，大幅提高了深紫外线发光二极管的外量子效应，显著降低了深紫外线发光二极管的生产成本，扩展了深紫外探测的市场规模，成功开发了使用半导体纳米线 – 石墨烯基板的杀菌深紫外线发光二极管。韦曼及其团队研发的这种深紫外线发光二极管是一种应用范围较广的消毒产品，可以杀灭细菌、霉菌和孢子等诸多微生物，且杀菌效果优秀；可以分解微生物的 DNA 和 RNA，破坏细胞结构，从而阻止病原体的繁殖和疾病的传播。该项技术已被成功应用于对水、空气等流体的消毒。与同类产品相比，韦曼研发的深紫外线发光二极管具有更高的可靠性，其寿命和性能均大幅提高。

从实验室到公司

自 2005 年以来，韦曼在挪威科技大学信息技术与电子工程系任职并领导一个研究团队。这个团队主要从事纳米级半导体材料的科研工作，以及在节能发光二极管和太阳能电池等领域的应用研究工作。韦曼团队与同校的比约恩－奥维·菲姆兰（Bjørn-Ove Fimland）团队合作开展科研工作，尝试使用分子束外延生长法以原子精度重构 III-V 半导体纳米线的异质结构。在 III-V 族半导体纳米线－石墨烯混合技术的研究方面，韦曼通过改变纳米线－石墨烯的晶体结构，使石墨烯太阳能电池的发电效率与传统硅基太阳能电池相比提高了 2 倍。与此同时，该技术也降低了太阳能电池的生产成本，为纳米线－石墨烯太阳能电池的规模化生产提供了理论和技术基础。

与此同时，合作团队通过学校纳米实验室的电子束光刻、纳米压印和聚焦离子束技术完成了对相关纳米线的加工。2007 年，这一项研究得到了挪威研究理事会的支持，挪威科技大学纳米实验室、挪威国家纳米光子实验室和分子束外延实验室共同参与了这项研究。随着研究的推进，2010 年韦曼在原有研究的基础上发起了另一项关于纳米线－石墨烯混合结构的新项目。该项目采用分子束外延生长法，在原子级薄石墨烯上生成半导体纳米线，这样生成的纳米线具有透明度高、韧性佳、价格低等优点。后来，当相关理论和技术都逐步成熟的时候，韦曼为这种新型半导体工业复合材料——砷化镓纳米线申请了技术专利。这种复合材料基于石墨烯技术来进行生产，具有优异的光电性能，在半导体产品市场上将极具竞争力。

技术升级和商业转化

看到砷化镓纳米线广阔的市场前景，韦曼与其研究团队于 2012 年 6 月 27 日共同创建了基于实验室技术来生产相应产品的 CrayoNano。公司愿景是通过改进市场的光子设备技术，帮助每个人实现可持续的、更健康的生活。自公司成立至 2017 年，韦曼担任公司首席技术官，2017 年后至今担任公司首席科学官。

CrayoNano 总部设在挪威特隆赫姆，采用晶圆厂模式，合作方和供应链遍布世界。CrayoNano 主要从事用于给水、物体表面和空气消毒的紫外线 LED 封装芯片的研发和生产。韦曼曾表示 CrayoNano 已经成功地生产了成本低、透明度高和灵活性强的新电极。CrayoNano 通过在石墨上生长半导体纳米线，创造了一种具有独特性能的新型混合材料。这种新型混合材料具有优异的性能，为柔性触摸屏等新应用的实现开辟了道路。目前，CrayoNano 致力于为客户提供半导体设备，为健康行业、水净化、生命科学、白色家电和汽车行业提供新的生产和消费品解决方案。

在石墨烯上生长的半导体有望成为新型设备系统的基础，以取代电子产品中的硅，这种方法也受到了来自业界的关注。"像 IBM 和三星等公司正在进行这种开发，目的是为电子行业中的硅或者其他新应用找到替代品，如移动电话的柔性触摸屏。我们的发明正好可以匹配他们已有的生产机械。我们使电子产品的升级变得简单，因为这个设计没有限制。"韦曼在采访中提到。未来最大的潜在市场是基于石墨烯和半导体纳米线的纳米太阳能电池，其应用前景包括服装、笔记本、传统手机、平板计算机和运动配件的生产，未来的电子产品也将更加微型而高效。应用石墨烯的基板将是未来众多应用的优选基板，它将是新型电子设备系统的基础。

2021 年 12 月 10 日，挪威研究理事会宣布向 CrayoNano 颁发 1400 万挪威克朗（约 1000 万元人民币）的资金支持，这笔资金将被用于石墨烯基纳米线的 UVC LED 的研发。长期以来，CrayoNano 受到很多欧洲众筹项目的支持，这也促使公司拥有了更广泛的专利组合和更强大的技术平台。除了挪威研究理事会的资助外，CrayoNano 也是 38 家被欧盟"欧洲地平线"（Horizon Europe）计划资助的公司之一，在 2020 年年底获得了来自该计划的约 2500 万挪威克朗（约 1785 万元人民币）的资金。

纳米光电子学产业发展

作为 21 世纪的朝阳产业，光电子产业在过去的 20 年取得了巨大的技术进步和显著的商业化成果。随着产品需求的逐渐提高，材料功效低、成本高和产率受限等技术屏障制约了传统光电子行业的进一步发展。与传统光电子材料相比，以低维纳米结构、自上而下的纳米结构为代表的纳米光电子新型材料在运行速度、运转效率、材料产率和成本等方面都具有明显的优势，纳米光电子学逐渐成为突破光电子行业材料瓶颈的主要研究方向。而 CrayoNano 提前布局纳米光电子行业，通过完善的理论基础和切实可行的技术方案取得了纳米光电子行业的先发优势，成为光电子行业发展道路上的先锋企业，提供了前景广阔的商业化方案。

纳米光电子学是在纳米半导体材料的基础上发展起来的。目前，已面世的纳米光电子器件主要包括纳米激光器、聚合物发光二极管、InGaAs/GaAs 多量子阱自电光效应器件等。其中，普适性较强、与日常生活和工业生产关系密切的纳米光电子器件主要集中在发光二极管和太阳能电池板制造两个领域。

在发光二极管领域中，深紫外线探测在流体净化、杀菌消毒等方面的需求正在显著提高，庞大的潜在用户群体逐步被挖掘出来。然而，客户对发光二极管的转化效率要求苛刻且对价格较为敏感。短期来看，发光二极管在探测和消毒等领域的应用市场已经逐渐打开，并且随着发光二极管核心部件成本的下降，相关市场需求也将逐步增加，行业龙头企业将更加注重对发光二极管应用范围的拓展和用户市场的占领；中长期来看，随着用户对发光二极管产品要求的提高，相关企业竞争会更加激烈，具备显著技术和成本优势的企业将更容易获取竞争优势。

另外，各国普遍达成碳中和共识的前提下，太阳能电池板制造应用市场是非常广阔的。据 Wind 数据库预测，到 2025 年，纳米太阳能电池板市场规模将超过 2000 亿美元。

总结

韦曼对于新型纳米材料的应用不仅是光电领域的重大突破，更是下一个站在时代风口上的重要技术，为大数据、5G 通信、人工智能、超级计算机等打下了重要基础。眼下，正是纳米光电子进入系统性、大规模、创新性攻坚克难的关键期，而挪威在这个领域的长足发展离不开韦曼扎实的学术研究成果与先进的科技创业理念引领。他成功的主要原因，可以归结为以下几点。

1. 一针见血，直击痛点。传统光电子行业在很长一段时间都受限于材料功效低和成本高等瓶颈而无法得到进一步发展。韦曼创立的 CrayoNano 则精准把握了纳米光电子新型材料在这一行业的未来前景，提前布局，成长为行业风向标。

2. 技术先行，勇于创新。在决定创业前，韦曼在实验室默默花费了好几年的时光进行学术研究工作。最终"皇天不负有心人",他成功研制出砷化镓纳米线这种新型半导体工业复合材料。凭借这一新型复合材料,韦曼创立了自己的公司,做到了产学研结合,他的技术创业路线令人赞叹。

3. 资本加持,如虎添翼。 资本力量的加持为 CrayoNano 长期钻研技术并不断创新提供了强大安心的保障。任何科学研究都离不开资金的支持,能做到颠覆行业、带动行业升级的创新型科研项目更是如此。

　　本书由清华大学五道口金融学院产业金融研究中心团队编写，是产业金融研究中心探索新兴行业发展的成果之一。

　　在五道口金融学院院长廖理、产业金融研究中心副主任李卫锋、许玲的带领下，团队着手开展"教授创业研究项目"，撰写创业案例分析，总结和分享具有借鉴意义的教授创业实践和经验。

　　我们从世界范围内选取了 43 位创业教授进行了深度研究，查阅了大量文献资料，对每一位教授的个人成长经历和创业历程进行了深入研究，同时，我们有幸对其中部分教授进行了深度访谈，与他们面对面探讨关于学术创业和行业发展的话题，挖掘更多创业背后的故事和他们的想法。本书从构思到完稿，历时一年多，经过多次讨论和反复打磨，最终形成了这本专注于学术创业研究的案例集。

　　团队希望书中的这些创业故事能点亮更多人的创业梦想，更希望给正在创业路上艰难求索的同行者以启发。更进一步，团队希望借此机会建立一个更广泛的交流平台，不拘于学术、科研、教育和商业。

　　最后，团队非常感谢清华大学及郭绍增先生、张湧先生的帮助。得益于他们的大力支持，团队可以在产业金融相关的研究领域越走越远，形成一系列成果回馈社会，并促成了本书的出版。未来，团队将继续挖掘教授创业的故事，记录他们成长的点点滴滴，传播和分享他们创业历程中的宝贵经验，为已在创业路上或准备踏上创业之路的研究者及学者们提供更多启发。

清华大学五道口金融学院

产业金融研究中心

2022 年 5 月 9 日

ISBN 978-7-115-61554-1

定价：89.90 元

学说讲书
扫码听本书简讲

学说读书会公众号
以书会友共同成长

分类建议：创新 / 经济发展

人民邮电出版社网址：www.ptpress.com.cn